"十三五"职业教育 国家规划教材 ｜ 职业院校机电类"十三五" 微课版规划教材

AutoCAD 2016
机械设计教程

附微课视频

陆玉兵 权秀敏／主编

马辉 刘先梅 杨晶／副主编／／张晓东／主审

U0232087

人民邮电出版社

北 京

图书在版编目（CIP）数据

AutoCAD 2016机械设计教程：附微课视频／陆玉兵，
权秀敏主编. -- 北京：人民邮电出版社，2019.9（2021.12重印）
职业院校机电类"十三五"微课版规划教材
ISBN 978-7-115-51050-1

Ⅰ．①A… Ⅱ．①陆… ②权… Ⅲ．①机械设计－计算
机辅助设计－AutoCAD软件－高等职业教育－教材 Ⅳ．
①TH122

中国版本图书馆CIP数据核字(2019)第059875号

内 容 提 要

本书根据高职高专机类和近机类专业"机械制图""机械零部件测绘"和"AutoCAD"等课程的
性质和教学特点编写而成。在内容的选择上，本书以工作过程为导向，以够用为原则，突出技能性
和实用性，围绕学生的职业能力和职业素质来构建知识体系。

本书内容包括14个由简单到复杂的项目，每个项目都由项目导入、项目知识、项目实施、检测
练习和提高练习5部分组成。本书还配有视频，供学生自学时参考。

本书突出高等职业教育的特点，实用性强，范例丰富多样，通俗易懂，便于自学，适合作为高
职高专院校、中等职业技术学校机械类或近机类专业"AutoCAD"课程的教学用书，也可供从事计
算机绘图工作的有关技术人员参考、学习和培训之用。

◆ 主　　编　陆玉兵　权秀敏

　　副主编　马　辉　刘先梅　杨　晶

　　主　　审　张晓东

　　责任编辑　李育民

　　责任印制　沈　蓉　焦志炜

◆ 人民邮电出版社出版发行　　北京市丰台区成寿寺路 11 号

　　邮编　100164　　电子邮件　315@ptpress.com.cn

　　网址　https://www.ptpress.com.cn

　　涿州市京南印刷厂印刷

◆ 开本：787×1092　1/16

　　印张：17　　　　　　　　　　2019 年 9 月第 1 版

　　字数：405 千字　　　　　　　2021 年 12 月河北第 5 次印刷

定价：52.00 元

读者服务热线：(010)81055256　印装质量热线：(010)81055316
反盗版热线：(010)81055315
广告经营许可证：京东市监广登字 20170147 号

AutoCAD 是当今世界上使用人数最多的计算机辅助设计软件之一。在我国，AutoCAD 已经广泛应用于机械、建筑、测绘及装潢等行业，成为工程技术人员必须掌握的设计绘图工具之一。本书以训练学生的机械识图与计算机绘图技能为目标，详细介绍 AutoCAD 软件的操作方法、绘图方法和绘图技巧。本书内容包括三视图、剖视图、标准件和常用件、零件图（轴套类、轮盘类和箱体类零件）、装配图等典型图例以及三维建模的相关知识、绘制方法和绘图技巧。

本书以 AutoCAD 2016 为平台，以工作过程为导向，采用项目教学的方式组织内容，主要内容包括 14 个由简单到复杂的项目实施过程，项目均来源于"机械制图"课程教学中的典型案例和图例，有助于提高学生的学习兴趣和绘图速度。每个项目都由项目导入、项目知识、项目实施、检测练习和提高练习 5 部分组成。"项目导入"给出所要完成的项目任务，即需要绘制的图形及必须掌握的绘图方法；"项目知识"列举出完成该项目必须掌握的知识与技能，主要包括绘图命令及操作方法、绘图技巧等；"项目实施"主要介绍完成项目任务的详细绘图过程，即项目文档建立、绘图环境设置、绘图分析、绘图详细步骤等；"检测练习"给出与项目内容难度相当的适量习题，供学生训练，使学生达到一定的应用水平；"提高练习"主要围绕项目任务需要掌握的重点绘图知识和技巧，设计了相对复杂的图例供学有余力的学生练习，进一步提高学习效果。

通过本书 14 个项目的学习和训练，学生不仅能够掌握 AutoCAD 二维平面设计和三维建模基本知识，而且能够掌握机械制图识读和绘制方法，达到机械、电力电子及自动控制系统工程技术人员对机械制图识读与绘制的要求。

本书的参考学时为 58～62 学时，建议采用理论、实践一体化教学模式，各项目的参考学时见下面的学时分配表。

序　号	项 目 名 称	学　时	备　注
绪论		1	
项目一	直线要素构成的平面图形绘制	3	
项目二	圆要素构成的平面图形绘制	4	
项目三	多要素构成的平面图形绘制	4	
项目四	均布及对称结构图形的绘制	4	
项目五	机座三视图的绘制	4	
项目六	剖视图形的绘制	4	
项目七	标准件和常用件的绘制	4	
项目八	轴零件图的绘制	4	◆
项目九	齿轮零件图的绘制	4	◆

续表

序　号	项　目　名　称	学　时	备　注
项目十	减速器机座零件图的绘制	4	
项目十一	减速器装配图的绘制	4	◆ ▲
项目十二	简单组合体三维建模	4	
项目十三	复杂组合体三维建模	4	
项目十四	减速器机座零件三维建模	6～10	◆ ▲
合计		58～62	

说明：备注"▲"的为近机类专业选用项目，备注"◆"的为电类专业选用项目。

　　本书由陆玉兵、权秀敏主编，马辉、刘先梅、杨晶任副主编。权秀敏编写了绪论、项目一和项目二，马辉编写了项目三～项目五，刘先梅编写了项目六～项目八，杨晶编写了项目九和项目十，陆玉兵编写了项目十一～项目十四、附录及参考文献内容。全书由陆玉兵统稿，皖西学院汽车与机械工程学院院长张晓东教授审阅了全书。

　　由于编者水平有限，书中不足之处恳请读者批评指正。

编　者

2019 年 5 月

绪　论 ……………………………… 1
　一、AutoCAD 概述 ………………… 1
　二、AutoCAD 的基本功能 ………… 2

项目一　直线要素构成的平面图形
　　　　绘制 ……………………… 4
　一、项目导入 ……………………… 4
　二、项目知识 ……………………… 5
　　（一）AutoCAD 2016 启动 ……… 5
　　（二）AutoCAD 2016 工作空间 … 5
　　（三）文件基本操作 …………… 11
　　（四）图层设置 ………………… 13
　　（五）"极轴追踪"和"对象捕捉"
　　　　　辅助绘图工具使用方法 … 15
　　（六）绘图环境设置 …………… 16
　　（七）"直线"命令 …………… 18
　　（八）AutoCAD 坐标系及坐标点
　　　　　输入方法 ……………… 18
　三、项目实施 …………………… 20
　四、检测练习 …………………… 23
　五、提高练习 …………………… 24

项目二　圆要素构成的平面图形
　　　　绘制 ……………………… 25
　一、项目导入 …………………… 25
　二、项目知识 …………………… 26
　　（一）"圆"命令 ……………… 26
　　（二）图形对象选择方法 ……… 28
　　（三）"删除"命令 …………… 29
　　（四）"偏移"命令 …………… 29
　　（五）"修剪"命令 …………… 30

　　（六）"拉长"命令 …………… 31
　三、项目实施 …………………… 32
　四、检测练习 …………………… 38
　五、提高练习 …………………… 39

项目三　多要素构成的平面图形
　　　　绘制 ……………………… 40
　一、项目导入 …………………… 40
　二、项目知识 …………………… 41
　　（一）"圆弧"命令 …………… 41
　　（二）"圆环"命令 …………… 45
　　（三）"多段线"命令 ………… 46
　　（四）"矩形"命令 …………… 48
　　（五）"多边形"命令 ………… 50
　　（六）"椭圆"命令 …………… 51
　　（七）"复制"命令 …………… 52
　　（八）"分解"命令 …………… 54
　三、项目实施 …………………… 55
　四、检测练习 …………………… 59
　五、提高练习 …………………… 60

项目四　均布及对称结构图形的
　　　　绘制 ……………………… 61
　一、项目导入 …………………… 61
　二、项目知识 …………………… 62
　　（一）"镜像"命令 …………… 62
　　（二）"阵列"命令 …………… 62
　　（三）"移动"命令 …………… 65
　　（四）"旋转"命令 …………… 66
　　（五）"缩放"命令 …………… 68
　　（六）"射线"命令 …………… 69

（七）"点"命令 …………………… 70
（八）"实体填充（solid）"命令 … 71
（九）"打断"命令 ………………… 73
（十）"延伸"命令 ………………… 73
（十一）"拉伸"命令 ……………… 74
三、项目实施 …………………………… 75
四、检测练习 …………………………… 78
五、提高练习 …………………………… 79

项目五　机座三视图的绘制 ………… 80
一、项目导入 …………………………… 80
二、项目知识 …………………………… 81
（一）"构造线"命令 ……………… 81
（二）"圆角"命令 ………………… 81
（三）"倒角"命令 ………………… 82
（四）"光顺曲线"命令 …………… 83
（五）精确绘图工具的使用方法 … 84
三、项目实施 …………………………… 89
（一）建立新文件 ………………… 89
（二）设置绘图环境 ……………… 89
（三）绘制图形 …………………… 89
四、检测练习 …………………………… 95
五、提高练习 …………………………… 97

项目六　剖视图形的绘制 …………… 98
一、项目导入 …………………………… 98
二、项目知识 …………………………… 99
（一）"样条曲线"命令 …………… 99
（二）"多线"命令 ………………… 100
（三）"图案填充"和"渐变色填充"
　　　命令 ………………………… 103
（四）"图案填充编辑"命令 …… 104
（五）"重画"和"重生成"
　　　命令 ………………………… 105
（六）"全屏显示"（屏幕清除）
　　　命令 ………………………… 105
（七）"缩放"命令 ……………… 105
（八）"平移"命令 ……………… 106

三、项目实施 ………………………… 106
（一）新建文件 ………………… 106
（二）设置绘图环境 …………… 107
（三）绘制图形 ………………… 107
四、检测练习 ………………………… 109
五、提高练习 ………………………… 112

项目七　标准件和常用件的绘制 … 113
一、项目导入 ………………………… 113
二、项目知识 ………………………… 114
（一）"文字样式"命令 ………… 114
（二）文字标注 ………………… 116
（三）文本编辑 ………………… 118
三、项目实施 ………………………… 119
（一）任务一 …………………… 119
（二）任务二 …………………… 121
四、检测练习 ………………………… 122
五、提高练习 ………………………… 124

项目八　轴零件图的绘制 ………… 125
一、项目导入 ………………………… 125
二、项目知识 ………………………… 126
（一）设置"标注样式" ………… 126
（二）标注尺寸 ………………… 131
三、项目实施 ………………………… 138
四、检测练习 ………………………… 146
五、提高练习 ………………………… 147

项目九　齿轮零件图的绘制 ……… 148
一、项目导入 ………………………… 148
二、项目知识 ………………………… 149
（一）夹点编辑 ………………… 149
（二）"多重引线样式"命令 …… 151
（三）"引线"命令 ……………… 154
（四）"添加引线"命令 ………… 154
（五）引线"对齐"命令 ………… 155
（六）引线"合并"命令 ………… 156
（七）"圆心标记"命令 ………… 157

（八）"公差"命令 ……………… 157
（九）"倾斜"命令 ……………… 158
（十）"文字角度"命令 ………… 159
三、项目实施 …………………… 160
（一）新建文件 ………………… 160
（二）绘制图形 ………………… 160
四、检测练习 …………………… 164
五、提高练习 …………………… 166

项目十　减速器机座零件图的
绘制 …………………………… 167
一、项目导入 …………………… 167
二、项目知识 …………………… 168
（一）"创建"命令 …………… 168
（二）定义与编辑块属性 ……… 169
（三）"编辑"命令 …………… 172
（四）"插入块"命令 ………… 173
三、项目实施 …………………… 175
（一）新建文件 ………………… 175
（二）绘制图形 ………………… 175
四、检测练习 …………………… 182
五、提高练习 …………………… 184

项目十一　减速器装配图的绘制 … 185
一、项目导入 …………………… 185
二、项目知识 …………………… 185
（一）定义"表格样式" ……… 185
（二）创建"表格" …………… 187
（三）编辑表格 ………………… 188
三、项目实施 …………………… 190
（一）新建文件 ………………… 191
（二）设置图层 ………………… 191
（三）绘制图形 ………………… 191
四、检测练习 …………………… 201
五、提高练习 …………………… 203

项目十二　简单组合体三维建模 … 207
一、项目导入 …………………… 207

二、项目知识 …………………… 208
（一）"用户坐标系"命令 …… 208
（二）"视点"命令 …………… 210
（三）"视图"命令 …………… 211
（四）"动态观察"命令 ……… 211
（五）"视觉样式"命令 ……… 212
（六）创建基本三维实体 ……… 213
（七）布尔运算 ………………… 217
三、项目实施 …………………… 218
（一）新建文件 ………………… 218
（二）设置绘图环境 …………… 219
（三）三维建模 ………………… 219
四、检测练习 …………………… 221
五、提高练习 …………………… 222

项目十三　复杂组合体三维建模 … 223
一、项目导入 …………………… 223
二、项目知识 …………………… 224
（一）"倒角边"和"圆角边"
命令 ……………………… 224
（二）"剖切"命令 …………… 225
（三）"面域"命令 …………… 226
（四）通过二维图形创建实体 … 227
（五）"放样"命令 …………… 229
（六）"扫掠"命令 …………… 230
（七）"截面"命令 …………… 231
三、项目实施 …………………… 232
（一）新建文件 ………………… 232
（二）设置绘图环境 …………… 232
（三）三维建模 ………………… 233
四、检测练习 …………………… 235
五、提高练习 …………………… 237

项目十四　减速器机座零件三维
建模 …………………………… 238
一、项目导入 …………………… 238
二、项目知识 …………………… 238
（一）"三维移动"命令 ……… 239

（二）"三维旋转"命令 ………… 240

（三）"三维对齐"命令 ………… 240

（四）"三维镜像"命令 ………… 241

（五）"三维阵列"命令 ………… 242

（六）"三维缩放"命令 ………… 242

（七）实体面编辑命令 ………… 243

（八）实体边编辑命令 ………… 249

（九）"抽壳"命令 ………… 251

（十）三维实体的尺寸标注和

　　　文字注写 ………… 252

三、项目实施 ………………… 253

四、检测练习 ………………… 259

五、提高练习 ………………… 261

附　录 …………………………… 262

　　附录 A　AutoCAD 上机考试样题 …… 262

　　附录 B　项目考核参考标准 ………… 263

参考文献 ………………………… 264

绪论

|一、AutoCAD 概述|

AutoCAD 是美国 Autodesk 公司开发的通用计算机辅助设计软件，从 1982 年开发出第一个版本以来，已经发布了 30 多个版本。早期的版本仅有二维绘图的简单工具，绘制图形的速度较慢。该软件的每一次升级，功能都得到了增强，且日趋完善。正因为 AutoCAD 具有强大的辅助绘图功能，所以它已成为工程设计领域应用最广泛的计算机辅助设计和绘图软件之一。

计算机辅助设计（Computer Aided Design，CAD）是工程技术人员在 CAD 系统辅助下，根据产品的设计程序进行设计的一项新技术，系统的运行和思路的提供离不开系统使用者的创造性思维活动，是人的创造力与计算机系统的巧妙结合。工程技术人员通过人机交互操作的方式进行产品设计的构思与论证、零部件设计和有关零件的输出，以及技术文档和有关技术报告的编制。因此，使用计算机绘图系统的工程技术人员也属于系统组成的一部分，将软件、硬件和人这三者合一，是计算机辅助设计的前提。将软件、硬件和人三者有效地融合为一体，才是真正的计算机绘图系统。

计算机绘图是随着计算机图形学理论及其技术发展起来的新型学科。将数字化的图形信息通过计算机存储、处理，并通过输出设备将图形显示和打印出来，这个过程被称为计算机绘图。而计算机图形学则是研究计算机绘图领域中各种理论与解决实际问题的学科。

CAD 作为信息技术的重要组成部分，将计算机高速、海量数据存储及处理和挖掘能力与人的综合分析和创造性思维能力结合起来，对加速工程和产品开发、缩短设计制造周期、提高产品质量、降低生产成本、增强企业市场竞争力与创新能力具有重要作用。用于辅助设计的 AutoCAD 软件，能够快速进行二维图形绘制和三维图形建模、尺寸标注、图形渲染和图纸输出，易于掌握，方便使用，体系结构开放，彻底改变了传统的手工绘图模式，使工程技术人员从繁重的手工绘图中解放出来，极大地提高了设计效率和绘图质量。

由于 AutoCAD 软件具有专业设计、操作方便、功能强大、便于及时调整效果等优点，所以被广泛应用于机械、建筑、电子、航天、造船、石油化工、土木工程、冶金、地质、气象、纺轻、轻工、商业、印刷等领域，已成为广大工程技术人员的必备工具。

AutoCAD 2016 是 Autodesk 公司新推出的升级版本，在原有版本基础上对界面和功能进行了很大的改动，添加了许多新功能，使 2D 和 3D 设计、文档编制和协同工作流程更加迅捷。性能和功能方面都有所增强，操作界面与新版本 Office 2016 的界面相似，具有更好的绘图界面、形象生动和简洁快速的设计环境，同时与低版本完全兼容。

| 二、AutoCAD 的基本功能 |

AutoCAD 软件经过多次版本更新，设计功能更趋完善，有利于用户快速实现设计效果。AutoCAD 软件的基本功能体现在图形绘制、编辑、注释、渲染等多个方面。

1．创建与编辑图形

AutoCAD 包含二维和三维绘图工具，使用这些工具可以绘制直线、多线段、矩形、多边形和圆等基本二维图形，也可将绘制的线框图形转换成面域，创建三维模型，还可使用编辑工具创建各种类型的 CAD 图形，如图 0.1 所示。

对于一些二维图形，通过拉伸、设置高度和厚度等操作，可将其轻松地转换为三维图形，或使用基本实体或曲面功能，快速创建圆柱体、球体、长方体等基本实体，使用编辑工具可快速创建出各种各样的三维图形，如图 0.2 所示。

图 0.1　组合体三视图

图 0.2　机件的三维模型

为了方便地观察图形的形状结构和特征，可切换到轴测模式绘制轴测图，以二维绘图技术模拟三维对象，如图 0.3 所示。

2．图形文本注释

AutoCAD 包含尺寸标注工具和尺寸编辑工具，可创建各种类型的标注，如图 0.4 所示。

图 0.3　组合体正等轴测图

图 0.4　三视图

3．渲染和观察三维图形

在 AutoCAD 中，可应用雾化、光源和材质将模型渲染为具有真实感的图像，如果为了演示，则可以渲染全部对象；如果时间有限或显示设备和图形设备不能提供足够的灰度等级和颜色，则不必精确渲染；为了快速查看设计的整体效果，可简单消隐或设置视觉样式。

为了查看三维图形各方位的显示效果，可在三维操作环境中使用动态观察器观察模型，也可设置漫游和飞行方式观察模型，还可录制运动动画和观察相机，更方便地观察模型结构。

4．输出和打印图形

AutoCAD 允许将所绘图形以不同方式通过绘图仪或打印机输出，还可将不同格式的图形导入 AutoCAD，或将 AutoCAD 图形以其他格式输出，创建成所需文件格式，以方便其他应用程序使用。

5．图形显示功能

AutoCAD 可以任意调整图形的显示比例，以观察图形的全部或局部，并可使图形上、下、左、右移动进行观察。AutoCAD 软件提供了 6 个标准视图（6 种视角）和 4 个轴测图，可利用视点工具设置任意视角，还可利用三维动态观察器设置任意的视觉效果。

6．二次开发功能

在 AutoCAD 中，用户可根据需要自定义各种菜单或与图形有关的一些属性。AutoCAD 提供了内部的 Visual Lisp 编辑开发环境，用户可使用 Lisp 语言定义新命令，开发新的语言和解决方案。

项目一
直线要素构成的平面图形绘制

能力目标

1. 能够启动 AutoCAD 2016 绘图软件，熟悉 AutoCAD 2016 软件系统用户界面，能够新建、打开、保存文件，能够运用 AutoCAD 2016 软件极轴、对象捕捉等基本辅助绘图工具。
2. 能够设置 AutoCAD 2016 "图形界限" 与 "单位" 等绘图环境。
3. 能够设置、管理及使用图层。
4. 能够应用 "直线" 命令绘制简单的平面图形。

知识目标

1. 掌握 AutoCAD 2016 的启动、新建、打开、退出及文件保存的操作方法。
2. 熟悉 AutoCAD 2016 软件系统用户界面。
3. 掌握图层的设置及管理方法。
4. 掌握点坐标直角绝对（相对）和极坐标绝对（相对）的输入方法。
5. 掌握极轴、对象捕捉等辅助绘图工具状态按钮的使用方法。
6. 掌握 "直线" 命令的操作方法和技巧。

|一、项目导入|

用 1∶1 的比例绘制图 1.1 所示的平面图形。要求：选择合适的线，不标注尺寸，不绘制图框与标题栏。

图 1.1　平面图形

|二、项目知识|

（一）AutoCAD 2016 启动

AutoCAD 2016 的启动有以下 3 种常用方法。

（1）双击桌面上的 AutoCAD 2016 快捷方式图标 。

（2）单击 Windows 任务栏上的"开始"｜"程序"｜"Autodesk"｜"AutoCAD 2016 Simplified Chinese"｜"AutoCAD 2016"。

（3）双击已经存盘的任意一个 AutoCAD 图形文件（扩展名为*.dwg 的文件）。

（二）AutoCAD 2016 工作空间

中文版 AutoCAD 2016 主要提供了"草图与注释""三维基础"和"三维建模"3 种工作空间界面，可供用户分别进行二维图形绘制与编辑、三维实体模型创建与编辑。

1．"草图与注释"工作空间界面

"草图与注释"工作空间界面是 AutoCAD 2016 启动后的默认空间，如图 1.2 所示。在该工作空间界面"默认"选项卡中，可以使用"绘图""修改""注释""图层""块""特性""实用工具""剪贴板"等功能区面板按钮方便地绘制和标注二维图形。

图 1.2　"草图与注释"工作空间界面

（1）快速访问工具栏。快速访问工具栏位于 AutoCAD 2016 工作空间界面的左上角，用于显示"新建""打开"等经常使用的工具图标，如图 1.3 所示。如要放弃或重做不是最新的修改，可单击"放弃"和"重做"按钮及其右侧的下拉按钮。使用快速访问工具栏也可以直接访问定义的命令集。

快速访问工具栏主要的作用如下：显示常用文件
操作功能命令及其子菜单，查看或访问最近打开的文

图1.3　快速访问工具栏

件；用户可通过菜单浏览器上方的搜索工具，输入条件进行搜索，并可在搜索后列出的项目
中双击以直接访问关联的命令，结果如图 1.4 所示；单击展开菜单下端的"选项"命令，系
统将弹出"选项"对话框，如图 1.5 所示。在此对话框中，可以设置 AutoCAD 背景颜色、文
件密码等系统参数。

图1.4　快速访问工具菜单

图1.5　"选项"对话框

快速访问工具栏中的命令不随当前工作空间的不同而有所不同。用户可以用鼠标右键单
击快速访问工具栏，执行"自定义快速访问工具栏"选项，设置快速访问工具栏的图标。执
行"自定义快速访问工具栏"选项后，系统弹出"自定义用户界面"编辑器，在编辑器中的
"所有文件中的自定义设置"窗格下创建快速访问工具栏，然后将该快速访问工具栏添加到"自
定义用户界面"编辑器"工作空间内容"窗格下的工作空间中。

自定义快速访问工具栏与自定义功能区面板或工具栏类似。可以添加、删除和重新定位
命令和控件，以按用户的工作方式调整用户界面元素，还可以将下拉菜单和分隔符添加到组
中，并组织相关的命令。

（2）标题栏。标题栏位于工作界面的最上边，主要用于显示 AutoCAD 的程序图标、软
件名称以及当前打开文件的名称等信息。在标题栏的右边有 3 个控制按钮，分别用于控制最
小化、最大化/还原和关闭应用程序，用户可以单击相应的按钮最小化、最大化/还原和关闭
AutoCAD 窗口。

（3）选项卡。AutoCAD 2016 的菜单栏由"默认""插入"和"注释"等选项卡组成，如
图 1.6 所示。

图1.6　菜单栏

每个选项卡对应不同功能区界面，功能区几乎包含了 AutoCAD 的选项卡中的相应功能
按钮。单击某个选项卡，在界面上会弹出相应的功能图标，如单击"视图"选项卡，结果如

图 1.7 所示。

图 1.7　"视图"选项卡

（4）功能区。功能区提供一个简洁紧凑的选项板，功能区由许多按钮组成，移动光标到这些按钮上稍停片刻，可显示该命令相应的提示，单击这些按钮可执行相应的命令。功能区包括创建或修改图形所需的所有工具。可以将它水平固定在绘图区域的顶部（默认）、垂直固定在绘图区域的左边或右边，还可以浮动在绘图区域或第二个监视器中。在功能区右下方有一个"对话框启动器"图标。

（5）绘图窗口。绘图窗口是用户绘制图形的主要区域，所有的绘图结果都反映在这个窗口中。用户可以根据需要隐藏或关闭绘图窗口周围的选项板和工具栏来扩大绘图区域。AutoCAD 的高级用户，还可以单击屏幕右下角的"全屏显示"按钮（也可以按 Ctrl+0 组合键）在"非全屏显示"和"全屏显示"之间切换，此处 0 应为主键盘上的字母键 0），在全屏显示下，AutoCAD 窗口只显示菜单栏、绘图窗口、命令栏和状态栏，如图 1.8 所示。

图 1.8　"全屏显示"界面

在绘图窗口中有一个类似光标的十字线，称为十字光标，其交点反映了光标在当前坐标系中的位置，十字光标的方向与当前用户坐标系的 X 轴、Y 轴方向平行。绘图窗口的左下角显示了当前使用的坐标系类型及 X、Y、Z 轴的方向和坐标原点，默认情况下，坐标系为世界坐标系（WCS）。在窗口的下方还有"模型"和"布局"选项卡，单击相应的选项卡可以在模型空间和布局空间之间切换。

（6）命令行提示窗口。在默认情况下，命令行提示窗口固定于绘图窗口的底部，用于输入命令和显示命令提示，如图 1.9 所示。用户可以根据需要用鼠标拖动命令栏的边框来改变命令行的大小，使其显示更多的信息。另外，用户还可以拖动命令行的标题栏，使其处于浮动状态。

命令: _CleanScreenOFF
命令:

图 1.9 命令行提示窗口

 提 示

对于初学者，可利用命令行的"显示命令提示"功能来熟悉命令的执行过程，有利于提高绘图速度。

（7）状态栏。状态栏在屏幕的底部，状态栏左侧显示绘图区中光标定位点的 X、Y、Z 坐标，在右侧依次是"模型或图纸空间""显示图形栅格""捕捉模式""推断约束""动态输入""正交限制光标""按指定角度限制光标（极轴追踪）""等轴测草图""显示捕捉参照线（对象捕捉追踪）""将光标捕捉到二维参照点（对象捕捉）""显示/隐藏线宽"等开关按钮，如图 1.10 所示。用户将光标移至相应按钮上将显示按钮名称，这样有利于熟悉各按钮的名称。

2074.8470, 992.6275, 0.0000 模型 1:1/100%

图 1.10 状态栏

默认情况下，界面不会显示所有工具，用户可以通过状态栏最右侧的按钮，选择"自定义"菜单中显示的工具。状态栏上显示的工具可能会发生变化，具体取决于当前的工作空间以及当前显示的是"模型"选项卡还是"布局"选项卡。

（8）工作空间。可将当前工作空间切换到"三维基础""三维建模"等带有相应工具栏、选项板和功能区面板集的其他工作空间。用户如需切换工作空间，可单击 **草图与注释** 按钮，此时界面将显示一个菜单，用户可以从中更改当前工作空间或组织和自定义工作空间。

2. "三维基础"工作空间界面

"三维基础"工作空间界面主要用于绘制简单的三维模型，"三维基础"工作空间界面功能区集合了最常用的三维建模和二维绘图命令，如图 1.11 所示。该界面较"三维建模"工作空间界面简单，按钮少，但按钮另设有子菜单可供用户使用。

图 1.11 "三维基础"工作空间界面

3."三维建模"工作空间界面

使用"三维建模"工作空间界面，可以更加方便地在三维空间中绘制图形。在"功能区"选项板中集成了"建模""实体编辑""绘图""修改""坐标"和"视图"等面板，包含了常用的二维图形绘制与编辑命令，从而为绘制三维图形、观察图形、创建动画、设置光源、向三维对象附加材质等操作提供了非常便利的环境，如图 1.12 所示。

图 1.12 "三维建模"工作空间界面

对于习惯使用含有传统菜单栏或对图标按钮不熟悉的用户，可以单击界面顶端工作空间右边的下拉按钮，选择"显示菜单栏"命令。执行此操作后，原"显示菜单栏"将变化为"隐藏菜单栏"，界面显示如图 1.13 所示。如需关闭此菜单栏，可单击按钮，选择"隐藏菜单栏"命令。

图 1.13 传统菜单栏调用方法

这些传统菜单项几乎包含了 AutoCAD 中的所有功能和命令。单击某个菜单项，会弹出相应的下拉菜单，部分下拉菜单还包含子菜单，如图 1.14 所示。

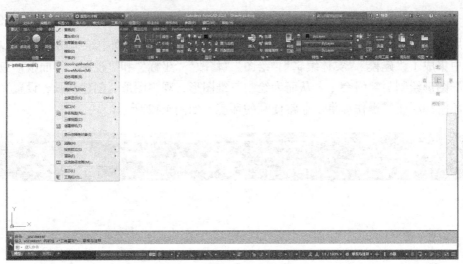

图 1.14　"视图"菜单及下拉菜单

在使用菜单栏中的命令时应注意以下几点。

（1）命令后跟有三角符号，表示该命令下还有子命令。

（2）命令后跟有快捷键，表示按下该快捷键可执行该命令。

（3）命令后跟有组合键，表示直接按组合键可执行该命令。

（4）命令后跟有省略号，表示选择该命令后会弹出相应的对话框。

（5）命令呈现灰色，表示该命令在当前状态下不可用。

4．选择工作空间

如果在绘图时要在 3 种工作空间模式中切换，可使用以下两种方法。

（1）单击"工作空间"右边的下拉按钮 ，在弹出的下拉列表中选择需要的绘图工作空间，如图 1.15 所示。

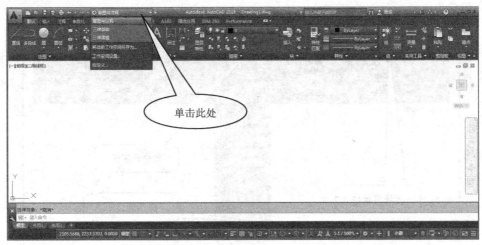

图 1.15　选择工作空间方法（1）

（2）在状态栏中单击"切换工作空间"按钮，在弹出的下拉列表中选择需要的绘图工作空间，如图 1.16 所示。

图 1.16　选择工作空间方法（2）

（三）文件基本操作

在 AutoCAD2016 界面中，文件操作主要包括新建文件、打开文件、保存文件、关闭文件和加密文件等。

1. 新建一个图形文件

在 AutoCAD 2016 中新建图形文件的方法有以下 3 种。

（1）单击快速访问工具栏中的"新建"按钮，或在展开的菜单中单击"新建"命令。

（2）在命令行中输入命令"new"或"qnew"。

（3）按 Ctrl+N 组合键。

执行"新建"命令后，系统弹出"选择样板"对话框，如图 1.17 所示。在该对话框的样板文件列表中选择需要的样板文件，在右侧的"预览"框中将显示出该图形的预览效果，单击"打开"按钮即可按指定样板创建新的文件。

图 1.17　"选择样板"对话框

 提　示

如果不使用样板文件，单击"打开"按钮右边的下拉按钮，在下拉列表中选择"无样板打开-公制"，可创建一个没有任何设置的新文件，如图 1.18 所示。

2. 打开文件

在 AutoCAD 2016 中打开文件的方法有以下 3 种。

（1）单击快速访问工具栏中的"打开"按钮，或在展开的菜单中单击"打开"命令。

（2）在命令行中输入命令"open"。

图 1.18　选择"无样板打开-公制（M）"命令

（3）按 Ctrl+O 组合键。

执行"打开"命令后，系统弹出"选择文件"对话框，如图 1.19 所示。在该对话框的文件列表框中选中要打开的文件，在右侧的"预览"框中将显示出该图形的预览效果，然后单击"打开"按钮即可打开选中的文件。

⚠️ 说　明

打开已存在的文件，需明确要打开文件的准确路径。在打开图形文件时，单击"打开"按钮右边的下拉按钮，在弹出的下拉列表中选择打开方式，系统提供了"打开""以只读方式打开""局部打开"和"以只读方式局部打开"4 种打开文件的方式。如果以"打开"或"局部打开"方式打开图形文件，则用户可以编辑图形文件；如果以"以只读方式打开"或"以只读方式局部打开"方式打开图形文件，则用户不能编辑打开的图形文件，如图 1.20 所示。

图 1.19　"选择文件"对话框

图 1.20　打开图形文件的方式

3．保存文件

在 AutoCAD 2016 中保存文件的方法有以下 4 种。

（1）单击快速访问工具栏中的"保存"按钮 或在展开的菜单中单击"保存"命令。

（2）单击快速访问工具栏中的"另存为"按钮 或在展开的菜单中单击"另存为"命令。

（3）在命令行中输入命令"qsave"或"saveas"。

（4）按 Ctrl+S 组合键。

第一次保存文件时，系统会弹出"图形另存为"对话框，如图 1.21 所示。如果用户没有对文件命名，则系统会为文件指定一个默认的文件名，用户也可以在"文件名"文本框中为文件指定文件名。系统默认文件保存类型为"*.dwg"，用户也可以在"文件类型"下拉列表中选择其他文件类型，然后单击"保存"按钮即可。如果不是第一次保存文件，执行命令就可以直接保存图形文件。

⚠️ 说　明

文件名应以能具体表达图形对象名称文字为宜，以方便管理文件。

4．加密文件

为加强文件的安全性，用户在保存文件时可以对文件添加"数字签名"，"数字签名"是指添加到某些文件的加密信息块，用于标识创建者并在应用"数字签名"后指示文件是否被更改。带有"数字签名"的文件向图形接收者提供关于图形创建者的可靠信息，也可向图形所有者提供关于对图形进行"数字签名"后该图像是否被修改的可靠信息等。将"数字签名"附着到单个文件的操作方式有 2 种。

（1）单击快速访问工具栏展开菜单中的"选项"命令，在"选项"对话框的"打开和保存"选项卡中，单击"数字签名"，弹出"数字签名"对话框，如图 1.22 所示，选择"保存图形后附着数字签名"复选框。

图 1.21　"图形另存为"对话框

图 1.22　"数字签名"对话框

（2）单击快速访问工具栏展开菜单中的"另存为"命令或单击快速访问工具栏中的"另存为"按钮，在"图形另存为"对话框中，依次单击"工具""数字签名"按钮，在"数字签名"对话框中，选择"保存图形后附着数字签名"复选框。

若要将"数字签名"附着到文件，必须具有证书颁发机构颁发的数字证书，或者可使用某个应用程序来创建自签名证书。用户可以检查文件的数字签名，如果正在处理协作性项目，或者收到可执行文件，此操作非常重要。对图形文件进行数字签名后，"数字签名"图标将显示在状态栏上。

签名所有文件后，将显示"签名完成"消息，其中显示了已签名的文件数目，单击"数字签名"对话框中"确定"按钮后，在"要签名的文件"列表的"状态"列中，已成功签名的文件将显示"已签名"。

 说　明

如果获取数字 ID 时选择了"中"或"高"安全级别，则每次尝试将数字签名附加到文件时，都会显示一条消息。

（四）图层设置

在 AutoCAD 2016 中，用户可以在图层特性管理器中设置图层，打开该对话框的方法有以下 2 种。

（1）在"默认"选项卡的功能区"图层"面板中，单击"图层特性"按钮 。

（2）在命令行中输入"图层"命令"layer"。

执行该命令后，弹出"图层特性管理器"对话框，如图 1.23 所示，用户可以在该对话框中对图层进行各种操作。

① 创建图层。在"图层特性管理器"对话框中单击"新建图层"按钮 ，可新建一个图层，图层名将添加到"图层"列表中，且新图层继承选中图层的特性（蓝色滚动条所在图层），用户可在亮显的图层名上输入新图层名。图层名不能包含<、>、/、\、"、：、；、?、*、|、=、'等字符，图层名最多可以包含 255 个字符（双字节或字母数字），并且可以包含字母、数字、空格和几个特殊字符。

图 1.23　"图层特性管理器"对话框

对于具有多个图层的复杂图形，可以在"说明"列中输入说明性文字。在每一列相应图层位置处单击，指定新图层的设置和默认特性。

AutoCAD 默认提供一个图层，图层名为 0，颜色为白色，线型为实线，线宽为默认值。

② 重命名图层。在图层特性管理器中，单击以选择一个图层，单击图层名或按 F2 键，输入新的名称，即可重命名该图层。

③ 删除图层。在图层特性管理器中，单击以选择一个图层，单击"删除图层"按钮 ，可删除没有被使用的图层。但图层 0、图层 Defpoints、包含对象（包括块定义中的对象）的图层、当前图层、在外部参照中使用的图层不可删除。

④ 置为当前。在图层特性管理器中选择一个图层，单击上方的"置为当前"按钮 ，可将选中图层置为当前。

⑤ 设置线型。图层的线型是指在该图层上绘制图形对象时采用的线型，每个图层都有相应的线型。单击图层特性管理器"线型"列表中的线型名称，弹出"选择线型"对话框，如图 1.24 所示，在该对话框中选择需要的线型；如果"选择线型"对话框中没有需要的线型，可以单击"加载"按钮，在弹出的"加载或重载线型"对话框中选择合适的线型，如图 1.25 所示。

图 1.24　"选择线型"对话框

图 1.25　"加载或重载线型"对话框

⑥ 设置颜色。图层的颜色是指在该图层上绘制图形对象时采用的颜色，每一个图层都有相应的颜色。单击图层特性管理器中"颜色"列表下的色块，弹出"选择颜色"对话框，如图 1.26 所示。该对话框中有 3 个选项卡，分别为 "索引颜色""真彩色"和"配色系统"，这是系统的 3 种配色方法，用户可以根据不同的需要使用不同的配色方案为图层设置颜色。

⑦ 设置线宽。图层的线宽是指在该图层上绘制图形对象时采用的宽度，每一个图层都有相应的线宽。单击图层特性管理器中"线宽"列表下的"方形区域"，弹出"线宽"对话框，如图 1.27 所示。用户可以根据需要为图层设置线宽，设置好的图层将显示在"默认"选项卡功能区"图层"面板的"图层"列表中。

图 1.26　"选择颜色"对话框

图 1.27　"线宽"对话框

（五）"极轴追踪"和"对象捕捉"辅助绘图工具使用方法

1．极轴追踪

单击状态栏中的"按指定角度限制光标（极轴追踪）"按钮（弹起为关闭，凹下为打开），打开"按指定角度限制光标（极轴追踪）"状态按钮，在绘图区可以方便地绘制水平直线、竖直直线和任意角度倾斜线。请读者自行体验"按指定角度限制光标（极轴追踪）"功能在绘图过程中的作用。

2．对象捕捉

单击状态栏中的"将光标捕捉到二维参考点（对象捕捉）"按钮（弹起为关闭，凹下为打开），打开"对象捕捉"状态按钮，可在绘图区绘制几条相互连接或相交的图线。请读者自行体验"将光标捕捉到二维参考点（对象捕捉）"功能在绘图过程中的作用。

在 AutoCAD 2016 中，可右击"将光标捕捉到二维参考点（对象捕捉）"状态按钮，选择"对象捕捉设置"，在弹出的"草图设置"对话框中单击"对象捕捉"选项卡，如图 1.28 所示，在该选项卡中选中需要的对象捕捉模式，然后选中"启用对象捕捉"复选框即可。

图 1.28　"草图设置-对象捕捉"选项卡

⚡ **提　示**

在 AutoCAD 中，每一个图形对象上都有一些特殊的点，如端点、中点、交点、垂足和圆心等，如果只凭观察来拾取这些点，很难精确地拾取。AutoCAD 提供了一组对象捕捉工具，使用对象捕捉工具可以迅速、准确地捕捉到这些对象上的特殊点。

（六）绘图环境设置

一般来讲，使用 AutoCAD 2016 的默认配置就可以绘制图形，但为了使用绘图仪、打印机等设备，或为了提高绘图效率，用户应对系统参数、绘图环境进行必要的设置。

1. 设置参数选项

如果用户需要设置系统环境，以方便绘图，可以在绘图区单击鼠标右键或单击快速访问工具栏，在下拉菜单中选择"选项"按钮，在弹出的"选项"对话框中设置系统环境，如图 1.29 所示。

"选项"对话框中有 11 个选项卡，各选项卡功能如下。

（1）"文件"选项卡：用于设置支持文件、驱动程序、临时文件位置和临时外部参照文件的搜索路径。

（2）"显示"选项卡：用于设置窗口元素、布局元素、显示精度、显示性能以及十字光标大小和参照编辑的褪色度。

图 1.29　"选项"对话框

（3）"打开和保存"选项卡：用于设置 AutoCAD 2016 中有关文件的打开和保存的选项。

（4）"打印和发布"选项卡：用于设置打印机和打印参数。

（5）"系统"选项卡：用于设置 AutoCAD 2016 的系统配置。

（6）"用户系统配置"选项卡：用于优化 AutoCAD 2016 的系统配置，使其在更好的状态下发挥功能。

（7）"绘图"选项卡：用于设置 AutoCAD 的一些基本编辑选项，如自动捕捉与追踪等。

（8）"三维建模"选项卡：用于设置有关三维十字光标、UCS 图标、动态输入、三维对象显示和三维导航等系统属性。

（9）"选择集"选项卡：用于设置选择对象的方法，如靶框和夹点的大小以及颜色等。

（10）"配置"选项卡：用于控制配置的使用，配置包含新建系统配置文件、重命名系统配置文件和删除系统配置文件。

（11）"联机"选项卡：设置用于使用 Autodesk A360 联机工作的选项，并提供对存储在云帐户中的设计文档的访问。

2. 设置"图形单位"

用户在绘图时，如需要设置显示坐标、距离和角度的格式、精度等，可通过"图形单位"对话框设置，系统自动将此设置保存在当前图形中。在 AutoCAD 2016 中，用户可以单击快速访问工具栏，在展开的菜单中，单击"图形实用工具"｜"单位"按钮 **0.0** 或在命令行提示下输入"units"命令执行"图形单位"命令，打开"图形单位"对话框设置图形单位，如图 1.30 所示。

各选项功能如下。

（1）"长度"选项组。用于设置绘图的长度单位和精度。

① 类型。设置测量单位的当前显示格式，包括"建筑""小数""工程""分数"和"科学"。其中，"工程"和"建筑"格式提供英尺和英寸显示并假定每个图形单位表示 1 英寸，其他格式可表示任何真实世界单位。

② 精度。设置线性测量值显示的小数位数或分数大小。

（2）"角度"选项组。用于设置绘图的角度单位类型和精度。

图 1.30　"图形单位"对话框

① 类型。设置角度的当前显示格式。各种角度测量表示形式如下。

十进制度数：小数。

百分度：小写 g 后缀。

弧度：小写 r 后缀。

度/分/秒：d 表示度，' 表示分，" 表示秒，如 123d45'56.7"。

勘测单位：N 或 S 表示北或南，度/分/秒表示东或西偏离正北或正南的角度，E 或 W 表示东或西，如 N 45d0'0" E，该角度始终小于 90°，并采用"度/分/秒"格式显示，如果角度正好是正北、正南、正东或正西，则只显示表示方向的单个字母。

② 精度。设置角度的显示精度。

（3）"插入时的缩放单位"选项组。用于控制插入当前图形中的块和图形的测量单位。

（4）"方向"按钮。单击此按钮，弹出"方向控制"对话框，确定角度的零度方向。

3．设置"图形界限"

在 AutoCAD 2016 中，用户可以设置"图形界限"。单击状态栏中的"显示图形栅格"按钮，打开栅格显示，栅格显示的区域即为设置的"图形界限"。执行设置"图形界限"命令的方法是在命令行中输入"图形界限"命令"limits"。例如，设定"图形界限"为 A4 图纸幅面大小，执行此命令后，命令行提示如下。

```
命令：_limits
重新设置模型空间界限：（系统提示）
指定左下角点或 [开(ON)/关(OFF)] <0.0000,0.0000>：
                        //指定图形界限的左下角点坐标（在屏幕上任指定一点确定左下角点后）
指定右上角点 <297.0000,210.0000>：  //指定图形界限的右上角点坐标，结束命令（输入"@297,210"并按 Enter
键确认，结束命令）
```

 说　明

执行以上操作后，需要在命令行中输入"Z（zoom）"命令，再选择"A（all）"选项，这样才会启用设置的绘图区域。

（七）"直线"命令

直线是二维图形中最基本的图形对象之一，在 AutoCAD 2016 中，执行绘制"直线"命令的方法有以下 2 种。

(1) 单击"默认"选项卡功能区"绘图"面板中的"直线"按钮。

(2) 在命令行中输入命令"line"或"l"（简化）。

执行"直线"命令后，命令行提示如下。

微课："直线"绘图
命令操作方法

```
命令: _line
指定第一点：              //指定直线的第一点（在屏幕上任意指定一点或输入点坐标确定直线的起始点）
指定下一点或[放弃(U)]：   //在屏幕上任意指定第二点（在屏幕上指定第二点或输入直线另一端点坐标并按 Enter
键，绘制出第一条直线，如果要结束命令，再次按 Enter 键）
指定下一点或 [放弃(U)]：  //在屏幕上任意指定第三点（在屏幕上指定第三点或输入直线另一端点坐标并按 Enter
键，绘制出第二条直线，如果要结束命令，再次按 Enter 键）
……
```

 说　明

执行[放弃（U）]选项（输入 U 按 Enter 键）表示放弃前一次操作，删除直线序列中最近绘制的线段，多次输入 U 按绘制顺序的逆序逐条删除线段。

执行[闭合（C）]选项（输入 C 按 Enter 键），以第一条线段的起始点作为最后一条线段的端点，形成一个闭合的线段环。只有绘制了一系列线段（两条或两条以上）之后，才可以使用"闭合"选项。

 提　示

在"按指定角度限制光标（极轴追踪）"状态下，执行绘制直线命令，水平或竖直移动鼠标，在"追踪线（虚线）"的指引下，输入具体数值后按 Enter 键，可直接得定长线段，但倾斜线段绘制不适用此种方法。

（八）AutoCAD 坐标系及坐标点输入方法

1．坐标系

在绘图过程中常常需要使用某个坐标系作为参照，拾取点的位置，来精确定位某个对象。AutoCAD 提供的坐标系可以用来准确设计并绘制图形。坐标 (x, y) 是表示点最基本的方法。

在 AutoCAD 2016 中，坐标系分为世界坐标系（WCS）和用户坐标系（UCS），如图 1.31 和图 1.32 所示。在这两种坐标系下都可以通过坐标 (x, y) 来精确定位点。

2．点的确定方式

在 AutoCAD 2016 中，点的确定可以通过鼠标拾取和输入坐标两种方式，而点的坐标可以使用绝对直角坐标、绝对极坐标、相对直角坐标和相对极坐标 4 种方法表示。确定点的方法有以下几种。

（1）移动鼠标选择点，在屏幕上单击鼠标拾取所需点。

图1.31 世界坐标系

图1.32 用户坐标系

（2）输入坐标点的绝对直角坐标，格式为"X，Y，Z"，*X*、*Y*和*Z*中间用逗号隔开。例如，（5，7，9）表示当前点相对于世界坐标系原点的位置相对位移为（5，7，9）。

（3）输入点的相对直角坐标，格式为"@X，Y，Z"。例如，（@5，7，9）表示当前点相对于前一点的位置相对位移为（5，7，9）。

（4）输入点的绝对极坐标，格式为"距离＜角度"。例如，"10＜45"表示该点位置相对世界坐标系原点的距离为10，与世界坐标系原点的连线相对于水平线的夹角为45°。

（5）输入点的相对极坐标，格式为"@距离＜角度"。例如，"@10＜45"表示该点位置相对前一点的距离为10，与前一点的连线相对于水平线的夹角为45°。

|三、项目实施|

1. 新建图形文件

启动 AutoCAD 2016，进入"草图与注释"工作空间，建立一新图形文件，此时文件名是"drawing1.dwg"，为默认文件名。

2. 设置绘图环境

（1）设置图形界限，设定绘图区域的大小为 297×210，左下角点为坐标原点（如没特殊要求可不设置）。

（2）设置图层，新建粗实线和中心线图层，图层参数如表 1.1 所示。

表 1.1　　　　　　　　　　　　　　　　图层设置参数

图层名	颜色	线型	线宽	用途
CSX	红色	Continuous	0.50mm	粗实线
ZXX	绿色	Center	0.25mm	细实线

操作步骤如下。

① 单击"默认"选项卡功能区中的"图层"面板｜"图层特性"按钮 。

执行该命令后，弹出图层特性管理器，如图 1.33 所示，此时图层特性管理器中只有一默认名称为 0 的图层。

图 1.33　图层特性管理器

② 单击上方的"新建图层"按钮，可以新建一个图层，且新图层继承 0 图层的特性，图层名称为"图层 1"，如图 1.34 所示。

图 1.34　重命名图层

③ 选中新建图层，此时蓝色滚动条在新建图层上。单击 图层1 区域，将名称"图层 1"

改为"CSX（粗实线汉语拼音首字母）"，单击"颜色"下方的 □ 白 区域，弹出"选择颜色"对话框，选择"红色"，单击"线宽"下方的 —— 默认 ，弹出"线宽"对话框，选择"0.5mm"。用同样的方法新建"ZXX（中心线）"图层，"ZXX（中心线）"图层的线型加载、设置参照"（四）图层设置"的方法操作，结果如图 1.35 所示。

④ 关闭图层特性管理器，设置好的图层将显示在"默认"选项卡功能区"图层"面板中的"图层"列表中。

图 1.35 设置好的图层

3．绘制图形

用 1∶1 的比例绘制图 1.1 所示的平面图形，不标注尺寸，不绘制图框与标题栏。

操作步骤如下。

（1）调整屏幕显示大小，以方便绘图，可在屏幕上任画一条长为 10mm 的线段，滚动滚轮使所画线段显示长度与视觉目测长度相差不多为宜。

（2）打开"按指定角度限制光标"和"显示/隐藏线宽"按钮，如系统显示为"打开"状态（显示为蓝色）则不需此操作，如图 1.36 所示。

图 1.36 设置"按指定角度限制光标"和"显示线宽"状态

（3）绘制中心线。调用"ZXX"图层，单击"绘图"功能区面板中的"直线"按钮，执行"直线"命令，命令行提示如下。

> 命令：_line 指定第一点：　//指定直线的第一点（在界面绘图区合适位置单击确定线段起点，向右水平移动鼠标）
> 　指定下一点或[放弃(U)]：　//在屏幕上任意指定第二点，命令结束（在出现水平追踪线的情况下，输入"140<20+60+50+10，10 为左右超出轮廓线 5 距离>"，并按 Enter 键，结束命令）

即绘制出一条长 140 的水平中心线，如图 1.37 所示。

图 1.37 绘制中心线

（4）绘制轮廓线。调用"CSX"图层，单击"直线"按钮，执行"直线"命令，命令行提示如下。

> 命令：_line 指定第一点：　//指定绘图起点（移动鼠标至线段左端点（但不点击），稍作停留后向右水平移动，此时输入"5（左端超出轮廓线 5）"，并按 Enter 键，即拾取轮廓线左端点）

绘制结果如图 1.38 所示。

图 1.38　绘制下半部分斜线

此时命令行提示如下。

指定下一点或 [放弃(U)]： //输入"@30<-60"并按 Enter 键。向右水平移动鼠标，在出现水平追踪线时输入"50(60-10)"并按 Enter 键，绘制出下半部分斜线段

执行结果如图 1.39 所示。

图 1.39　绘制下半部分 50 水平直线

命令行继续提示如下。

指定下一点或 [放弃(U)]： //向下水平移动鼠标指针，在出现竖直向下追踪线时输入"8[(56-40)/2]"并按 Enter 键

依次向右移动鼠标指针输入"10"并按 Enter 键，向上移动鼠标指针输入"12"并按 Enter 键，向右移动鼠标指针输入"10"并按 Enter 键，向下移动鼠标指针输入"4"并按 Enter 键，向右移动鼠标指针输入"40"并按 Enter 键，完成下半部分轮廓线的绘制。结果如图 1.40 所示。

再次执行"直线"命令，命令行提示如下。

命令： _line 指定第一点： //移动鼠标指针至左端绘图起点捕捉线段端点并单击鼠标左键，绘制出线段起点

命令行提示如下。

指定下一点或 [放弃（U）]：输入"@30<60"并按 Enter 键绘制出上半部分斜线段，结果如图 1.41 所示。

图 1.40　绘制 8、10、12、10、4、40 水平、竖直直线　　　　　图 1.41　绘制上半部分斜线段

用相同方法向右水平移动鼠标指针，输入 50 并按 Enter 键，向上移动鼠标指针输入 8 并按 Enter 键，向右移动鼠标指针输入 10 并按 Enter 键，向下移动鼠标指针输入 12 并按 Enter 键，向右移动鼠标指针输入 10 并按 Enter 键，向上移动鼠标指针输入 4 并按 Enter 键，向右移动鼠标指针输入 40 并按 Enter 键，完成上半部分各线段的绘制。

结果如图 1.42 所示。

再次执行"直线"命令，依次连接中间各竖直线段，完成全图，结果如图 1.43 所示。

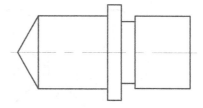

图 1.42 绘制上半部分各段水平、竖直线段　　　　图 1.43 绘制中间各段竖直线段

（5）保存文件，根据用户图形管理要求指定存储位置，文件名为"图 1.1.dwg"

 说　明

用户可分别采用绝对坐标输入、极坐标输入方式完成此图，也可混合使用各种方法。但在绘制水平直线时，确定起点位置后，向右移动鼠标指针，将出现一条水平"虚线"（追踪线），直接输入数值后按 Enter 键，便绘制出一条长度为指定数值的水平线段。同理将鼠标指针向上移动，将出现一条竖直虚线，输入数值后按 Enter 键，便绘制出一条长度为指定数值的水平线段。

值得提醒的是，鼠标指针所在位置点相对于起点的方向即为正方向，如果在数值前加一个"－"号，则所绘线段的方向与鼠标指针所在位置点相对于起点的方向相反。

| 四、检测练习 |

1. 按 1 : 1 比例绘制图 1.44 所示的各图形（不标注尺寸）。

 提　示

中心线图层名称为"ZXX"，加载线型名称为 CENTER，线宽为 0.25mm，颜色自定义。

（a）　　　　　　　　　　　　　　　　　　　（b）

图 1.44 检测练习 1

2. 按 1 : 1 比例绘制图 1.45 所示的各图形（不标注尺寸）。

图 1.45　检测练习 2

3．按 1∶1 比例绘制图 1.46 所示的各图形（不标注尺寸）。

图 1.46　检测练习 3

｜五、提高练习｜

按 1∶1 比例绘制图 1.47 所示的图形（不标注尺寸）。

图 1.47　提高练习

项目二
圆要素构成的平面图形绘制

能力目标

1. 能够综合应用"删除""偏移""修剪"和"拉长"命令编辑图形。

2. 能够综合应用图形对象的选择方法。

3. 能够综合应用"直线""圆"命令和"删除""偏移""修剪""拉长"命令绘制编辑中等复杂程度的平面图形。

知识目标

1. 掌握"圆"命令的操作方法与技巧。

2. 掌握常用图形对象的选择方法。

3. 掌握"删除""偏移""修剪"和"拉长"命令的操作方法与技巧。

| 一、项目导入 |

用 1 : 1 的比例绘制图 2.1 所示的平面图形。要求：选择合适的线型，不绘制图框与标题栏，不标注尺寸。

图 2.1　平面图形

| 二、项目知识 |

（一）"圆"命令

"圆"命令是绘图过程中常用的绘图命令之一，在 AutoCAD 2016 中，执行"圆"命令的方法有 2 种。

（1）在"默认"选项卡功能区中单击"绘图"面板中的"圆"按钮（系统默认为"圆心-半径"绘圆方式），或单击此按钮下方的 按钮，在如图 2.2 所示的下拉列表中选择其他绘圆方式（系统将最近一次绘圆方式图标显示在上方），即可执行"圆"命令。

微课："圆"
绘图命令

（2）在命令行中输入"圆"命令"Circle"。

在以上 2 种方法中，常用方法为第（1）种，即在下拉列表中选择绘圆命令。下面介绍如图 2.2 所示下拉列表中的各种绘圆方式。

1．"圆心，半径"法绘制圆

"圆心，半径"法是指定圆的圆心和半径绘圆，选择"圆心，半径"命令，命令行提示如下。

```
命令：_circle 指定圆的圆心或 [三点(3P)/两点(2P)/相切、相切、半径(T)]：
                  //指定圆的圆心（在屏幕合适位置单击指定圆的圆心）
指定圆的半径或 [直径(D)] < 0.0000>：//指定圆的半径（输入圆的半径并按 Enter 键确认）
```

图 2.2　"圆"命令
执行方法

即得到用"圆心，半径"法绘制的圆。

2．"圆心，直径"法绘制圆

"圆心，直径"法是指定圆的圆心和直径绘圆，选择"圆心，直径"命令，命令行提示如下。

```
命令：_circle
指定圆的圆心或 [三点(3P)/两点(2P)/切点、切点、半径(T)]：//指定圆的圆心（在屏幕合适位置单击指定圆的圆心）
指定圆的半径或 [直径(D)] <10.0000>：_d 指定圆的直径 <20.0000>：
                  //指定圆的直径（输入圆的直径 10 并按 Enter 键确认）
```

即得到用"圆心，直径"法绘制的圆。

3．"两点"法绘制圆

"两点"法是指定两点，并以两点间距离为直径绘圆。选择"两点"命令，命令行提示如下。

```
命令：_circle
指定圆的圆心或 [三点(3P)/两点(2P)/切点、切点、半径(T)]：_2p 指定圆直径的第一个端点：
                  //指定圆直径的第一个端点（在屏幕合适位置单击指定圆直径的第一个端点）
指定圆直径的第二个端点：//指定圆直径的第二个端点，命令结束（在屏幕合适位置单击指定圆直径的第二个端点，结束命令）
```

即得到用"两点"法绘制的圆。

4．"三点"法绘制圆

"三点"法是在圆周上指定 3 个点来绘制圆。选择"三点"命令，命令行提示如下。

```
命令：_circle
指定圆的圆心或 [三点(3P)/两点(2P)/切点、切点、半径(T)]：_3p 指定圆上的第一个点：
                  //指定圆上的第一个点(在屏幕合适位置单击指定圆上的第一个点)
```

指定圆上的第二个点：　　//指定圆上的第二个点(在屏幕合适位置单击指定圆上的第二个点)
指定圆上的第三个点：　　//指定圆上的第三个点，命令结束(在屏幕合适位置单击指定圆上的第一个点，结束命令)

即得到用"三点"法绘制的圆。

5．"相切，相切，半径"法绘制圆

"相切，相切，半径"法是指定圆的两个切点和半径来绘制圆。选择"相切，相切，半径"命令，命令行提示如下。

命令：_circle
指定圆的圆心或 [三点(3P)/两点(2P)/切点、切点、半径(T)]：_ttr
　　　　　　　　　　//(命令行自动提示)
指定对象与圆的第一个切点：　　//指定对象与圆的第一个切点（在相切线或圆弧上的合适位置单击指定圆上的第一个切点）
指定对象与圆的第二个切点：　　//指定对象与圆的第二个切点（在相切线或圆弧上的合适位置单击指定圆上的第二个切点）
指定圆的半径 <7.9916>: 10 //指定圆的半径，命令结束（输入圆的直径10并按Enter键确认，结束命令）

使用"相切，相切，半径"法绘制的圆，效果如图2.3所示。

图2.3　"相切，相切，半径"法绘制圆

6．"相切，相切，相切"法绘制圆

"相切，相切，相切"法是指定圆周上的3个切点来绘制圆。选择"相切，相切，相切"命令，命令行提示如下。

命令：_circle
指定圆的圆心或 [三点(3P)/两点(2P)/切点、切点、半径(T)]：_3p 指定圆上的第一个点：_tan 到
　　　　　　//指定圆上的第一个切点（在相切线或圆弧上的合适位置单击指定圆上的第一个切点）
指定圆上的第二个点：_tan 到 //指定圆上的第二个切点（在相切线或圆弧上的合适位置单击指定圆上的第二个切点）
指定圆上的第三个点：_tan 到 //指定圆上的第三个切点，命令结束（在相切线或圆弧上的合适位置单击指定圆上的第三个切点，结束命令）

即得到用"相切，相切，相切"法绘制的圆，如图2.4所示。

图2.4　"相切、相切、相切"法绘制圆

提 示

绘制多个大小相同的圆时，使用"圆"命令绘制完成一个圆后，其半径（或直径）会被"记忆"，绘制后面的圆时，只需指定圆心的位置后按 Enter 键即可得到同样大小的圆，这样可大大提高绘图速度。

 说 明

单击"绘图"面板中的"圆"按钮 ，依次执行命令提示行中的选项也可以绘制各类圆（"相切，相切，相切"法绘圆除外）。

（二）图形对象选择方法

执行编辑对象命令后，系统通常会提示"选择对象"，这时光标会变成小方块形状，这个小方块叫作拾取框，用户必须选中图形对象，然后才能对其进行编辑。在 AutoCAD 中，选择对象的方法有很多种，用户可以选择单个对象进行编辑，也可以选择多个对象进行编辑。被选中的对象边框显示为虚线（又称为亮显）。

选择对象的方法有多种，常用的有以下 2 种。

1．用鼠标单击拾取对象

执行编辑命令后，当命令行中出现"选择对象"提示时，绘图窗口中的十字光标就会变成一个拾取框，移动鼠标指针到对象上，单击即可选中该对象。

2．用矩形拾取框选择

在选择多个对象时，如果需要同时选中多个对象，使用鼠标单击拾取对象就会非常慢，用户可以用拾取框选择需要的对象。当命令行提示"选择对象"时，在需要选中的多个对象的附近单击，然后按住鼠标左键，并拖动鼠标形成一个矩形框，该矩形框就是拾取窗口，当要选中的多个对象被该矩形框框住或与之相交时，再次单击即可将其选中。根据矩形框形成的方式，可以将矩形框分为以下两种。

（1）移动鼠标从左到右形成矩形框时（称为"框选"），则矩形拾取框以实线显示，表示被选择的对象只有全部被框在矩形框内时才会被选中，如图 2.5 所示。

图 2.5 拖动鼠标从左到右形成矩形框

（2）移动鼠标从右到左形成矩形拾取框时（"窗选"），矩形框以虚线显示，表示包含在矩形框内的对象和与矩形框相交的对象都会被选中，如图2.6所示。

图2.6　拖动鼠标从右到左形成矩形框

 说　明

在选择多个对象时，当命令行提示"选择对象"时，用户在需要选中的图形对象附近单击鼠标左键，然后在按住鼠标左键的情况下移动鼠标，鼠标指针将会形成一个套索框，如从左向右移动鼠标形成套索框，则位于框内的对象被选中，如从右向左移动鼠标形成套索框，则位于框内和与框相交的对象均被选中。

（三）"删除"命令

在绘制与编辑图形时，如果绘制的图形不符合要求，需要将其删除重新绘制，就可以使用删除命令。在AutoCAD 2016中，执行"删除"命令的方法有以下2种。

（1）在"默认"选项卡功能区中单击"修改"面板中的"删除"按钮￼。

（2）在命令行中输入"删除"命令"erase"。

执行"删除"命令后，命令行提示如下。

微课："删除"修改
命令操作方法

```
命令：_erase
选择对象：//选择要删除的对象（单击鼠标拾取或框选要删除的对象）
选择对象：//结束要删除的对象选择（按 Enter 键确认，结束命令）
```

 说　明

在实际操作中，也可先选择要删除的图形对象，再执行"删除"命令将要删除的对象"删除"；还可以先选中要删除的图形对象，然后按键盘上的 Delete 键，将要删除的对象删除，相对而言，后者操作较为方便。

（四）"偏移"命令

"偏移"复制对象是将图形对象按指定距离平行复制，或通过指定点将图形对象平行复制。在AutoCAD 2016中，执行"偏移"命令的方法有以下2种。

（1）在"默认"选项卡功能区中单击"修改"面板中的"偏移"按钮 。

（2）在命令行中输入"偏移"命令"offset"。

执行"偏移"命令后，命令行提示如下。

```
命令：_offset
当前设置：删除源=否  图层=源  OFFSETGAPTYPE=0（系统提示）
指定偏移距离或 [通过(T)/删除(E)/图层(L)] <通过>：    //指定偏移距离（输入偏移距离并按 Enter 键确认）
选择要偏移的对象，或 [退出(E)/放弃(U)] <退出>：      //选择要偏移的对象（单击拾取要偏移的对象）
指定要偏移的那一侧上的点，或 [退出(E)/多个(M)/放弃(U)] <退出>：
                                            //指定要偏移的那一侧上的点（移动鼠标指定偏移的方向
并单击）
选择要偏移的对象，或 [退出(E)/放弃(U)] <退出>：      //继续选择要偏移的对象或结束命令（单击拾取要偏移的
对象继续执行"偏移"或按 Enter 键结束命令）
```

在 AutoCAD 中，使用"偏移"命令可以偏移的对象有直线段、射线、圆、圆弧、正多边形、椭圆、椭圆弧、多段线、样条曲线等。偏移圆、椭圆及多边形的结果与原对象类似，但又有所不同，具体表现如下。

① 圆"偏移"后，其圆心保持不变，但其半径发生了改变。

② 椭圆"偏移"后，其焦点位置不变，但长短轴发生了改变。

③ 多边形"偏移"后，其中心点不变，但大小发生了改变。

④ 圆弧和椭圆弧"偏移"后，其圆心角和焦点不变，但大小发生了改变。

 提 示

在绘制标题栏、轴类零件时，图中定距平行线较多，可集中执行"偏移"命令偏移复制平行线，在执行过程中利用命令重复执行方式（按 Enter 键结束命令，再按 Enter 键重复执行命令）可在较大程度上提高绘图速度。

（五）"修剪"命令

使用"修剪"命令可以精确地剪去图形对象中指定边界外的部分。在 AutoCAD 中，可修剪的对象包括直线、多段线、矩形、圆、圆弧、椭圆、椭圆弧、构造线、样条曲线、块、图纸空间的布局视口等，甚至三维对象也可以修剪。执行"修剪"命令的方法有以下 2 种。

（1）在"默认"选项卡功能区中单击"修改"面板中的"修剪"按钮。

（2）在命令行中输入"修剪"命令"trim"。

执行"修剪"命令后，命令行提示如下。

```
命令：_trim
当前设置：投影=UCS，边=无
选择剪切边...
选择对象或 <全部选择>：  //选择作为剪切边界的对象（单击拾取或框选作为剪切边界的对象）
```

选择对象:　//继续选择或结束作为剪切边界对象的选择（按 Enter 键确认，结束对象选择）
选择要修剪的对象，或按住 Shift 键选择要延伸的对象，或[栏选(F)/窗交(C)/投影(P)/边(E)/删除(R)/放弃(U)]：
　　　　　//选择要剪切的对象（单击拾取或框选剪切对象要"剪掉"的部分）
选择要修剪的对象，或按住 Shift 键选择要延伸的对象，或 [栏选(F)/窗交(C)/投影(P)/边(E)/删除(R)/放弃(U)]：
　　　　　//继续或结束要剪切对象的选择（按 Enter 键确认，结束对象选择，结束命令）

在 AutoCAD2016 中，"修剪""延伸"两命令被合并在一起，系统界面默认图标按钮为"修剪"，单击"修剪"按钮 右边的下拉按钮 时，系统弹出"修剪"-"延伸"下拉菜单，如图 2.7 所示。用户可选择执行"延伸"命令，此时系统界面将默认显示的按钮 替换为 。

图 2.7　"修剪"-"延伸"下拉菜单

 提　示

执行"修剪"命令时第一次选择的对象为"边界对象"，第二次选择的对象为被修剪对象，鼠标单击位置处将被修剪。

例如，绘制图 2.8 所示的图形，然后修剪该图形，修剪结果即为常用的简化标题栏，如图 2.9 所示。

图 2.8　"修剪"前的标题栏样式

图 2.9　"修剪"后的标题栏样式

具体操作方法如下。

在绘图窗口中绘制两条长度为 28 和 130 的相互垂直的直线，然后执行"偏移"命令，设置偏移距离为图 2.8 中所标尺寸，偏移绘制的直线，绘制图 2.8 所示的图形。单击"修改"面板中的"修剪"图标按钮 ，命令行提示如下。

命令:　_trim
当前设置：投影=UCS，边=无（系统提示）
选择剪切边…　　　　　//选择作为剪切边的对象（单击拾取或框选作为剪切边界的对象）
选择对象或 <全部选择>：　//选择对象（按 Enter 键选择所有对象互相作为剪切边）
选择要修剪的对象，或按住 Shift 键选择要延伸的对象，或[栏选(F)/窗交(C)/投影(P)/边(E)/删除(R)/放弃(U)]：
　　　　　//继续或结束剪切对象的选择（按 Enter 键确认，结束对象选择，结束命令）

（六）"拉长"命令

"拉长"命令用于改变非闭合对象的长度或角度。在 AutoCAD 2016 中，执行"拉长"命令的方法有以下 2 种。

（1）在"默认"选项卡功能区中单击"修改"面板下拉列表（单击"修改"右边的下拉按钮 ）中的"拉长"按钮 。

（2）在命令行中输入"拉长"命令"lengthen"。

执行"拉长"命令后，命令行提示如下。

微课："拉长"修改命令操作方法

```
命令：_lengthen
选择要测量的对象或 [增量(DE)/百分比(P)/总计(T)/动态(DY)] <总计(T)>:
                                            //选择要测量的对象（单击选择要测量的对象）
当前长度：30.0000              //（系统自动显示）
选择要测量的对象或 [增量(DE)/百分比(P)/总计(T)/动态(DY)] <总计(T)>:
                                //选择执行"<总计(T)>"默认选项功能（按 Enter 键确认，结束对象选择）
指定总长度或 [角度(A)] <30.0000>: 50 //指定总长度（输入长度 50 并按 Enter 键确认）
选择要修改的对象或 [放弃(U)]:      //选择要拉长的对象（单击要拉长对象的伸长方向端）
选择要修改的对象或 [放弃(U)]:      //继续选择要拉长的对象或结束命令（继续单击要拉长的另一对象的伸长方向
端或按 Enter 键，结束命令）
```

在命令执行过程中，其中各选项的功能如下。

① 增量（DE）：用户给定一个长度或角度增量值，值为正则增加，值为负则缩短。对象总是从距离选择点最近的端点开始增加或缩短增量值。

② 百分比（P）：用户给定一个百分数，AutoCAD 以对象的总长度或总角度乘以这个百分比得到的值来改变对象的长度或角度。

③ 总计（T）：用户给定一个长度或角度，AutoCAD 以当前值改变对象的长度或角度，此时长度值的取值范围是正整数，角度值的取值范围是大于 0° 而小于 360°。

④ 动态（DY）：这种方法不用给定具体的值，只需要拖动鼠标就可以改变对象的长度或角度。

例如，使用拉长命令对图 2.10（a）所示图形，执行"拉长" | "百分比（P）"（输入长度百分比 200.0000）进行修改，效果如图 2.10（b）所示，具体操作方法如下。

（a）原图形　　　　　　　　（b）拉长后图形

图 2.10 "拉长"命令的使用

```
命令：_lengthen
选择要测量的对象或 [增量(DE)/百分比(P)/总计(T)/动态(DY)]:    //选择要测量的对象（单击选择要测量的对象）
当前长度：40.0000                          //（显示对象的长度）
选择要测量的对象或 [增量(DE)/百分比(P)/总计(T)/动态(DY)]:    //选择"百分比"选项（输入"p"）
输入长度百分数 <100.0000>:                 //输入拉长百分比（输入"200"）
选择要修改的对象或 [放弃(U)]:              //选择要修改的对象（选择图 2.10（a）所示图形
中的水平线）
选择要修改的对象或 [放弃(U)]:              //结束命令（按 Enter 键确认，结束命令）
```

三、项目实施

1. 新建文件

启动 AutoCAD 2016，进入"草图与注释"工作空间，新建一个无样板图形文件。

 提 示

为防止绘图过程中不可预见因素造成文件丢失，建议在新建一个无样板图形文件后即保存此空白文件，在绘图过程中每隔一段时间保存一次，将此文件命名为"图 2.1.dwg"。

2．设置绘图环境

（1）设置图形界限，设定绘图区域的大小为 297×210，左下角点为坐标原点。

（2）设置图层，设置粗实线（CSX）和中心线（ZXX）两个图层，图层参数建议如表 2.1 所示。

表 2.1　　　　　　　　　　　　　　　　图层设置参数

图 层 名	颜 色	线 型	线 宽	用 途
CSX	红色	Continuous	0.50mm	粗实线
ZXX	绿色	Center	0.25mm	中心线

3．绘制图形

用 1∶1 的比例绘制图 2.1 所示的平面图形。要求：选择合适的线型，不绘制图框与标题栏，不标注尺寸。

操作步骤如下。

（1）调整屏幕显示大小，以方便绘图，可在屏幕上任绘一长度为 10mm 的线段，滚动鼠标滚轮使所绘线段显示长度与视觉目测长度相差不多时为宜。

（2）打开"按指定角度限制光标"和"显示/隐藏线宽"状态按钮，如系统显示为"打开"状态（显示为蓝色）则不需此操作。

（3）绘制基准线及重要位置线。

单击"图层"功能区面板 💡 ☀ 🔓 🔲 CSX ⌄ 右侧的下拉按钮 ⌄，将"CSX"层设置为当前层，单击"绘图"功能区面板中的"直线"按钮 ✎，绘制长度为 106 的水平线，结果如图 2.11 中的"线 1"所示。

单击"修改"功能区面板中的"偏移"按钮 ⊿，命令行提示如下。

```
命令: _offset
当前设置: 删除源=否 图层=源 OFFSETGAPTYPE=0（系统提示）
指定偏移距离或 [通过(T)/删除(E)/图层(L)] <通过>:           //输入偏移距离（输入偏移距离50）
选择要偏移的对象，或 [退出(E)/放弃(U)] <退出>:            //选择要偏移的对象（选择"线1"）
指定偏移的那一侧上的点，或 [退出(E)/多个(M)/放弃(U)] <退出>: //指定偏移的方向（指向"线1"上方，即得
偏移距离为50的平行"线1-1"）
```

再次单击"绘图"功能区面板中的"直线"按钮 ✎，将鼠标指针移至"线 1"中间处，捕捉线 1 中点"A"（但不单击鼠标左键）后，向下移动鼠标指针，在界面出现竖直追踪线时输入 5 并按 Enter 键回车，即指定要画直线第一个点，向上移动鼠标，在出现竖直追踪线时在键盘输入 90 并按 Enter 键回车，绘制出长度为 90 的竖直线，结果如图 2.11 中的线 2 所示。

再次单击"修改"功能区面板中的"偏移"按钮 ⊿，在命令行提示下，输入偏移距离 34，分别向左、右指定偏移方向（操作同上，此处不再重复说明步骤），即得偏移距离为 34 的两条平行线 2-1、2-2，结果如图 2.11 中的线 2-1、线 2-2 所示。

在未执行命令的情况下（鼠标空闲状态，此时光标显示为 ┼，用户可注意不同状态下的光标显示区别），单击鼠标左键，选中线 1-1（此时在线 1-1 上左、中、右处各有一个蓝色的小正方形，即夹点），再次单击"图层"功能区面板 💡 ☀ 🔓 🔲 CSX ⌄ 右恻的 ⌄ 按钮，选中"ZXX"图层，此时"线 1-1"将由"CSX"改变为"ZXX"，结果如图 2.12 所示。

（4）绘制底部轮廓及各位置已知圆。

单击"修改"功能区面板中的"偏移"按钮 ⊿，在命令行提示下，输入偏移距离 8，向

上指定偏移方向，即得偏移距离为 8 的平行线 3，结果如图 2.13 中的"线 3"所示。

图 2.11　绘制基准线及重要位置线　　　　　　　图 2.12　改变已绘图线图层

执行"直线"命令，连接线 1 和线 3 左、右两端点，结果如图 2.13 所示。

单击"绘图"面板中的"圆"按钮（系统默认为"圆心，半径"绘圆方式，如当前图标不是"圆心，半径"绘圆方式，可单击按钮下方的按钮，选择"圆心，半径"命令。执行"圆"命令后，命令行提示如下。

```
命令：_circle
指定圆的圆心或 [三点(3P)/两点(2P)/切点、切点、半径(T)]：　//捕捉圆心（单击交点 B 捕捉到圆心）
指定圆的半径或 [直径(D)]：15　　　　　　　　　　　　　　//指定圆的半径（输入半径 15 并按 Enter 键，结束命令）
```

完成直径为"30"的圆的绘制。

再次执行"圆"命令后（用户也可按空格键或按 Enter 键重复执行"圆"命令），命令行提示如下。

```
命令：_CIRCLE
指定圆的圆心或 [三点(3P)/两点(2P)/切点、切点、半径(T)]：//捕捉圆心再次单击交点 B 捕捉到圆心
指定圆的半径或 [直径(D)] <15.0000>：25　　　　　　　　//指定圆的半径（输入半径 25 并按 Enter 键，结束命令）
```

完成直径为 50 的圆的绘制。

运用同样方法，分别以交点 C、D 为圆心绘制直径为 6，半径为 12 的 4 个圆，结果如图 2.13 所示。

单击"绘图"面板中的"圆"按钮下方的按钮，选择按钮，命令行提示如下。

```
命令：_circle
指定圆的圆心或 [三点(3P)/两点(2P)/切点、切点、半径(T)]：_2p 指定圆直径的第一个端点：捕捉一个端点
　　　　　　　　　　//指定圆直径的第一个端点（鼠标单击交点 E 捕捉到一个端点）
指定圆直径的第二个端点：捕捉另一个端点 //指定圆直径的第二个端点（鼠标单击交点 F 捕捉到另一个端点）
```

完成直径为 30 与直径为 50 间上方圆的绘制，同理完成下方的圆，结果如图 2.14 所示。

图 2.13　绘制各已知圆

图 2.14　绘制两圆间圆

单击"绘图"面板中的"圆"按钮█下方的 █ 按钮，选择 ⬤ 相切，相切，相切 图标，命令行提示如下。

```
命令：_circle
指定圆的圆心或 [三点(3P)/两点(2P)/切点、切点、半径(T)]：_3p 指定圆上的第一个点：_tan 到确定第一个切点
                        //指定圆上第一个切点（鼠标单击直径为"50"的圆的 J 位置，"捕捉"到一个切点"J"）
指定圆上的第二个点：_tan 到 确定第二个切点
                        //指定圆上的第二个切点（鼠标单击中间小圆的 K 位置，"捕捉"到一个切点 K）
指定圆上的第三个点：_tan 到 确定第三个切点
                        //指定圆上的第三个切点（鼠标单击直径为"30"的圆的 L 位置，"捕捉"到一个切点 L）
```

完成中间左边第一个小圆，同理完成其他 3 个小圆。结果如图 2.15 所示。

单击"绘图"面板中的"圆"按钮█下方的 █ 按钮，选择 ⬤ 相切，相切，半径 按钮，命令行提示如下。

```
命令：_circle
指定圆的圆心或 [三点(3P)/两点(2P)/切点、切点、半径(T)]：_ttr
指定对象与圆的第一个切点：捕捉一个切点
                        //指定第一个切点（单击左边半径为 12 位置，"捕捉"到一个切点 G）
指定对象与圆的第二个切点：捕捉另一个切点
                        //指定第二个切点（单击右边半径为 12 位置，"捕捉"到一个切点 H）
指定圆的半径 <5.0000>：58 //指定圆的半径（输入半径 58，并按 Enter 键，结束命令）
```

完成半径为 58 的圆的绘制。

在"默认"选项卡功能区中单击"修改"面板中的 ┤▲ 修剪 ▼ 按钮，命令行提示如下。

```
命令：_trim
当前设置：投影=UCS，边=无
选择剪切边...                  //选择第一个边界对象（单击选择左边半径为 12 的圆，即选择第一个剪切边）
选择对象或 <全部选择>：找到 1 个  //选择第二个边界对象（单击选择左边半径为 12 的圆，即选择第二个剪切边）
选择对象：找到 1 个，总计 2 个    //结束边界对象选择（按 Enter 键，结束边界对象选择，也可单击鼠标右键，结束
边界对象选择。单击鼠标右键结束边界对象选择操作相对较快）
选择对象：
选择要修剪的对象，或按住 Shift 键选择要延伸的对象，或
[栏选(F)/窗交(C)/投影(P)/边(E)/删除(R)/放弃(U)]：
                        //选择要修剪的对象（单击半径为 58 的大圆下半部分任意位置，即选择要修剪的对
象，以边界为界，鼠标单击的部分被删除）
选择要修剪的对象，或按住 Shift 键选择要延伸的对象，或
[栏选(F)/窗交(C)/投影(P)/边(E)/删除(R)/放弃(U)]：
                        //结束修剪对象选择（按 Enter 键，结束命令）
```

结果如图 2.16 所示。

图 2.15　绘制中间的 4 个小圆

图 2.16　绘制半径为 58 的圆并修剪

（5）绘制左右连接线及连接弧。

执行"直线"命令，命令行提示如下。

```
命令：_line
指定第一个点：                      //指定直线一端点（捕捉下方直线左端点 J）
指定下一点或 [放弃(U)]：@60<40 //（输入相对坐标"@60<40"，长度 60 为自定义，定义时宜长不短，角度为 40°）
指定下一点或 [放弃(U)]：        //结束命令（按 Enter 键，结束命令）
```

再次执行"直线"命令，命令行提示如下。

```
命令：_line
指定第一个点：                      //指定直线一端点（捕捉下方直线左端点"H"）
指定下一点或 [放弃(U)]：@60<140 //指定直线一端点（输入相对坐标"@60<140"，长度 60 为自定义，定义时宜长不短，角度为"140°"）
指定下一点或 [放弃(U)]：        //结束命令（按 Enter 键，结束命令）
```

完成左右两端连接线的绘制，结果如图 2.17 所示。

执行"相切，相切，半径"命令，命令行提示如下。

```
命令：_circle
指定圆的圆心或 [三点(3P)/两点(2P)/切点、切点、半径(T)]：_ttr
                   //(命令行自行提示)
指定对象与圆的第一个切点：        //捕捉一个切点（单击左边半径为"12"圆的位置，捕捉到一个切点 O）
指定对象与圆的第二个切点：        //捕捉另一个切点（单击左边斜线中间一位置，捕捉到一个切点 P）
指定圆的半径 <58.0000>: 5 //指定圆的半径（输入半径 5，并按 Enter 键，结束命令）
```

结果如图 2.18 所示。

图 2.17　绘制左右两端连接线

图 2.18　绘制连接弧

在"默认"选项卡功能区中单击"修改"面板中的 修剪 按钮，命令行提示如下。

```
命令：_trim
当前设置：投影=UCS，边=无
选择剪切边...                        //选择第一个边界对象（单击鼠标左键选择上边半径为 58
的圆，即选择第一个剪切边）
选择对象或 <全部选择>：找到 1 个    //选择第二个边界对象（单击鼠标左键选择左边半径为 12
的圆，即选择第二个剪切边）
选择对象：找到 1 个，总计 2 个      //选择第三个边界对象（单击鼠标左键选择左边半径为 5
的圆，即选择第三个剪切边）
选择对象：找到 1 个，总计 3 个      //选择第四个边界对象（单击鼠标左键选择斜线，即选择
第 4 个剪切边）
选择对象：找到 1 个，总计 4 个      //结束边界对象选择（按 Enter 键，结束边界对象的选择，
也可单击鼠标右键，结束边界对象选择）
选择对象：
选择要修剪的对象，或按住 Shift 键选择要延伸的对象，或
[栏选(F)/窗交(C)/投影(P)/边(E)/删除(R)/放弃(U)]：//选择要修剪的第一个对象（单击半径为 12 的圆的右侧部
分任意位置，即选择要修剪的对象，以边界对象为界，鼠标单击的部分被删除）
选择要修剪的对象，或按住 Shift 键选择要延伸的对象，或
[栏选(F)/窗交(C)/投影(P)/边(E)/删除(R)/放弃(U)]：//选择要修剪的第二个对象（单击半径为 5 的圆的左侧部
分任意位置，即选择要修剪的对象，以边界对象为界，鼠标单击的部分被删除）
```

选择要修剪的对象，或按住 Shift 键选择要延伸的对象，或

[栏选(F)/窗交(C)/投影(P)/边(E)/删除(R)/放弃(U)]：//选择要修剪的第三个对象（单击斜线上的任意位置，即

选择要修剪的对象，以边界对象为界，鼠标单击的部分被删除）

选择要修剪的对象，或按住 Shift 键选择要延伸的对象，或

[栏选(F)/窗交(C)/投影(P)/边(E)/删除(R)/放弃(U)]：//结束修剪对象选择，结束命令（按Enter键结束命令）

使用相同方法完成整图右边半径为"5"的圆的绘制及修剪操作，结果如图 2.19 所示。

（6）调整左右两竖直中心线长度

在未执行命令状态下（鼠标空闲状态），选中左边竖直中心线，此时在中心线的上、中、下 3 个位置上出现 3 个夹点（蓝色的方块），移动鼠标指针至上方夹点，单击鼠标然后向下移动鼠标到合适位置后再次单击鼠标，即缩短该中心线上半部分长度。结果如图 2.20 所示。

图 2.19 绘制及修剪连接圆弧

图 2.20 修改中心线长度 1

按照同样方法，完成左边中心线下半部分及右边中心线上、下部分长度的修改。完成全图，结果如图 2.21 所示。

 提 示

在绘图过程中，如出现如图 2.21 所示的中心线在"间隔-线"处相交，则需要修改成在"线-线"处相交，具体操作方法有两种：一是在命令行输入"LTSCALE（全局比例因子）"命令，并按 Enter 键，此时命令行提示输入新线型比例因子 <1.0000>，系统默认是 1，用户在键盘上输入一个较小值（如 0.3）即可；二是在命令行输入"LINETYPE（线型）"命令，并按 Enter 键，此时界面弹出"线型管理器"对话框，如图 2.22 所示。单击"显示细节"按钮，此时该对话框将显示为如图 2.23 所示。

图 2.21 修改中心线长度 2

图 2.22 "线型管理器"对话框

此时将"全局比例因子"修改为较小值（如 0.3）即可（系统默认是 1.000）。

修改"新线型比例因子"或"全局比例因子"后，全图效果如图 2.24 所示。

图 2.23　单击"显示细节"按钮

图 2.24　较小"新线型比例因子"或"全局比例因子"效果

最后保存此文件。

|四、检测练习|

1．按 1：1 比例绘制图 2.25 所示的图形（不标注尺寸）。
2．按 1：1 比例绘制图 2.26 所示的图形（不标注尺寸）。

图 2.25　检测练习 1

图 2.26　检测练习 2

3．按 1：1 比例绘制图 2.27 所示的图形（不标注尺寸）。

图 2.27　检测练习 3

|五、提高练习|

按 1∶1 比例绘制图 2.28 所示的图形（不标注尺寸）。

图 2.28　提高练习

项目三
多要素构成的平面图形绘制

|一、项目导入|

用 1:1 的比例绘制图 3.1 所示的平面图形。要求：选择合适的线型，不标注尺寸，不绘制图框与标题栏。

图 3.1　平面图形

|二、项目知识|

（一）"圆弧"命令

在 AutoCAD 2016 中，执行"圆弧"命令的方法有以下 2 种。

（1）单击"默认"选项卡功能区"绘图"面板中的"圆弧"按钮 （系统默认为"三点"绘圆弧方式），或单击此图标下方的 ，选择其他绘圆弧方式（系统将最近一次绘圆方式图标显示在上方），即可执行"圆弧"命令，如图 3.2 所示。

微课："圆弧"绘图命令操作方法

（2）在命令行中输入"圆弧"命令"arc"。

AutoCAD 系统共提供了 11 种绘制圆弧的方法，如图 3.2 所示。

① "三点"法绘制圆弧。

"三点"法是指定圆弧上的 3 个点来绘制圆弧。单击"默认"选项卡功能区"绘图"面板中的"圆弧"按钮 ，即可以"三点法"法绘圆弧（此时系统应显示为默认的"三点"法绘圆弧方式）。执行"三点"命令后，命令行提示如下。

```
命令：_arc
指定圆弧的起点或 [圆心(C)]：  //指定起点（在屏幕单击一点指定圆弧上的第一个点）
指定圆弧的第二个点或 [圆心(C)/端点(E)]：
                        //指定第二个点（在屏幕单击一点指定圆弧上的第二个点）
指定圆弧的端点：          //指定端点（在屏幕单击一点指定圆弧上的第三个点，结
束命令）
```

使用"三点"法绘制的圆弧如图 3.3 所示。

② "起点，圆心，端点"法绘制圆弧。

图 3.2 "圆弧"命令

"起点，圆心，端点"法是指定圆弧的起点、圆心、端点来绘制圆弧。单击"默认"选项卡功能区"绘图"面板中的"圆弧"按钮 下方的下拉 ，选择"起点，圆心，端点"按钮 ，命令行提示如下。

```
命令：_arc
指定圆弧的起点或 [圆心(C)]：              //指定起点（在屏幕单击一点指定圆弧的起点）
指定圆弧的第二个点或 [圆心(C)/端点(E)]：_c  //选择圆心(C)执行方式（系统自动执行）
指定圆弧的圆心：                         //指定圆心（在屏幕单击一点指定圆弧的圆心）
指定圆弧的端点(按住 Ctrl 键以切换方向)或 [角度(A)/弦长(L)]：
                                      //指定端点（在屏幕单击一点指定圆弧的端点，结束命令）
```

使用"起点，圆心，端点"法绘制的圆弧如图 3.4 所示。

图 3.3 "三点"法绘制圆弧　　　　　图 3.4 "起点，圆心，端点"法绘制圆弧

③ "起点，圆心，角度"法绘制圆弧。

"起点-圆心-角度"法是指定圆弧的起点、圆心、角度来绘制圆弧。单击"默认"选项卡功能区"绘图"面板中的"圆弧"按钮下方的下拉按钮 ▼ ，选择"起点，圆心，角度"按钮，命令行提示如下。

```
命令：_arc
指定圆弧的起点或 [圆心(C)]：                        //指定起点（在屏幕单击一点指定圆弧的起点）
指定圆弧的第二个点或 [圆心(C)/端点(E)]：_c          //选择圆心(C)执行方式（系统自动执行）
指定圆弧的圆心：                                    //指定圆心（在屏幕单击一点指定圆弧的圆心）
指定圆弧的端点(按住 Ctrl 键以切换方向)或 [角度(A)/弦长(L)]：_a   //选择角度(A)执行方式（系统自动执行）
指定夹角(按住 Ctrl 键以切换方向)：                   //指定夹角（输入包含角150°，结束命令）
```

使用"起点，圆心，角度"法绘制的圆弧如图 3.5 所示。

④ "起点，圆心，长度"法绘制圆弧。

"起点，圆心，长度"法是指定圆弧的起点、圆心、弦长来绘制圆弧。单击"默认"选项卡功能区"绘图"面板中的"圆弧"按钮下方的下拉按钮 ▼ ，选择"起点，圆心，长度"按钮，命令行提示如下。

```
命令：_arc
指定圆弧的起点或 [圆心(C)]：                        //指定起点（在屏幕单击一点指定圆弧上的起点）
指定圆弧的第二个点或 [圆心(C)/端点(E)]：_c          //选择圆心(C)执行方式（系统自动执行）
指定圆弧的圆心：                                    //指定圆心（在屏幕单击一点指定圆弧的圆心）
指定圆弧的端点(按住 Ctrl 键以切换方向)或 [角度(A)/弦长(L)]：_l
                                                  //选择弦长(L)执行方式（系统自动执行）
指定弦长(按住 Ctrl 键以切换方向)：                   //指定弦长或输入弦长数值（输入弦长 35，结束命令）
```

使用"起点，圆心，长度"法绘制的圆弧如图 3.6 所示。

图 3.5 "起点，圆心，角度"法绘制圆弧　　　　图 3.6 "起点，圆心，弦长"法绘制圆弧

⑤ "起点，端点，角度"法绘制圆弧。

"起点，端点，角度"法是指定圆弧的起点、端点、角度来绘制圆弧。单击"默认"选项卡功能区"绘图"面板中的"圆弧"按钮下方的下拉按钮 ▼ ，选择"起点，端点，角度"按钮，命令行提示如下。

```
命令：_arc
指定圆弧的起点或 [圆心(C)]：                        //指定起点（在屏幕单击一点指定圆弧上的起点）
指定圆弧的第二个点或 [圆心(C)/端点(E)]：_e          //选择圆心(C)执行方式（系统自动执行）
指定圆弧的端点：                                    //指定端点（在屏幕单击一点指定圆弧上的端点）
指定圆弧的中心点(按住 Ctrl 键以切换方向)或 [角度(A)/方向(D)/半径(R)]：_a
                                                  //选择角度(A)执行方式（系统自动执行）
指定夹角(按住 Ctrl 键以切换方向)：                   //指定夹角数值 80（输入角度值 80 并按 Enter 键，结束命令）
```

使用"起点，端点，角度"法绘制的圆弧如图 3.7 所示。

⑥ "起点，端点，方向"法绘制圆弧。

"起点，端点，方向"法是指定圆弧的起点、端点、方向来绘制圆弧。单击"默认"选项卡功能区"绘图"面板中的"圆弧"按钮下方的 ▼ 按钮，选择"起点，端点，方向"按钮，命令行提示如下。

```
命令：_arc
指定圆弧的起点或 [圆心(C)]:                    //指定起点（在屏幕单击一点指定圆弧上的起点）
指定圆弧的第二个点或 [圆心(C)/端点(E)]: _e    //选择圆心(C)执行方式（系统自动执行）
指定圆弧的端点：                              //指定端点（在屏幕单击一点指定圆弧上的端点）
指定圆弧的中心点(按住 Ctrl 键以切换方向)或 [角度(A)/方向(D)/半径(R)]: _d
                                            //选择方向(D)执行方式（系统自动执行）
指定圆弧起点的相切方向(按住 Ctrl 键以切换方向)：//指定圆弧起点的相切方向（在圆弧任一侧单击一点指定圆弧起
点的相切方向，结束命令）
```

使用"起点，端点，方向"法绘制的圆弧如图 3.8 所示。

图 3.7　"起点，端点，角度"法绘制圆弧　　　　图 3.8　"起点，端点，方向"法绘制圆弧

⑦ "起点，端点，半径"法绘制圆弧。

"起点，端点，半径"法是指定圆弧的起点、端点、半径来绘制圆弧。单击"默认"选项卡功能区"绘图"面板中的"圆弧"按钮下方的 ▼ 按钮，选择"起点，端点，半径"按钮，命令行提示如下。

```
命令：_arc
指定圆弧的起点或 [圆心(C)]:                    //指定圆弧的起点（在屏幕单击一点指定圆弧上的起点）
指定圆弧的第二个点或 [圆心(C)/端点(E)]: _e    //选择端点(E)执行方式（系统自动执行）
指定圆弧的端点：                              //指定圆弧的端点（在屏幕单击一点指定圆弧上的端点）
指定圆弧的中心点(按住 Ctrl 键以切换方向)或 [角度(A)/方向(D)/半径(R)]: _r
                                            //选择半径(R)执行方式（系统自动执行）
指定圆弧的半径(按住 Ctrl 键以切换方向)：       //指定圆弧的半径 10（输入圆弧的半径 10 并按 Enter 键，结
束命令）
```

使用"起点，端点，半径"法绘制的圆弧如图 3.9 所示。

⑧ "圆心，起点，端点"法绘制圆弧。

"圆心，起点，端点"法是指定圆弧的圆心、起点、端点来绘制圆弧。单击"默认"选项卡功能区"绘图"面板中的"圆弧"按钮下方的 ▼ 按钮，选择"圆心，起点，端点"按钮，命令行提示如下。

```
命令：_arc
指定圆弧的起点或 [圆心(C)]: _c //选择圆心(C)执行方式（系统自动执行）
指定圆弧的圆心：               //指定圆弧的圆心（在屏幕单击一点指定圆弧的圆心）
指定圆弧的起点：               //圆弧的起点（在屏幕单击另一点指定圆弧上的起点）
指定圆弧的端点(按住 Ctrl 键以切换方向)或 [角度(A)/弦长(L)]:
                             //指定圆弧的端点（在屏幕单击另一点指定圆弧的端点，结束命令）
```

使用"圆心，起点，端点"法绘制的圆弧如图3.10所示。

图3.9 "起点，端点，半径"法绘制圆弧 图3.10 "圆心，起点，端点"法绘制圆弧

⑨ "圆心，起点，角度"法绘制圆弧。

"圆心，起点，角度"法是指定圆弧的圆心、起点、角度来绘制圆弧。单击"默认"选项卡功能区"绘图"面板中的"圆弧"按钮下方的 按钮，选择"圆心，起点，角度"按钮，命令行提示如下。

```
命令：_arc
指定圆弧的起点或 [圆心(C)]：_c   //选择圆心(C)执行方式（系统自动执行）
指定圆弧的圆心：                //指定圆弧的圆心（在屏幕单击一点指定圆弧的圆心）
指定圆弧的起点：                //指定圆弧的起点（在屏幕单击另一点指定圆弧上的起点）
指定圆弧的端点(按住 Ctrl 键以切换方向)或 [角度(A)/弦长(L)]：_a
                              //选择角度(A)执行方式（系统自动执行）
指定夹角(按住 Ctrl 键以切换方向)：//指定圆弧的夹角（输入圆弧的夹角130°并按 Enter 键，结束命令）
```

使用"圆心，起点，角度"法绘制的圆弧如图3.11所示。

⑩ "圆心，起点，长度"法绘制圆弧。

"圆心，起点，长度"法是指定圆弧的圆心、起点、长度来绘制圆弧。单击"默认"选项卡功能区"绘图"面板中的"圆弧"按钮下方的 按钮，选择"圆心，起点，长度"按钮，命令行提示如下。

```
命令：_arc
指定圆弧的起点或 [圆心(C)]：_c   //选择圆心(C)执行方式（系统自动执行）
指定圆弧的圆心：                //指定圆弧的圆心（在屏幕单击一点指定圆弧的圆心）
指定圆弧的起点：                //指定圆弧的起点（在屏幕单击另一点指定圆弧上的起点）
指定圆弧的端点(按住 Ctrl 键以切换方向)或 [角度(A)/弦长(L)]：_l
                              //选择弦长(L)执行方式（系统自动执行）
指定弦长(按住 Ctrl 键以切换方向)：//指定圆弧的弦长（输入圆弧的弦长数值（或在屏幕单击一点指定圆弧弦长）
并按 Enter 键确认，结束命令）
```

使用"圆心，起点，长度"法绘制的圆弧如图3.12所示。

图3.11 "圆心，起点，角度"法绘制圆弧 图3.12 "圆心，起点，长度"法绘制圆弧

⑪ "继续"法绘制圆弧。

"继续"法是以上一步操作的终点为起点绘制圆弧。单击"默认"选项卡功能区"绘图"面板中的"圆弧"按钮 下方的 按钮，选择 按钮，命令行提示如下。

```
命令：_arc
指定圆弧的起点或 [圆心(C)]：
        //指定圆弧的起点（系统自动捕捉前圆弧终点）
指定圆弧的端点(按住 Ctrl 键以切换方向)：
        //指定圆弧的端点，结束命令（在屏幕单击一点指定圆弧上的端点）
```

图 3.13　"继续"法绘制圆弧

绘制的圆弧如图 3.13 所示。

（二）"圆环"命令

"圆环"可以认为是具有填充效果的环或实体填充的圆，即带有宽度的闭合多段线。执行绘制"圆环"命令的方法有以下 2 种。

（1）单击"默认"选项卡功能区"绘图"面板中 绘图 右边的下拉按钮 ，在弹出的下拉列表中单击"圆环"按钮 。

（2）在命令行中输入"圆环"命令"donut"。

执行该命令后，命令行提示如下。

微课："圆环"绘图命令操作方法

```
命令：_donut
指定圆环的内径 <0.5000>：   //指定圆环的内径（输入圆环的内径）
指定圆环的外径 <1.0000>：   //指定圆环的外径（输入圆环的外径）
指定圆环的中心点或 <退出>：  //指定圆环的中心点（单击鼠标在屏幕上指定一点确定圆环的中心点）
指定圆环的中心点或 <退出>：  //继续指定圆环的中心点或结束命令（按 Enter 键确认，结束命令）
```

在执行该命令中，如果圆环的内径为 0，则绘制出的圆环是实心圆。用户还可以利用"fill"命令来控制圆环的填充性。图 3.14 所示圆环绘图的过程如下。

（a）普通圆环　　　（b）实心圆环　　　（c）无填充圆环

图 3.14　绘制圆环

① 普通圆环绘制。执行"圆环"命令后，命令行提示如下。

```
命令：_donut
指定圆环的内径 <0.5000>：   //输入圆环的内径（输入圆环的内径 30）
指定圆环的外径 <1.0000>：   //输入圆环的外径（输入圆环的外径 40）
指定圆环的中心点或 <退出>：  //指定圆环的中心点（在屏幕上单击拾取一点作为中心点）
指定圆环的中心点或 <退出>：  //结束命令（按 Enter 键，结束命令）
```

② 实心圆环绘制。执行"圆环"命令后，命令行提示如下。

```
命令：_donut
指定圆环的内径 <30.0000>：  //输入圆环的内径（输入圆环的内径 30）
指定圆环的外径 <40.0000>：  //输入圆环的外径（输入圆环的外径 40 或直接按 Enter 键）
指定圆环的中心点或 <退出>：  //指定圆环的中心点（在屏幕上单击拾取一点作为中心点）
指定圆环的中心点或 <退出>：  //结束命令（按 Enter 键，结束命令）
```

③ 无填充圆环绘制。在命令行中输入"fill"命令后按 Enter 键，命令行提示如下。

```
输入模式[开(ON)/关(OFF)] <开>: //输入"off"，按 Enter 键确认
```

执行"绘图"｜"圆弧"命令，命令行提示如下。

```
命令:_donut
指定圆环的内径 <0.0000>: //输入圆环的内径（输入圆环的内径 30）
指定圆环的外径 <40.0000>: //输入圆环的外径（输入圆环的外径 40）
指定圆环的中心点或 <退出>: //指定圆环的中心点（在屏幕上单击拾取一点作为中心点）
指定圆环的中心点或 <退出>: //结束命令（按 Enter 键，结束命令）
```

（三）"多段线"命令

"多段线"是由直线和圆弧连接而成的独立的线性对象。组成多段线的直线和圆弧可以是任意多个，但无论组成多段线的直线和圆弧有多少个，这条多段线始终被视为一个实体对象进行编辑。

在 AutoCAD 2016 中，执行绘制"多段线"命令的方法有以下 2 种。

1. 单击"默认"选项卡功能区"绘图"面板中"多段线"按钮。
2. 在命令行中输入"多段线"命令"pline"。

执行绘制"多段线"命令后，命令行提示如下。

```
命令:_pline
指定起点: //指定多段线的起点（单击鼠标在屏幕适当位置指定一点）
当前线宽为 0.0000（系统提示）
指定下一点或[圆弧(A)/半宽(H)/长度(L)/放弃(U)/宽度(W)]:
        //指定多段线的下一个端点或执行选项功能（指定多段线的下一个端点或输入选项字母）
指定下一点或[圆弧(A)/闭合(C)/半宽(H)/长度(L)/放弃(U)/宽度(W)]:
        //继续指定下一点或执行选项功能或结束命令（指定多段线的下一个端点或输入选项字母或按 Enter 键确认，
结束命令）
```

在命令执行过程中，各选项的功能如下。

① 圆弧（A）：选择此选项，将弧线段添加到多段线中。命令行提示如下。

指定圆弧的端点或[角度（A）/圆心（CE）/闭合（CL）/方向（D）/半宽（H）/直线（L）/半径（R）/第二个点（S）/放弃（U）/宽度（W）]:

其中各选项的功能如下。

- 圆弧的端点。绘制弧线段。弧线段从多段线上一段的最后一点开始并与多段线相切。
- 角度（A）。指定弧线段从起点开始的包含角。输入正数将按逆时针方向创建弧线段，输入负数将按顺时针方向创建弧线段。
- 圆心（CE）。指定弧线段的圆心。
- 闭合（CL）。用弧线段将多段线闭合。
- 方向（D）。指定弧线段的起始方向。
- 半宽（H）。指定多段线线段的中心到其一边的宽度。
- 直线（L）。退出"圆弧"选项并返回 PLINE 命令的初始提示。
- 半径（R）。指定弧线段的半径。
- 第二个点（S）。指定三点圆弧的第二点和端点。
- 放弃（U）。删除最近一次添加到多段线上的弧线段。

微课："多段线"绘图命令操作方法

- 宽度（W）。指定下一弧线段的宽度。

② 闭合（C）。绘制一条直线段（从当前位置到多段线的起点）以闭合多段线。

③ 半宽（H）。指定具有宽度的多段线的线段中心到其一边的宽度。

④ 长度（L）。在与前一线段相同的角度方向上绘制指定长度的直线段。如果前一线段是圆弧，程序将绘制与该弧线段相切的新直线段。

⑤ 放弃（U）。删除最近一次添加到多段线上的直线段。

⑥ 宽度（W）。指定下一条直线段的宽度。起点宽度将成为默认的端点宽度。端点宽度在再次修改宽度之前将作为所有后续线段的统一宽度。宽线线段的起点和端点位于宽线的中心。

图 3.15 绘制多段线

如图 3.15 所示多段线的绘制过程如下。

单击"默认"选项卡功能区"绘图"面板中的"多段线"按钮，执行绘制"多段线"命令，命令行提示如下。

```
命令：_pline
指定起点：                    //指定多段线的起点（在屏幕上单击拾取一点）
当前线宽为 0.0000 （系统默认线宽为 0）
指定下一点或[圆弧(A)/半宽(H)/长度(L)/放弃(U)/宽度(W)]：
                            //指定多段线的下一个端点（系统默认为绘直线状态，水平移动鼠标输入 20，并按 Enter 键确认）
指定下一点或[圆弧(A)/闭合(C)/半宽(H)/长度(L)/放弃(U)/宽度(W)]：
                            //选择宽度(W)选项（输入 W 并按 Enter 键确认）
指定起点宽度 <0.0000>：      //指定起点宽度（输入起点宽度 4 并按 Enter 键确认）
指定端点宽度 <4.0000>：      //指定端点宽度（输入端点宽度 0 并按 Enter 键确认）
指定下一点或 [圆弧(A)/半宽(H)/长度(L)/放弃(U)/宽度(W)]：
                            //指定多段线的下一个端点（水平移动鼠标输入 10，按 Enter 键确认）
指定下一点或 [圆弧(A)/闭合(C)/半宽(H)/长度(L)/放弃(U)/宽度(W)]：
                            //选择宽度(W)选项（输入选项"宽度(W)"并按 Enter 键确认）
指定起点宽度 <0.0000>：      //指定起点宽度（输入起点宽度 0 并按 Enter 键确认）
指定端点宽度 <0.0000>：      //指定端点宽度（输入端点宽度 0 并按 Enter 键确认或按 Enter 键重复执行）
指定下一点或 [圆弧(A)/半宽(H)/长度(L)/放弃(U)/宽度(W)]：
                            //指定多段线的下一个端点（水平移动鼠标输入 20 并按 Enter 键确认）
指定下一点或 [圆弧(A)/闭合(C)/半宽(H)/长度(L)/放弃(U)/宽度(W)]：
                            //指定多段线的下一个端点（输入选项"宽度(W)"并按 Enter 键确认）
指定起点宽度 <0.0000>：      //指定起点宽度（输入起点宽度 2 并按 Enter 键确认）
指定端点宽度 <2.0000>：      //指定端点宽度（输入端点宽度 2 并按 Enter 键确认或直接按 Enter 键重复执行）
指定下一点或 [圆弧(A)/半宽(H)/长度(L)/放弃(U)/宽度(W)]：
                            //指定多段线的下一个端点（水平移动鼠标输入"10" 并按 Enter 键确认）
指定下一点或 [圆弧(A)/闭合(C)/半宽(H)/长度(L)/放弃(U)/宽度(W)]：
                            //选择宽度(W)选项（输入选项"宽度(W)"并按 Enter 键确认）
指定起点宽度 <0.0000>：      //指定起点宽度（输入起点宽度 0 并按 Enter 键确认）
指定端点宽度 <0.0000>：      //指定端点宽度（输入端点宽度 0 并按 Enter 键确认或按 Enter 键重复执行）
指定下一点或 [圆弧(A)/半宽(H)/长度(L)/放弃(U)/宽度(W)]：
                            //指定多段线的下一个端点（水平移动鼠标输入 20 并按 Enter 键确认）
指定起点宽度 <0.0000>：      //指定起点宽度（输入起点宽度 4 并按 Enter 键确认）
指定端点宽度 <4.0000>：      //指定端点宽度（输入端点宽度 0 并按 Enter 键确认）
指定下一点或 [圆弧(A)/闭合(C)/半宽(H)/长度(L)/放弃(U)/宽度(W)]：
                            //选择圆弧(A)选项（输入 A 并按 Enter 键确认，转入绘圆弧状态）
指定圆弧的端点或[角度(A)/圆心(CE)/闭合(CL)/方向(D)/半宽(H)/直线(L)/半径(R)/第二个点(S)/放弃(U)/宽度(W)]：
                            //选择角度(A)选项（输入 A 并按 Enter 键确认，确定包含角输入方式）
指定包含角：                //指定包含角（输入包含角 180° 并按 Enter 键确认）
```

指定圆弧的端点或[圆心(CE)/半径(R)]:
//选择半径(R)选项（输入 R 并按 Enter 键确认，确定半径(R)输入方式）
指定圆弧的半径:　　　　　　　　//指定圆弧的半径（输入半径 30 并按 Enter 键确认）
指定圆弧的弦方向 <0>:　　　　//指定圆弧的弦方向（输入长度 90，并按 Enter 键确认）
指定圆弧的端点或[角度(A)/圆心(CE)/闭合(CL)/方向(D)/半宽(H)/直线(L)/半径(R)/第二个点(S)/放弃(U)/宽度(W)]:　　　　　　　　　//选择宽度(W)选项（输入选项"宽度(W)"并按 Enter 键确认）
指定起点宽度 <0.0000>:　　//指定起点宽度（输入端点宽度 0 并按 Enter 键确认或按 Enter 键执行默认值）
指定端点宽度 <0.0000>:　　//指定端点宽度（输入端点宽度 0 并按 Enter 键确认或按 Enter 键重复执行）
指定圆弧的端点或[角度(A)/圆心(CE)/闭合(CL)/方向(D)/半宽(H)/直线(L)/半径(R)/第二个点(S)/放弃(U)/宽度(W)]:　　　　　　　　//选择直线(L)选项（输入 L 并按 Enter 键确认，转入绘直线状态）
……依此完成以下各段,绘制的图形如图 3.15 所示。

　　绘制多段线后，还可以利用"多段线编辑"命令对其进行编辑。在命令行中输入"多段线编辑"命令（pedit），按 Enter 键确认。

（四）"矩形"命令

　　"矩形"是绘制平面图形时最常用的图形之一。在 AutoCAD 2016 中，执行绘制"矩形"命令的方法有以下 2 种。

　　（1）单击"默认"选项卡功能区"绘图"面板中"矩形"按钮 ▭ ▾，（系统默认显示为"矩形"按钮 ▭ ▾，如系统显示为非默认的"多边形"按钮 ⬠ ▾，用户可单击 ⬠ 按钮右边的下拉按钮 ▾，选择"矩形"按钮 ▭ 矩形）。

微课："矩形"绘图命令操作方法

　　（2）在命令行中输入"矩形"命令"rectang"。

　　执行"矩形"命令后，命令行提示如下。

命令: _rectang
指定第一个角点或 [倒角(C)/标高(E)/圆角(F)/厚度(T)/宽度(W)]:
//指定第一个角点（单击鼠标左键指定矩形的第一个角点）
指定另一个角点或 [面积(A)/尺寸(D)/旋转(R)]:　//指定矩形的另一个角点（单击鼠标左键指定矩形的另一个角点）

　　其中各选项的功能如下。

　　① 倒角（C）：选择该选项，指定矩形的倒角距离，命令行提示如下。

……
指定矩形的第一个倒角距离 <0.0000>:　　//输入第一个倒角距离（输入第一个倒角距离 5 并按 Enter 键确认）
指定矩形的第二个倒角距离 <5.0000>:　　//输入第二个倒角距离（输入第二个倒角距离 5 并按 Enter 键确认或直接按Enter 键确认执行默认值）
……

　　绘制的带倒角矩形如图 3.16 所示。

　　② 标高（E）：选择该选项，需指定矩形的标高，命令行提示如下。

……
指定矩形的标高 <0.0000>:　　//输入矩形的标高（输入标高数值后并按 Enter 键确认）
……

　　标高是指当前图形相对于基准平面的高度。图形的标高在俯视图中无法显示，只有在侧视图或三维空间中才能观察到，此处不再给出绘制结果。

　　③ 圆角（F）：选择该选项，指定矩形的圆角半径，命令行提示如下。

......

指定矩形的圆角半径 <0.0000>：　　//输入矩形的圆角半径（输入矩形的圆角半径 5 并按 Enter 键确认）

......

绘制的带圆角矩形如图 3.17 所示。

图 3.16　带倒角矩形

图 3.17　带圆角矩形

④ 厚度（T）：选择此选项，需指定矩形的厚度，命令行提示如下。

......

指定矩形的厚度 <0.0000>：　　//指定矩形的厚度（输入矩形的厚度 5 后并按 Enter 键确认）

......

如果输入的厚度值为正，则矩形将沿着 Z 轴正方向增长；如果输入的厚度值为负，则矩形将沿着 Z 轴负方向增长。矩形的厚度只有在三维空间才能显示，结果如图 3.18 所示。

⑤ 宽度（W）：选择此选项，为绘制的矩形指定多段线的宽度，命令行提示如下。

......

指定矩形的线宽 <0.0000>：　　//指定矩形的线宽（输入矩形的线宽 3 后按 Enter 键确认）

......

绘制的具有宽度的矩形如图 3.19 所示。

图 3.18　具有厚度的矩形

图 3.19　具有宽度的矩形

⑥ 面积（A）：选择此选项，使用面积与长度或宽度创建矩形，命令行提示如下。

......

输入以当前单位计算的矩形面积<100.0000>：　　　　//输入矩形面积（输入矩形的面积数值）
计算矩形标注时依据[长度(L)/宽度(W)] <长度>：　　//选择计算矩形面积的依据（输入长度(L)并按 Enter 键确认）
输入矩形长度 <10.0000>：　　　　　　　　　　　//输入矩形长度（输入矩形的长度数值）

......

⑦ 尺寸（D）：选择此选项，使用长和宽创建矩形，该选项为常用选项。命令行提示如下。

......

指定矩形的长度 <10.0000>：　　//指定矩形的长度（输入矩形的长度 60 并按 Enter 键确认）
指定矩形的宽度 <10.0000>：　　//指定矩形的宽度（输入矩形的宽度 30 并按 Enter 键确认）
指定另一个角点或[面积(A)/尺寸(D)/旋转(R)]：
　　　　　　　　　　　　　　//指定矩形的另一个角点（单击鼠标左键指定矩形的另一个角点确定矩形的方向）

绘制的矩形如图 3.20 所示。

⑧ 旋转（R）。选择此选项，按指定的旋转角度创建矩形，命令行提示如下。

......
指定旋转角度或[拾取点(P)] <0>：   //指定旋转角度（输入矩形的旋转角度30）
指定另一个角点或[面积(A)/尺寸(D)/旋转(R)]：   //指定矩形另一个角点的位置（单击鼠标指定矩形另一个角点）
......

如果选择"拾取点"选项，则指定两个点来确定矩形的旋转角度。

绘制的旋转矩形如图 3.21 所示。

图 3.20　选择尺寸（D）选项绘制矩形　　　　图 3.21　绘制旋转矩形

（五）"多边形"命令

在绘制平面图形时也会经常用到正多边形，在 AutoCAD 2016 中，执行"多边形"命令的方法有以下 2 种。

1. 单击"默认"选项卡功能区"绘图"面板中"矩形"按钮▭ ▾右边的下拉按钮▾，单击下拉列表中的"多边形"按钮⬠ 多边形（系统默认显示为"矩形"按钮▭ ▾）。如"绘图"面板中显示为非默认的"多边形"按钮⬠ ▾时，则可直接单击此图标。

2. 在命令行中输入"多边形"命令"polygon"。

执行"多边形"命令后，命令行提示如下。

微课："多边形"绘图命令操作方法

命令：_polygon 输入侧面数 <4>：   //输入正多边形的边数（输入正多边形的边数 6，按 Enter 键确认，系统默认边数为"4"。）
　　指定正多边形的中心点或 [边(E)]：   //指定正多边形的中心点或选择"边(E)"选项（单击屏幕确定正多边形的中心点，如执行边(E)选项，则可指定正多边形边长绘制正多边形）
　　输入选项 [内接于圆(I)/外切于圆(C)] <I>： //选择绘制正多边形的方式（输入 I 选项并按 Enter 键确认或直接按 Enter 键执行默认选项"内接于圆（I）"，此选项为常用选项）
　　指定圆的半径：20   //指定圆的半径（输入圆的半径 20，按 Enter 键确认，命令结束）

其中各选项的功能如下。

① 边（E）。指定第一条边的端点来定义正多边形，执行此选项，命令行提示如下。

......
指定边的第一个端点：   //指定正多边形边的第一个端点（单击鼠标指定正多边形边的第一个端点）
指定边的第二个端点：   //指定正多边形边的第二个端点（单击鼠标指定正多边形边的第二个端点）
......

② 内接于圆（I）。指定外接圆半径确定正多边形的大小来绘制正多边形（内接圆法），此时正多边形的所有顶点都在此圆周上。执行此选项，命令行提示如下。

......
指定圆的半径：   //指定圆的半径（输入圆的半径 20，按 Enter 键确认，结束命令）
......

图 3.22 所示为用"内接圆"法绘制的正多边形。

③ 外切于圆（C）。通过指定外切圆半径确定正多边形的大小来绘制正多边形（外切圆法），此时正多边形各边中点都在此圆周上。执行此选项，命令行提示如下。

```
……
指定圆的半径：   //指定圆的半径（输入圆的半径"20"，按 Enter 键确认，结束命令）
……
```

图 3.23 所示为用"外切圆"法绘制的正多边形。

图 3.22　"内接圆"法绘制正多边形　　图 3.23　"外切圆"法绘制正多边形

（六）"椭圆"命令

"椭圆"是重要的圆类图形。在 AutoCAD 2016 中，"椭圆"命令分为"圆心"命令和"轴、端点"命令两种。

微课："椭圆"绘图命令操作方法

1. "圆心"命令

执行"圆心"命令的方法有以下 2 种。

（1）单击"默认"选项卡功能区"绘图"面板中的"圆心"按钮 （系统默认显示"圆心"按钮 ，如系统显示为非默认的"轴、端点"图标按钮 或"椭圆弧"按钮 ，则可单击"轴，端点"按钮 或"椭圆弧"按钮 （当前显示）右边的下拉按钮 ，选择"圆心"按钮 ）。

（2）在命令行中输入"椭圆"命令"ellipse"后，再根据命令行提示执行"中心点（C）"选项。

执行"圆心"命令后，命令行提示如下。

```
命令：_ellipse
指定椭圆的轴端点或 [圆弧(A)/中心点(C)]：_c
                 //选择"中心点（C）"方式绘制椭圆（系统自动执行）
指定椭圆的中心点：    //指定椭圆的中心点（单击鼠标在屏幕指定椭圆的中心点）
指定轴的端点：    //指定椭圆一条轴端点（单击鼠标在屏幕任意位置指定椭圆的一个端点或水平（竖直）移动鼠标后输入 30 并按 Enter 键确认）
指定另一条半轴长度或 [旋转(R)]：
                 //指定椭圆另一条轴的端点（单击鼠标在屏幕任意位置指定椭圆的另一个端点或水平（竖直）移动鼠标后输入 20 并按 Enter 键确认，结束命令）
```

用"圆心"法绘制的椭圆如图 3.24 所示。

2. "轴，端点"命令

执行"轴，端点"命令的方法有以下 2 种。

（1）单击"默认"选项卡功能区"绘图"面板中"圆心"椭圆按钮 右边的下拉按钮 ，选择"轴，端点"绘图图标按钮 " 轴，端点"（系统默认显示为"圆心"按钮 ）。如系统显示为非默认的"轴，端点"按钮 ，则可直接单击此按钮执行命令，如系统显示为非默认的"椭圆弧"按钮 ，可单击"椭圆弧"按钮 右边的下拉按钮 ，选择"轴，端点"按钮。

（2）在命令行中输入"椭圆"命令"ellipse"。

执行"轴，端点"命令后，命令行提示如下。

```
命令：_ellipse
指定椭圆的轴端点或 [圆弧(A)/中心点(C)]：        //指定椭圆的轴端点（单击鼠标在屏幕指定椭圆的一个端点）
指定轴的另一个端点：                            //指定轴的另一个端点（单击鼠标在屏幕指定椭圆的一个端点或水平
(竖直)移动鼠标后输入 60 并按 Enter 键确认）
指定另一条半轴长度或 [旋转(R)]：               //指定另一条半轴长度（单击鼠标在屏幕指定椭圆的另一条半轴端点或
水平(竖直)移动鼠标后输入 20 并按 Enter 键确认，命令结束）
```

用"轴、端点"法绘制的椭圆如图 3.25 所示。

图 3.24 "圆心"法绘制椭圆   图 3.25 "轴，端点"法绘制椭圆

在使用"圆心""轴，端点"法绘制椭圆的过程中，如果选择"旋转（R）"选项，则绘制的椭圆是经过椭圆长轴两个端点的圆绕这个长轴旋转后得到的投影。选择此选项后，命令行提示如下。

```
……
指定绕长轴旋转的角度：    //指定绕长轴旋转的角度（输入旋转的角度并按 Enter 键确认，结束命令）
```

⚠️ 说　明

"椭圆弧"命令在实际绘图中很少用到，限于篇幅，此处不再赘述，请有需要的读者根据命令行提示自行操作完成学习。

（七）"复制"命令

在绘制与编辑图形时，经常需要绘制一些完全相同的图形，这时可以利用"复制"命令简化操作。在 AutoCAD 2016 中，执行"复制"命令的方法有以下 2 种。

1. 单击"默认"选项卡功能区"修改"面板中的"复制"按钮。

2. 在命令行中输入"复制"命令"copy"或"co"。

执行"复制"命令后，命令行提示如下。

微课："复制"修改
命令操作方法

```
命令：_copy
选择对象：找到 1 个          //选择对象（单击或框选要复制的对象，系统将进行选中计数和统计<找到 1 个>）
选择对象：找到 1 个，总计 2 个   //选择对象（单击或框选要复制的对象，系统将进行选中计数和统计<找到 1 个，总
计 2 个>）
```

选择对象:	//结束对象选择（按 Enter 键或单击鼠标右键）
当前设置：复制模式 = 多个	
指定基点或 [位移(D)/模式(O)] <位移>:	//指定基点（单击确定基点）
指定第二个点或 [阵列(A)] <使用第一个点作为位移>:	//指定第二个点（单击确定一点确定复制到位置）
指定第二个点或 [阵列(A)/退出(E)/放弃(U)] <退出>: 也可以单击第二个点确定复制到第二个位置）	//结束命令（按 Enter 键确认或单击鼠标右键，结束命令，

例如，复制图 3.26 所示图形中的圆，绘制出图 3.27 所示的图形，具体操作方法如下。

图 3.26 原图形

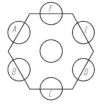

图 3.27 执行"复制"命令后的图形

① 单击"默认"选项卡功能区"修改"面板中的"复制"按钮 ![复制]。

② 用拾取框选择图 3.26 所示的圆，按 Enter 键。

③ 捕捉图 3.26 所示小圆的圆心作为基点。

④ 依次捕捉如图 3.27 所示图形中的中点 A、B、C、D、E 和 F，单击指定目标位置。

在执行命令过程中，命令行出现的位移（D）、模式（O）及阵列（A）选项的作用如下。

"位移（D）"选项是使用相对坐标指定复制距离，即输入一个相对于原对象位置点的坐标值并按 Enter 键确认，实现相对距离复制对象，此时坐标值将用作相对位移，而不是基点位置。

执行"位移（D）"选项后，命令行提示如下。

......
指定基点或 [位移(D)/模式(O)] <位移>: //选择"位移(D)"选项（输入 d 并按 Enter 键确认）
指定位移 <0.0000, 0.0000, 0.0000>: //指定偏移位移（输入坐标"30, 20"并按 Enter 键确认，命令结束，其中"@"自动添加）

执行结果如图 3.28 所示。

"模式（O）"选项是选择"单个（S）"或"多个（M）"方式复制对象，系统默认为"多个（M）"模式。

执行"模式（O）"选项后，命令行提示如下。

......
指定基点或 [位移(D)/模式(O)] <位移>: //选择"模式(O)"选项（输入 o 并按 Enter 键确认）
输入复制模式选项 [单个(S)/多个(M)] <多个>: //选择复制模式选项（输入 S 或 M 并按 Enter 键确认）
......

图 3.28 "位移（D）"复制

"阵列（A）"是将原对象按指定阵列数目进行复制，即将原对象按指定距离进行等距离复制。

执行"阵列（A）"选项后，命令行提示如下。

......
指定第二个点或 [阵列(A)] <使用第一个点作为位移>:
 //选择"阵列(A)"选项（输入 A 并按 Enter 键确认）
输入要进行阵列的项目数: //输入连同原对象共要进行阵列的项目数（输入 3 并按 Enter 键确认）
......

执行结果如图 3.29 所示。

图 3.29　"阵列（A）"复制

（八）"分解"命令

在绘制与编辑图形时，经常需要将多段线、标注、图案填充或块参照复合对象转变为单个的元素进行编辑，这时可利用"分解"命令进行操作。例如，将多段线分解为简单的线段和圆弧，尺寸标注分解为直线和箭头。在 AutoCAD 2016 中，执行"分解"命令的方法有以下 2 种。

微课："分解"修改
命令操作方法

（1）单击"默认"选项卡功能区"修改"面板中的"分解"按钮 。
（2）在命令行中输入"分解"命令"explode"。

执行"分解"命令后，命令行提示如下。

```
命令: _explode
选择对象:                    //选择要分解的对象（选择要分解的对象）
选择对象: 找到 1 个对象       //继续选择要分解的对象（继续选择对象或按 Enter 键确认命令结束）
```

单一的图形对象不能被分解，如直线、圆、圆弧、椭圆、椭圆弧等，只有复合的图形才能被分解，如矩形和多边形等。选择的对象不同，分解的结果也不同，下面列出几种对象的分解结果。

① 块：如果选中的块为嵌套块，则第一次分解将把单独的图形与嵌套块从该块中分解出来，然后再把它们分解成多个对象。

② 二维多段线：分解后会丢失所有的宽度和切线方向信息。

③ 宽多段线：沿原多段线的中心线放置分解出来的直线段或弧，并丢失所有的宽度和切线方向信息。

④ 三维多段线：分解成直线段，该三维多段线的任何线型将被应用于各个产生的对象。

⑤ 复合线：分解成直线段和弧。

⑥ 多文本：分解成单文本实体。

⑦ 区域：分解成直线段、弧或样条曲线。

 说　明

"分解"命令只是将复合对象转化为由单一要素构成的对象，不改变要素的位置，因此对于大多数分解对象，分解的效果是看不见的。

| 三、项目实施 |

1. 新建文件

进入"草图与注释"工作空间，新建一个无样板图形文件，保存此空白文件，文件名为
"图3.1.dwg"，注意在绘图过程中每隔一段时间保存一次。

2. 设置绘图环境

（1）设置图形界限，设定绘图区域的大小为297×210，左下角点为坐标原点（此步骤现
可省略）。

（2）设置图层，设置粗实线、中心线和细实线3个图层，图层参数如表3.1所示。

表3.1 图层设置参数

图 层 名	颜 色	线 型	线 宽	用 途
CSX	红色	Continuous	0.50mm	粗实线
ZXX	绿色	Center	0.25mm	中心线
XSX	青色	Continuous	0.25mm	细实线

3. 绘制图形

用1:1的比例绘制图3.1所示的平面图形。要求：选择合适的线型，不绘制图框与标题
栏，不标注尺寸。

操作步骤如下。

（1）打开"按指定角度限制光标"和"显示/隐藏线宽"状态按钮，如系统显示为"打开"
状态（显示为蓝色）则不需此操作。单击"默认"选项卡功能区"图层"面板中的"图层"
列表，将"CSX"层设置为当前层。

（2）绘制矩形。单击"默认"选项卡功能区"绘图"面板中的"矩形"按钮，命令
行提示如下。

```
指定第一个角点或 [倒角(C)/标高(E)/圆角(F)/厚度(T)/宽度(W)]：
                    //选择倒角(C)选项执行方式（输入"C"后按Enter键确认）
指定矩形的第一个倒角距离 <0.0000>：//设置矩形的第一个倒角距离（输入10，按Enter键确认）
指定矩形的第二个倒角距离 <10.0000>：//设置矩形的第二个倒角距离（输入10，按Enter键确认或直接按Enter键执行
默认值）
指定第一个角点或 [倒角(C)/标高(E)/圆角(F)/厚度(T)/宽度(W)]：
                    //指定矩形的第一个角点（单击鼠标确定矩形的一个角点）
指定另一个角点或 [面积(A)/尺寸(D)/旋转(R)]：
                    //选择"尺寸(D)"选项即根据矩形长和宽执行方式（输入"D"后按Enter键确认）
指定矩形的长度 <10.0000>：    //指定矩形的长度（输入矩形长度"150"，按Enter键确认）
指定矩形的宽度 <10.0000>：    //指定矩形的宽度（输入矩形宽度"80"，按Enter键确认）
指定另一个角点或[面积(A)/尺寸(D)/旋转(R)]：
                    //指定矩形的另一个角点确定矩形方向（在已经绘制出的矩形外单击确定矩形方向，
结束命令）
```

绘制结果如图3.30所示。

（3）分解矩形。单击"默认"选项卡功能区"修改"面板中
的"分解"按钮，命令行提示如下。

```
选择对象：            //选择要分解的对象（单击矩形选中要分解的对象）
选择对象：找到1个对象    //结束对象选择（按Enter键确认或单击鼠标右键
确认，结束命令）
```

图3.30 绘制带倒角的矩形

此时复合对象矩形将被分解为由 8 个直线段构成的线框。

（4）绘制中心线。单击"默认"选项卡功能区"图层"面板中的"图层"列表，将"ZXX"图层设置为当前层，捕捉矩形左边线中点为左端点绘制一条长度约为 280 的水平对称线（确定左端点后水平移动鼠标输入 280 并按 Enter 键确认），结果如图 3.31 所示。

图 3.31　矩形分解

（5）偏移平行线。单击"默认"选项卡功能区"图层"面板中的"图层"列表，将"CSX"层设置为当前层，执行"偏移"命令，分别将矩形左边以偏移距离 50，右边以偏移距离 38，中心线以偏移距离 15 和 27 偏移复制出图 3.32 所示的 E、F、B、C、A、D 6 条平行线。

（6）绘制槽形结构。拾取 B 和 C 两条直线，单击图层工具栏下拉菜单中的"CSX"图层，改 B 和 C 两条直线为粗实线，用相同方法将 E 和 F 两条直线的图层改为"ZXX"图层。执行"修剪"和"拉长"命令，按要求修剪和调整各直线，结果如图 3.33 所示。

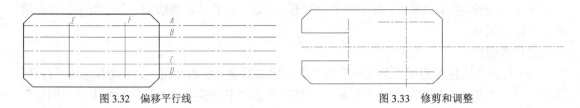

图 3.32　偏移平行线　　　　　　　　　　　　图 3.33　修剪和调整

 说　明

为得到合适的修剪长度，在执行"修剪"命令前需绘制必要的辅助线。例如，在修剪图 3.32 图中的 A 直线时，可绘制图 3.34 中的 M 和 N 两条辅助线。

图 3.34　绘制辅助线

（7）绘制圆形结构。执行"圆"命令，以交点 P 为圆心绘制直径为 $\phi16$ 的圆，如图 3.35 所示。

单击"默认"选项卡功能区"修改"面板中的"复制"按钮 复制，命令行提示如下。

选择对象：	//选择要复制的对象（选择直径为 $\phi16$ 的圆）
选择对象：	//结束对象选择（按 Enter 键结束对象选择）
指定基点或 [位移(D)] <位移>：	//指定基点（拾取交点 P 点作为基点）

```
指定第二个点或 <使用第一个点作为位移>:        //指定对象复制到的位置（拾取交点 R 点为第二点）
指定第二个点或 [退出(E)/放弃(U)] <退出>:       //结束命令（按 Enter 键结束命令）
```

完成两个直径为 $\phi16$ 圆的绘制。

（8）绘制槽内圆弧。单击"默认"选项卡功能区"绘图"面板中的"圆弧"按钮下方的 ▾ 按钮，选择 ╱ 图标，使用"起点，圆心，端点"法绘制圆弧，命令行提示如下。

```
命令: _arc
指定圆弧的起点或 [圆心(C)]:                     //指定圆弧的起点（用鼠标拾取交点 2 点作为圆弧的起点）
指定圆弧的第二个点或 [圆心(C)/端点(E)]: _c      //选择圆心(C)执行方式（系统自动执行）
指定圆弧的圆心:                                 //指定圆心（拾取交点 P 点作为圆弧的圆心）
指定圆弧的端点(按住 Ctrl 键以切换方向)或 [角度(A)/弦长(L)]:
                                               //指定端点（拾取交点 1 点作为圆弧的端点，结束命令）
```

完成圆弧 12 的绘制。

（9）绘制椭圆。单击"默认"选项卡功能区"绘图"面板中的"圆心"按钮，命令行提示如下。

```
命令: _ellipse
指定椭圆的轴端点或 [圆弧(A)/中心点(C)]: _c
                        //选择"中心点（C）"方式绘椭圆（系统自动执行）
指定椭圆的中心点:        //指定椭圆的中心点（用鼠标拾取交点 Q 点作为椭圆的中心点）
指定轴的端点:           //指定椭圆一条轴端点（向上移动鼠标，在极轴追踪线（虚线）引领下输入 11，按
Enter 键即确定长度为"11"，方向垂直的椭圆一半轴长度）
指定另一条半轴长度或 [旋转(R)]:    //指定椭圆另一条轴的端点（水平移动鼠标后输入 22 并按 Enter 键确认，结束命令）
```

完成椭圆的绘制。

单击"默认"选项卡功能区"修改"面板中的"复制"按钮，命令行提示如下。

```
命令: _copy
选择对象: 找到 1 个                       //选择对象（单击所画椭圆）
选择对象:                                 //结束对象选择（按 Enter 键或单击鼠标右键）
当前设置:   复制模式 = 多个
指定基点或 [位移(D)/模式(O)] <位移>:      //指定基点（拾取交点 Q 点作为基点）
指定第二个点或 [阵列(A)] <使用第一个点作为位移>: //将椭圆复制到指定第二个点的位置（单击交点 S 点作为第二点）
指定第二个点或 [阵列(A)/退出(E)/放弃(U)] <退出>:  //结束命令（按 Enter 键确认或单击鼠标右键，结束命令）
```

椭圆复制的结果如图 3.35 所示。

图 3.35　绘制椭圆

（10）绘制六边形。单击"默认"选项卡功能区"绘图"面板中的"矩形"按钮 ▾ 右边的下拉按钮 ▾，选择 多边形 按钮（系统默认显示为"矩形"按钮 ▾），如"绘图"面板中显示为非默认的"多边形"按钮 ▾，则直接单击此按钮。执行此命令后，命令行提示如下。

```
_polygon 输入侧面数 <4>:      //输入正多边形的边数（输入正多边形的边数 6，按 Enter 键确认）
指定正多边形的中心点或 [边(E)]: //选择执行"边(E)"选项（输入 e 并按 Enter 键确认）
```

指定边的第一个端点：	//指定正多边形边的第一个端点（拾取 5 点作为正多边形的第一个端点）
指定边的第二个端点：	//指定正多边形边的第二个端点，命令结束（拾取 6 点作为正多边形的第二个端点）

完成正六边形的绘制。

⚡ **提 示**

在拾取边的端点时，选取点的顺序决定正多边形的方向，因此应注意选取点的顺序。

单击"默认"选项卡功能区"图层"面板中的"图层"列表，将"ZXX"图层置为当前图层，执行"直线"命令完成对称中心线 34 的绘制，结果如图 3.36 所示。

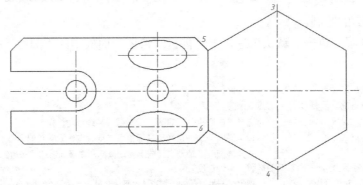

图 3.36　绘制正六边形

（11）绘制内部圆和五边形。单击"默认"选项卡功能区"图层"面板中的"图层"列表，将"CSX"图层置为当前图层，执行"圆"命令绘制直径为 74 的圆，圆心为交点 O。

单击"默认"选项卡功能区"绘图"面板中的"多边形"按钮 ⬡ 多边形，命令行提示如下。

_polygon 输入侧面数 <6>：	//输入正多边形的边数（输入正多边形的边数 5，按 Enter 键确认）
指定正多边形的中心点或 [边(E)]：	//指定正多边形的中心点（单击鼠标拾取交点 O 点作为正多边形的中心点）
输入选项 [内接于圆(I)/外切于圆(C)] <I>：	
	//选择绘制正多边形的方式（输入 I 选项并按 Enter 键确认或直接按 Enter 回车键执行默认选项"内接于圆（I）"）
指定圆的半径：	//指定圆的半径（输入圆的半径 37 并按 Enter 键确认，结束命令）

完成正五边形的绘制，结果如图 3.37 所示。

图 3.37　绘制正五边形

（12）绘制右边圆弧。单击"默认"选项卡功能区"绘图"面板中的"圆弧"按钮下方

的 按钮，选择 图标，以"起点，端点，半径"法绘圆弧，命令行提示如下。

```
命令：_arc
指定圆弧的起点或 [圆心(C)]：                //指定圆弧的起点（单击鼠标拾取交点 7 作为圆弧的起点）
指定圆弧的第二个点或 [圆心(C)/端点(E)]：_e   //选择端点(E)执行方式（系统自动执行）
指定圆弧的端点：                            //指定圆弧的端点（单击鼠标拾取交点 8 作为圆弧的第二个点）
指定圆弧的中心点(按住 Ctrl 键以切换方向)或 [角度(A)/方向(D)/半径(R)]：_r
                                          //选择半径(R)执行方式（系统自动执行）
指定圆弧的半径(按住 Ctrl 键以切换方向)：    //指定圆弧的半径（输入圆弧的半径 50 并按 Enter 键，结束命令）
```

完成半径为 50 的圆弧的绘制，完成全图的绘制，结果如图 3.1 所示。

最后保存此文件。

｜四、检测练习｜

1. 按 1∶1 比例绘制图 3.38 所示的图形（不标注尺寸）。

图 3.38　检测练习 1

2. 按 1∶1 比例绘制图 3.39 所示的图形（不标注尺寸）。

图 3.39　检测练习 2

3. 按 1：1 比例绘制图 3.40 所示的图形（不标注尺寸）。

图 3.40　检测练习 3

4. 按 1：1 比例绘制图 3.41 所示的图形（不标注尺寸）。

图 3.41　检测练习 4

|五、提高练习|

按 1：1 比例绘制图 3.42 所示的图形（不标注尺寸）。

图 3.42　提高练习

项目四
均布及对称结构图形的绘制

能力目标

1. 能够运用"镜像""阵列""移动""旋转""缩放"和"打断"命令编辑图形。
2. 能够简单运用"延伸""拉伸"命令编辑图形。
3. 能够简单运用"射线""点"和"区域填充"命令绘制图形。
4. 能够综合运用"直线""圆"等绘图命令和"镜像""阵列""移动""旋转""缩放""打断"等修改命令编辑均布及对称结构图形。

知识目标

1. 掌握"镜像""阵列""移动""旋转""缩放"命令的操作方法。
2. 了解"射线""构造线""点"和"区域填充"命令的操作方法。
3. 了解"打断""延伸"和"拉伸"命令的操作方法。

| 一、项目导入 |

用 1 : 1 的比例绘制图 4.1 所示的平面图形。要求：选择合适的线型，不标注尺寸，不绘制图框与标题栏。

图 4.1 平面图形

|二、项目知识|

（一）"镜像"命令

使用"镜像"命令可以创建轴对称图形。有些图形非常复杂，但却具有对称性，绘制这些图形时，可以先绘制一半，然后用"镜像"命令绘制另一半。在 AutoCAD 2016 中，执行"镜像"命令的方法有以下 2 种。

微课："镜像"修改
命令操作方法

（1）单击"默认"选项卡功能区"修改"面板中的"镜像"按钮 。

（2）在命令行中输入"镜像"命令"mirror"。

执行"镜像"命令后，命令行提示如下。

> 命令：_mirror
> 选择对象：找到 1 个   //选择要镜像的对象（单击鼠标左键选择或框选要镜像的对象，选择一个对象后系统提示"找到 1 个"）
> 选择对象： 指定镜像线的第一点：   //继续选择要镜像的对象或指定镜像线（对称轴）的第一点（单击鼠标左键继续选择或框选要镜像的对象，如已完成对象选择，可按 Enter 键结束对象选择，此时系统提示"指定镜像线的第一点"，单击鼠标左键在屏幕上指定第一点或捕捉图形要素—"特征点"）
> 指定镜像线的第二点：   //指定镜像线的第二点（单击鼠标左键在屏幕上指定第二点或捕捉图形要素—"特征点"）
> 要删除源对象吗？[是(Y)/否(N)] <否>： //选择是否保留源对象（保留源对象输入"Y"即执行"是(Y)"选项，不保留源对象输入"N"即执行"否(N)"选项或直接按 Enter 键执行默认选项，结束命令）

例如，已绘制图 4.2 所示的图形，用"镜像"命令绘制图 4.3 所示的图形，具体操作方法如下。

单击"默认"选项卡功能区"修改"面板中的"镜像"按钮 ，命令行提示如下。

> 命令：_mirror
> 选择对象：指定对角点：   //选择要镜像的对象（从左向右框选要镜像的对象，系统提示"找到 10 个"）
> 选择对象：指定镜像线的第一点：   //指定镜像线的第一点（按 Enter 键结束对象选择，捕捉图 4.2 所示图形的中心线左端点作为镜像线的第一点）
> 指定镜像线的第二点：   //指定镜像线的第二点（捕捉图 4.2 所示图形的中心线右端点作为镜像线的第二点）
> 要删除源对象吗？[是(Y)/否(N)]<N>： //选择是否保留源对象（输入"N"即执行"否(N)"选项或直接按 Enter 键执行默认选项，结束命令）

图 4.2 原始图形   图 4.3 镜像效果图

（二）"阵列"命令

"阵列"是指多重复制选择的对象并把这些副本按"矩形""环形"或"路径"排列。在 AutoCAD 2016 中，"阵列"包括"矩形阵列""环形阵列"和"路径阵列"3 种方式，对应有 3 个执行命令，且执行方法相互独立，限于篇幅，"路径阵列"不常用，在此不再赘述。

1．"矩形阵列"命令

执行"矩形阵列"命令的方法有以下 2 种。

（1）单击"默认"选项卡功能区"修改"面板中的"矩形阵列"按钮■ 阵列 ▼（系统默认显示为"矩形阵列"按钮■ 阵列 ▼，如系统显示为非默认的"路径阵列"按钮 ▼ 阵列 ▼ 或"环形阵列"按钮 阵列 ▼，可单击 ▼ 阵列 ▼ 或 阵列 ▼ 按钮右边的 ▼ 按钮，选择"矩形阵列"按钮■ 矩形阵列 。）

微课："阵列"修改
命令操作方法

（2）在命令行中输入"矩形阵列"命令"arrayrect"。

执行"矩形阵列"命令后，命令行提示如下。

```
命令：_arrayrect
选择对象：指定对角点：找到 3 个        //选择对象（用矩形窗口框选要进行"矩形阵列"的对象）
选择对象：                            //结束对象选择（按 Enter 键确认，选择对象结束）
类型 = 矩形  关联 = 是
选择夹点以编辑阵列或 [关联(AS)/基点(B)/计数(COU)/间距(S)/列数(COL)/行数(R)/层数(L)/退出(X)] <退出>：
                                     //指定"矩形阵列"相关数值（在"矩形阵列"属性栏中输入相关数值）
```

在操作过程中结束对象选择时，系统将弹出"矩形阵列"属性栏，如图 4.4 所示。其中各选项功能如下。

图 4.4 "矩形阵列"属性栏

① "列"选项：指定"矩形阵列"的列数相关数值。

• "列数"：指定"矩形阵列"的总列数。

• "介于"：指定列间距，即从每个对象的相同位置测量的每列之间的距离，要向右边添加列，指定值为正；要向左边添加列，指定值为负。

• "总计"：指定的列数分布总距离，即指定从开始和结束对象上的相同位置测量的起点和终点列之间的总距离。

② "行"选项：指定"矩形阵列"的行数相关数值。

• "行数"：指定"矩形阵列"的总行数。

• "介于"：指定行间距，即从每个对象的相同位置测量的每行之间的距离，要向上边添加列，指定值为正；要向下边添加列，指定值为负。

• "总计"：指定的行数分布总距离，即指定从开始和结束对象上的相同位置测量的起点和终点行之间的总距离。

③ "层级"选项：指定三维"矩形阵列"的层数和层间距。

• "级别"：指定"矩形阵列"中的层数。

• "介于"：指定"矩形阵列"中的层间距，即在 z 坐标值中指定每个对象等效位置之间的差值，要向 z 坐标正向添加层，指定值为正；要向 z 坐标负向添加层，指定值为负。

• "总计"：指定的层高分布总距离，即在 z 坐标值中指定第一个和最后一个层中对象等效位置之间的总差值。

④ "特性"选项

• "关联"：指定阵列中的对象是关联的还是独立的，系统默认为"关联"。

- "基点"：定义阵列基点和基点夹点的位置，指定用于在阵列中放置项目的基点。

设置图 4.4 所示的"行""列"参数，单击"关闭阵列"按钮 或按 Enter 键确认，结束命令。命令执行完成后，对图 4.5 所示的图形进行"矩形阵列"后的效果如图 4.6 所示。

图 4.5　原始图形　　　　　　　　　　图 4.6　矩形阵列效果

2．"环形阵列"命令

执行"环形阵列"命令的方法有以下 2 种。

（1）单击"默认"选项卡功能区"修改"面板中的"矩形阵列"（或"路径阵列"）按钮 （或 ）右边的下拉按钮 ，选择"环形阵列"按钮 （系统显示为默认的"矩形阵列"按钮 或显示为非默认"路径阵列"按钮 ）。如"修改"面板中显示为非默认的"环形阵列"按钮 时，可直接单击此图标。

（2）在命令行中输入"环形阵列"命令"arraypolar"。

执行"环形阵列"命令后，命令行提示如下。

```
命令：_arraypolar
选择对象：指定对角点：找到 4 个        //选择对象（矩形窗口框选要进行"环形阵列"的"U"型结构）
选择对象：找到 1 个，总计 5 个         //选择对象（单击拾取要进行"环形阵列"的中心线）
选择对象：                            //结束对象选择（按 Enter 键确认，选择对象结束）
类型 = 极轴  关联 = 是
指定阵列的中心点或 [基点(B)/旋转轴(A)]：//指定阵列的中心点（单击大圆中心线交点拾取阵列的中心点）
选择夹点以编辑阵列或 [关联(AS)/基点(B)/项目(I)/项目间角度(A)/填充角度(F)/行(ROW)/层(L)/旋转项目
(ROT)/退出(X)] <退出>：               //指定"环形阵列"相关数值（在"环形阵列"属性栏中输入相关数值）
```

在操作过程中确定"阵列中心点"时，系统界面将弹出"环形阵列"属性栏，如图 4.7 所示。其中各选项的功能分别如下。

图 4.7　"环形阵列"属性栏

① "项目"选项：指定"环形阵列"结果中显示的对象总数目、相邻两对象间包含角、第一个和最后一个对象总包含角。

- "项目数"：指定"环形阵列"结果中显示的对象总数目。
- "介于"：指定"环形阵列"结果中显示的相邻两对象间相对于中心点之间的包含角。
- "填充"：指定"环形阵列"结果中显示的第一个和最后一个对象相对于中心点之间的包含角参数，正值指定逆时针旋转，负值指定顺时针旋转，默认值为 360，值不允许为 0。

② "行"选项：指定"环形阵列"结果中显示的对象行（环）数目、相邻两对象间径向

距离、第一个和最后一个对象径向总距离，此选项在实际绘图时不常用。

- "行数"：指定"环形阵列"结果中显示的对象行（环）总数目。
- "介于"：指定"环形阵列"结果中显示的相邻两对象间的径向距离。
- "总计"：指定"环形阵列"结果中显示的第一行（环）和最后一行（环）对象相对于径向的总距离。

③ "层级"选项：指定三维"矩形阵列"的层数和层间距。

- "级别"：指定"矩形阵列"中的层数。
- "介于"：指定"矩形阵列"中的层间距，即在 Z 坐标值中指定每个对象等效位置之间的差值，要向 Z 坐标正向添加层，指定值为正；要向 Z 坐标负向添加层，指定值为负。
- "总计"：指定的层高分布总距离，即在 Z 坐标值中指定第一个和最后一个层中对象等效位置之间的总差值。

④ "特性"选项。

- "关联"：指定阵列中的对象是关联的还是独立的。
- "基点"：定义阵列基点和基点夹点的位置，指定用于在阵列中放置项目的基点。
- "旋转项目"：用于指定"环形阵列"中的对象方向，打开该按钮时（显示为蓝色），阵列时每个对象都朝向中心点；关闭该按钮时，阵列时每个对象都保持原方向，系统默认为打开状态，关闭与打开该按钮的效果如图 4.8 所示。

（a）关闭"旋转项目"　　　　　（b）打开"旋转项目"

图 4.8

⑤ "方向"：用于指定"环形阵列"中的对象是按顺时针还是逆时针方向分布，系统默认为按逆时针方向分布。

设置如图 4.7 所示的"项目"参数（其他参数和选项为默认值），对图 4.9 所示的图形进行"环形阵列"后的效果如图 4.10 所示。

图 4.9　原始图形　　　　　图 4.10　环形阵列效果

（三）"移动"命令

移动对象是指把选择的对象从一个位置移动到另一个位置。在 AutoCAD 2016 中，执行

"移动"命令的方法有以下 2 种。

（1）单击"默认"选项卡功能区"修改"面板中的"移动"按钮 移动。

（2）在命令行中输入"移动"命令"move"。

执行"移动"命令后，命令行提示如下。

```
命令: _move
    选择对象: 指定对角点: 找到 1 个              //选择要移动的对象（运用矩形窗口框选要"移动"的对象，也可单击鼠标抬
取要"移动"的对象，命令行同时进行统计计数<找到 1 个>）
    选择对象:                                  //结束对象选择（按 Enter 键或单击鼠标右键）
    指定基点或 [位移(D)] <位移>:              //指定基点（单击确定基点）
    指定第二个点或 <使用第一个点作为位移>:    //指定第二个点，结束命令（单击确定移动到的位置，结束命令）
```

例如，移动图 4.11 所示图形中的圆的效果如图 4.12 所示。

图 4.11　原图形　　　　　　　　　　　图 4.12　移动效果

在执行"指定基点"过程中如执行"[位移（D）]"选项，则坐标值将用作相对位移（而不是基点位置），选定的对象将移到由输入的相对坐标值确定的新位置。坐标值位移可以以笛卡儿坐标值、极坐标值、柱坐标值和球坐标值的形式输入位移，且无需包含"@"符号。

```
    ……
    指定基点或 [位移(D)] <位移>:              //选择[位移(D)]选项（输入 d 选项，并按 Enter 键确认或按 Enter
键执行默认[位移]选项）
    指定位移 <0.0000, 0.0000, 0.0000>:        //指定位移（输入相对坐标值，并按 Enter 键确认。如输入"100,
100"，命令结束）
```

（四）"旋转"命令

旋转对象是把选择的对象在指定的方向上旋转指定的角度。旋转角度是指相对角度或绝对角度，相对角度基于当前的方位围绕选定对象的基点进行旋转；绝对角度是指从当前角度开始旋转指定的角度。在 AutoCAD 2016 中，执行"旋转"命令的方法有以下 2 种。

（1）单击"默认"选项卡功能区"修改"面板中的"旋转"按钮 旋转。

（2）在命令行中输入"旋转"命令"rotate"。

执行"旋转"命令后，命令行提示如下。

```
命令: _rotate
UCS 当前的正角方向:  ANGDIR=逆时针  ANGBASE=0
    选择对象: 指定对角点: 找到 4 个           //选择要"旋转"的对象（运用矩形窗口框选要"旋转"的对象，也可单击拾
取要"旋转"的对象，命令行同时进行统计计数<找到 4 个>）
    选择对象: 指定对角点: 找到 4 个，总计 8 个  //继续选择要"旋转"的对象（运用矩形窗口框选要"旋转"的对象，也可单
击拾取要"旋转"的对象，命令行同时进行统计计数<找到 4 个，总计 8 个>）
    选择对象:                                  //继续选择要"旋转"的对象或结束对象选择（按 Enter 键或单击鼠标右键）
```

| 指定基点： | //指定基点（单击确定基点） |
| 指定旋转角度，或 [复制(C)/参照(R)] <0>： | //指定旋转角度（输入旋转角度90，结束命令） |

对图4.13所示的图形执行"旋转"命令后，效果如图4.14所示。

图4.13　原始图形

图4.14　旋转效果

在执行"指定旋转角度"过程中出现[复制（C）/参照（R）]两个选项，其功能如下。

① 复制（C）：选择该选项，在旋转对象的同时创建对象的副本。

② 参照（R）：选择该选项，利用参考方式来确定旋转角度，即旋转对象到绝对角度。

由于"旋转"命令的"[复制（C）/参照（R）]"选项功能较为常用，所以下面介绍其常见应用操作方法。

（1）复制旋转图4.15所示的图形，要求效果如图4.16所示，具体操作方法如下。

图4.15　原始图形

图4.16　复制旋转效果图

执行"旋转"命令，命令行提示如下。

```
命令：_rotate
UCS 当前的正角方向： ANGDIR=逆时针 ANGBASE=0
 选择对象：指定对角点：找到 4 个          //选择要"旋转"的对象（运用矩形窗口框选要"旋转"的对象，也可
单击拾取要"旋转"的对象，命令行同时进行统计计数<找到 4 个>）
 选择对象：指定对角点：找到 4 个，总计 8 个  //继续选择要旋转的对象（运用矩形窗口框选要"旋转"的对象，也可
单击鼠标拾取要"旋转"的对象，命令行同时进行统计计数<找到 4 个，总计 8 个>）
 选择对象：                        //结束对象选择（按Enter键或单击鼠标右键）
 指定基点：                        //指定基点（用鼠标单击圆心确定基点）
 指定旋转角度，或[复制(C)/参照(R)] <0>：  //执行"复制（C）"选项（输入C并按Enter键）
 指定旋转角度，或[复制(C)/参照(R)] <0>：  //指定旋转角度（输入旋转角度90并按Enter键确认，结束命令）
```

（2）"参照旋转"如图4.17所示的图形，要求效果如图4.18所示，具体操作方法如下。

图4.17　原始图形

图4.18　参照旋转效果图

执行"旋转"命令后，命令行提示如下。

```
命令：_rotate（命令行提示）
UCS 当前的正角方向：ANGDIR=逆时针  ANGBASE=0
选择对象：指定对角点：找到 4 个         //选择要"旋转"的对象（运用矩形窗口框选要"旋转"的对象，也可
单击拾取要"旋转"的对象，命令行同时进行统计计数<找到 4 个>）
选择对象：                             //结束对象选择（按 Enter 键或单击鼠标右键）
指定基点：                             //指定基点（用鼠标单击圆心确定基点）
指定旋转角度，或[复制(C)/参照(R)]<90>：  //执行"参照(R)"选项（输入 R 并按 Enter 键）
指定参照角 <0>： 指定第二点：          //指定参照角线段端点（分别单击 O 点和 A 点，确定旋转"基线"）
指定新角度或 [点(P)] <90>：            //指定新角度（输入角度 90 并按 Enter 键确认，结束命令）
```

（五）"缩放"命令

缩放对象是指在基点固定的情况下，将对象按比例放大或缩小。在 AutoCAD 2016 中，执行"缩放"命令的方法有以下 2 种。

1. 单击"默认"选项卡功能区"修改"面板中的"缩放"按钮 。

2. 在命令行中输入"缩放"命令"scale"。

执行"缩放"命令后，命令行提示如下。

微课："缩放"修改命令操作方法

```
命令：_scale
选择对象：指定对角点：找到 20 个        //选择要"缩放"的对象（运用矩形窗口框选要"缩放"的对象，也可单击拾
取要"缩放"的对象，命令行同时进行统计计数<找到 20 个>）
选择对象：                             //结束对象选择（按 Enter 键或单击鼠标右键）
指定基点：                             //指定基点（用鼠标单击圆心确定基点）
指定比例因子或 [复制(C)/参照(R)]：      //指定比例因子（输入比例因子 0.5 并按 Enter 键确认，结束命令）
```

例如，执行"缩放"命令，对图 4.19 所示的图形进行缩放，效果如图 4.20 所示。

图 4.19 "缩放"前的图形   图 4.20 "缩放"后的图形

在执行"缩放"命令时，如果比例因子在 0～1 之间，则缩小对象；如果比例因子大于 1，则放大对象。与"旋转"命令相同，在"缩放"对象的同时，也可以选择"复制（C）"选项创建对象的副本，或在指定缩放比例因子时选择"参照（R）"选项，利用参考方式来确定缩放比例因子。

（1）复制（C）：选择该选项，在缩放对象的同时创建对象的副本。

（2）参照（R）：选择该选项，利用参考方式来确定缩放比例因子，即缩放对象到指定长度。

下面介绍"缩放"命令的[复制（C）/参照（R）]选项的常见操作方法。

① 复制缩放图 4.21 所示的图形，要求效果如图 4.22 所示。

执行"缩放"命令后，命令行提示如下。

```
命令：_scale
选择对象：指定对角点：找到 20 个        //选择要"缩放"的对象（运用矩形窗口框选要缩放的对象，也可单击拾取要
缩放的对象，命令行同时进行统计计数<找到 20 个>）
选择对象：                             //结束对象选择（按 Enter 键确认或单击鼠标右键）
指定基点：                             //指定基点（单击圆心确定基点）
指定比例因子或 [复制(C)/参照(R)]：    //执行"复制(C)"选项（输入 c 并按 Enter 键确认）
缩放一组选定对象。
指定比例因子或 [复制(C)/参照(R)]：    //指定比例因子（输入比例因子 0.5 并按 Enter 键确认，结束命令）
```

图 4.21　原图形

图 4.22　"复制缩放"后的效果

②"参照缩放"图 4.23 所示的图形，要求效果如图 4.24 所示。

执行"缩放"命令后，命令行提示如下。

```
命令：_scale
选择对象：指定对角点：找到 13 个        //选择要"缩放"的对象（运用矩形窗口框选要缩放的对象，也可单击拾取要
缩放的对象，命令行同时进行统计计数<找到 13 个>）
选择对象：                             //结束对象选择（按 Enter 键确认或单击鼠标右键）
指定基点：                             //指定基点（用鼠标单击三角形下边中点确定基点）
指定比例因子或 [复制(C)/参照(R)]：    //执行"参照(R)"选项（输入 r 并按 Enter 键确认）
指定参照长度 <1.0000>：指定第二点：   //指定参照线段两端点（长度）（鼠标分别单击三角形下边两端点，确定缩放
基线长度。）
指定新的长度或 [点(P)] <1.0000>：    //指定新的长度（输入 60 并按 Enter 键确认，结束命令）
```

图 4.23　"参照缩放"前的图形

图 4.24　"参照缩放"后的图形

（六）"射线"命令

射线是从一点出发向某个方向无限延伸的直线，常用作创建其他对象的参照。在 AutoCAD 2016 中，执行"射线"命令的方法有以下 2 种。

（1）单击"默认"选项卡功能区"绘图"面板中的"绘图"下拉按钮 绘图▾ ，选择"射线"按钮 ↗ 。

（2）在命令行中输入"射线"命令"ray"。

执行"射线"命令后，命令行提示如下。

微课："射线"绘画
命令操作方法

```
命令：_ray
指定起点：        //指定射线的起点（单击鼠标在屏幕上确定一点）
指定通过点：      //指定射线通过的点（在起点外单击确定一点）
指定通过点：      //指定射线通过的点（在起点外单击确定第二点）
指定通过点：      //指定射线通过的点（在起点外单击确定第三点）
指定通过点：      //结束命令（按 Enter 键确认，结束命令）
```

执行"射线"命令后，效果如图 4.25 所示。

无限延伸

图 4.25　射线

（七）"点"命令

点是 AutoCAD 中最基本的图形对象之一，常用于捕捉和偏移对象的节点或参考点，也可对线段进行定距或定数等分并标记。在 AutoCAD 2016 中，"点"有"多点""定数等分"和"定距等分"3 种形式，用户可根据需要执行相应的"点"命令绘制。

微课："点"绘图
命令操作方法

在绘制"多点"时，首先应设置"多点"样式，系统默认的"多点"样式为"小黑点"，该样式显示不明显且易和图线混淆。设置"多点"样式的方法为：单击"默认"选项卡功能区"实用工具"面板中的"实用工具"下拉按钮 实用工具▾ ，在弹出的下拉列表中选择"点样式"按钮 点样式… ，或在命令行输入"点样式"命令"Pype"，执行此命令后，系统将弹出"点样式"对话框，如图 4.26 所示。可在"点样式"对话框中设置点的样式和大小，如选择图 4.26 中"显黑"的点样式。

1．"多点"命令

在 AutoCAD 2016 中，执行"多点"命令的方法有以下 2 种。

（1）单击"默认"选项卡功能区"绘图"面板中的"绘图"下拉按钮 绘图▾ ，选择"多点"按钮 。

（2）在命令行中输入"多点"命令"point"

执行"多点"命令后，命令行提示如下。

图 4.26　"点样式"对话框

```
命令：_point
当前点模式：PDMODE=35 PDSIZE=0.0000
指定点：  //指定点（在屏幕上单击依次指定第一、第二、第三……个点）
点无效。  //结束命令（按 Enter 键结束命令）
```

绘制的"多点"如图 4.27 所示。

2．"定数等分"命令

"定数等分"是沿选定对象的长度或周长按指定数据等分对象，并在等分点处插入点对象或块。在 AutoCAD 2016 中，可定数等分的对象包括多段线、样条曲线、圆、圆弧、椭圆、椭圆弧等。执行"定数等分"命令的方法有以下 2 种。

图 4.27　绘制"多点"

（1）单击"默认"选项卡功能区"绘图"面板中"绘图"下拉按钮，选择"定数等分"按钮 。

（2）在命令行中输入"定数等分"命令"divide"

执行"定数等分"命令后，命令行提示如下。

微课："定数等分"绘图命令操作方法

```
命令: _divide
选择要定数等分的对象：//选择要定数等分的对象（单击线段 AC，选中该对象）
输入线段数目或 [块(B)]：//选择"输入线段数目"方式或选择"[块(B)]"（在命令行中输入 7 并按 Enter 键，结束命令）
```

执行"定数等分"命令后，如图 4.28 所示的线段 AC 被等分成 7 等分，效果如图 4.29 所示。

图 4.28　原图　　　　　　　　　　图 4.29　"定数等分"后的图形

3．"定距等分"命令

"定距等分"是将点对象或块按指定的距离插入选定的对象上。在 AutoCAD 2016 中，可定距等分的对象包括多段线、样条曲线、圆、圆弧、椭圆、椭圆弧等。

执行"定数等分"命令的方法有以下 2 种。

（1）单击"默认"选项卡功能区"绘图"面板中"绘图"下拉按钮 ，选择"定距等分"按钮 。

（2）在命令行中输入"定距等分"命令"measure"。

执行"定距等分"命令后，命令行提示如下。

微课："定距等分"绘图命令操作方法

```
命令: _measure
选择要定距等分的对象：　　　　//选择要定距等分的对象（单击线段 AC，选中该对象）
指定线段长度或 [块(B)]：　　　//输入线段的长度（在命令行输入 10 并按 Enter 键，结束命令）
```

命令执行完成后，图 4.30 所示的长度为"65"的线段 AC 被以定距为 10 等分成 6 段（余下不足 1 段），效果如图 4.31 所示。

图 4.30　"定距等分"前的图形　　　　　图 4.31　"定距等分"后的图形

（八）"实体填充（solid）"命令

图案填充（solid）是对由指定的点形成的区域进行单色填充，创建单色填充图形。在 AutoCAD 2016 中，执行"实体填充（solid）"命令的方法有以下 2 种。

1．单击"默认"选项卡功能区"绘图"面板中的"图案填充"下拉按钮 ，单击"图案填充"按钮，弹出"图案填充创建"功能区界面（见图4.32），单击"SOLID"按钮。

图4.32 "图案填充创建"功能区界面

2. 在命令行中输入"实体填充（solid）"命令"solid"。

两种执行方法虽然均能绘制单色填充图形，但两者的操作过程有本质区别，方法（1）是通过拾取填充区域（封闭线框）内部点完成图案填充，方法（2）是通过确定填充区域（与有无线框或线框是否封闭无关）界点（三点或四点）完成图案填充，且后者确定点的顺序不同结果也不同，下面分别说明这两种方法的应用。

按方法（1）执行命令后，命令行提示如下。

```
命令: _hatch
拾取内部点或 [选择对象(S)/放弃(U)/设置(T)]: 正在选择所有对象...
                                        //拾取线框区域内部任意点（在圆内部区域任意位置单击）

正在选择所有可见对象...
正在分析所选数据...
正在分析内部孤岛...
拾取内部点或 [选择对象(S)/放弃(U)/设置(T)]:  //结束拾取内部点操作（按Enter键确认，结束命令）
```

命令执行完成后，图 4.33 所示的正方形封闭线框区域被单色图案填充，效果如图 4.34 所示。如线框不是封闭的，此命令将不能正常执行。

图4.33 "图案填充"前的图形

图4.34 "图案填充"后的图形

按方法（2）执行命令后，命令行提示如下。

```
命令: _solid
指定第一点:          //指定填充区域的第一个点（单击拾取图4.36（b）中的A点）
指定第二点:          //指定填充区域的第二个点（单击拾取图4.36（b）中的B点）
指定第三点:          //指定填充区域的第三个点（单击鼠标拾取图4.36（b）中的C点）
指定第四点或 <退出>: //结束命令或继续指定填充区域的第四个点（如按Enter键结束命令，填充效果如图4.36（a）
所示，如继续指定填充区域的第四个点，即单击拾取图4.36（b）中的D点，则填充效果如图4.36（b）所示）
指定第三点:          //结束命令（按Enter回车键结束命令）
```

按方法（2）进行图案填充"时，每一个填充区域最少由 3 个点组成，最多由 4 个点组成。绘制一个填充区域后，在命令行"指定第三点："的提示下，如果用户继续指定新的区域点，则系统以上次绘制的填充区域的最后一条边的端点作为新填充区域的第一点和第二点，依次绘制填充区域。

在执行此命令时，用户需注意单击指定点的先后顺序，第三点、第四点的顺序不同，所得效果也将不同，如图 4.35（a）～图 4.35（c）中"图案填充"执行过程中指定点的顺序分别为 $A \rightarrow B \rightarrow C$、$A \rightarrow B \rightarrow D \rightarrow C$ 和 $A \rightarrow B \rightarrow C \rightarrow D$。

（a）

（b）

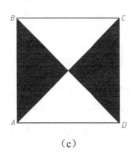
（c）

图4.35 图案填充

（九）"打断"命令

打断对象是断开并删除对象的一部分从而把一个对象拆分成两部分，即在一个对象上通过指定两个点创建间隔。在AutoCAD 2016中，执行"打断"命令的方法有以下2种。

1. 单击"默认"选项卡功能区"修改"面板中的"修改"下拉按钮 " 修改▼ "，选择"打断"按钮 █ 。

2. 在命令行中输入"打断"命令"break"。

执行"打断"命令后，命令行提示如下。

微课："打断"修改命令操作方法

```
命令：_break
选择对象：  //选择对象并指定第一个打断点（在1点处单击，选择要打断的对象并确定要打断对象上的第一个打断点）
指定第二个打断点 或 [第一点(F)]:
             //指定第二个打断点（在2点处单击，确定要打断对象上的第二个打断点，结束命令）
```

命令执行完成后，如图4.36所示的线段被打断成两部分，效果如图4.37所示。

图4.36 原图   图4.37 "打断"后图形

在执行命令过程中，系统默认拾取对象时的点的位置为第一个断点，如果选择"第一点（F）"选项，则系统将提示用户重新指定第一个打断点和第二个打断点，此时用户可以重新指定打断点。

（十）"延伸"命令

延伸对象是延伸对象直到另一个对象的边界线。在AutoCAD 2016中，"修剪""延伸"两个命令被合并在一起，系统界面默认显示为"修剪"命令" ✂ 修剪▼ "，执行"延伸"命令的方法有以下2种。

1. 在"默认"选项卡功能区中单击"修改"面板中"修剪"按钮 ✂ 修剪 ▼ 右边的下拉按钮 ▼ ，选择"延伸"按钮 延伸 。

2. 在命令行中输入"延伸"命令"extend"。

执行"延伸"命令后，命令行提示如下。

微课："延伸"修改命令操作方法

```
命令：_extend
当前设置：投影=UCS，边=无
选择边界的边...
```

选择对象或 <全部选择>: 找到 1 个	//选择要"延伸"到的边界对象（单击线段 1，选择边界对象）
选择对象:	//结束延伸到的边界对象选择（按 Enter 键结束边界对象选择）
选择要延伸的对象，或按住 Shift 键选择要修剪的对象，或	
[栏选(F)/窗交(C)/投影(P)/边(E)/放弃(U)]:	//选择要延伸的对象（单击线段 2（要"延伸"方向端），选择要"延伸"对象）
选择要延伸的对象，或按住 Shift 键选择要修剪的对象，或	
[栏选(F)/窗交(C)/投影(P)/边(E)/放弃(U)]:	//结束命令（按 Enter 键确认，结束命令）

执行"延伸"命令后，图 4.38 所示的图形线段 2 将被延伸，效果如图 4.39 所示。

图 4.38　原图　　　　　图 4.39　延伸后的图形

（十一）"拉伸"命令

拉伸是通过移动对象的端点、顶点或控制点来改变对象的局部形状。在 AutoCAD 2016 中，执行"拉伸"命令的方法有以下 2 种。

微课："拉伸"修改命令操作方法

（1）单击"默认"选项卡功能区"修改"面板中的"拉伸"按钮 拉伸。

（2）在命令行中输入"拉伸"命令"stretch"。

执行"拉伸"命令后，命令行提示如下。

命令: _stretch	
以交叉窗口或交叉多边形选择要拉伸的对象...	
选择对象: 指定对角点: 找到 6 个	//选择要拉伸的对象（以交叉窗口形式从右至左窗框选要拉伸的对象）
选择对象:	//继续选择要移到和延伸的对象或结束对象选择（按 Enter 键确认，结束对象选择）
指定基点或 [位移(D)] <位移>:	//指定基点（指定图 4.30 所示图形的右上角点）
指定第二个点或 <使用第一个点作为位移>:	//指定延伸到的点，结束命令（拖动鼠标在其右侧指定一点，如是定距延伸，则水平向右拖动鼠标输入距离（如输入 20）后按 Enter 键确认，结束命令）

选择图形对象时，如果将图形对象全部选择，则 AutoCAD 执行移动命令；如果选择图形对象的一部分，则拉伸规则如下。

① 直线：选择窗口内的端点进行拉伸，另一端点不动。

② 多段线：选择窗口内的部分被拉伸，选择窗口外的部分保持不变。

③ 圆弧：选择窗口内的端点被拉伸，另一端点不动。但与直线不同的是，圆弧在拉伸过程中弦高保持不变，改变的是圆弧的圆心位置、圆弧起始角和终止角的值。

④ 区域填充：选择窗口内的端点进行拉伸，窗口外的端点不动。

⑤ 其他对象：如果定义点位于选择窗口内，则进行拉伸；如果定义点位于窗口外，则不进行拉伸。

对图 4.40 所示的图形执行"拉伸"命令，效果如图 4.41 所示。

图 4.40　原图　　　　　图 4.41　"拉伸"后的效果

|三、项目实施|

1．新建文件

启动 AutoCAD 2016，进入"草图与注释"工作空间，新建一个无样板图形文件。此文件命名为"图 4.1.dwg"。

 提 示

为防止绘图过程中不可预见因素造成文件丢失，建议在新建无样板图形文件后即保存此空白文件，在绘图过程中每隔一段时间保存一次。

2．设置绘图环境

（1）设置图形界限，设定绘图区域的大小为 297×210，左下角点为坐标原点。

（2）设置图层，设置"粗实线"和"中心线"2 个图层，图层参数建议如表 4.1 所示。

表 4.1 图层设置参数

图 层 名	颜 色	线 型	线 宽	用 途
CSX	红色	Continuous	0.50mm	粗实线
ZXX	绿色	Center	0.25mm	细实线

3．绘制图形

用 1∶1 的比例绘制图 4.1 所示的平面图形。要求：选择合适的线型，不绘制图框与标题栏，不标注尺寸。

操作步骤如下。

（1）调整屏幕显示大小，打开"按指定角度限制光标"和"显示/隐藏线宽"状态按钮，如系统显示为"打开"状态（显示为蓝色）则不需此操作。

（2）绘制竖直中心线。单击"图层"功能区面板 CSX 中的 按钮，将"ZXX"图层设置为当前层，单击"绘图"功能区面板中的"直线"按钮 ，绘制长度为"75" 垂直线。

（3）绘制右边各段轮廓线。将"CSX"图层设置为当前层，执行"直线"命令，根据尺寸关系依次画出右边各段直线，绘图过程如图 4.42 所示。在绘图时，如有不能直接画出的倾斜线段（多数为中间线段，即不能直接画出），则暂时可先不画出，但可画出必要的辅助线，然后根据已经确定的倾斜线段端点，直接连接画线，绘图结果如图 4.43 所示。

图 4.42 绘制轮廓线 1　　　　　　　　　　　　　图 4.43 绘制轮廓线 2

（4）偏移绘制线段。单击"默认"选项卡功能区"修改"面板中的"偏移"按钮 ，将中心线分别以偏距 15 和 15.5 向右偏移，将线段 *EF* 分别以偏距 6 和 69 向上偏移，得图 4.34 所示的 4 条直线。

（5）绘制射线。过交点 *A* 绘制一条射线，单击"默认"选项卡功能区"绘图"面板中的"绘图"下拉按钮 绘图，选择"射线"按钮，命令行提示如下。

```
命令: _ray
指定起点:      //指定射线的起点（单击鼠标在屏幕上拾取交点 A）
指定通过点:     指定射线通过的点（在命令行输入"@20<-48"确定通过的点，即确定相对于起点极坐标为"20<-48"，
其中 20 为"任意指定的长度"，-48 为顺时针旋转 48°）
指定通过点:     结束命令（按 Enter 键确认，结束命令）
```

使用相同的方法，过交点 *B* 绘制另一条射线，执行结果如图 4.44 所示。

（6）修剪图形。执行"修剪"命令，按图 4.1 所示要求"修剪"图 4.44，结果如图 4.45 所示。

偏移孔的位置中心线并画圆。执行"偏移"命令，将竖直中心线以偏距 20 向右偏移，线段 *CF* 以偏距 9 向上偏移，线段 *DG* 以偏距 6 向左偏移，线段 *HD* 以偏距 8 向上偏移，得图 4.36 所示两圆中心线位置处的 4 条直线。选中 4 条直线，单击"图层"功能区面板 CSX 中的 按钮，选择"ZXX"图层，修改 4 条直线线型为中心线，并运用夹点功能调整线段为合适长度。分别以所得 4 条直线的交点为圆心画直径为 $\phi 7$ 和 $\phi 6$ 的圆，执行结果如图 4.46 所示。

图 4.44　偏移直线　　　　　　图 4.45　修剪图形　　　　　　图 4.46　画圆

（7）"矩形阵列"圆。单击"默认"选项卡功能区"修改"面板中的"矩形阵列"按钮 阵列，命令行提示如下。

```
命令: _arrayrect
选择对象: 指定对角点: 找到 3 个     //选择对象（用矩形窗口框选要进行"矩形阵列"的圆 O 及其中心线对象）
选择对象:                        //结束对象选择（按 Enter 键确认，选择对象结束）
类型 = 矩形   关联 = 是
选择夹点以编辑阵列或 [关联(AS)/基点(B)/计数(COU)/间距(S)/列数(COL)/行数(R)/层数(L)/退出(X)] <退出>:
                               //指定"矩形阵列"相关数值（在"矩形阵列"属性栏中输入相关数值）
```

在完成"结束对象选择"操作过程时，系统界面将弹出"矩形阵列"。分别修改"列数"为 4，列"介于"为-10，"行数"为 2，行"介于"为 12，其他参数均为默认，如图 4.47 所示。

图 4.47　"矩形阵列"参数设置

单击"关闭阵列"按钮，或按 Enter 键确认，结束命令。命令执行完成后，图 4.46 所示的图形"矩形阵列"后的效果如图 4.48 所示。

（8）镜像对象。单击"默认"选项卡功能区"修改"面板中的"镜像"按钮，命令行提示如下。

```
命令：_mirror
  选择对象：找到 40 个              //选择要镜像的对象（用从右向左矩形窗
口方式选择除中心线外的所有对象，选择对象完成后，系统提示"找到 40 个"）
  选择对象：指定镜像线的第一点：    //继续选择要镜像的对象或指定镜像线
（对称轴）的第一点（单击继续选择或框选要镜像的对象，如已完成对象选择，可按 Enter
键结束对象选择，此时系统提示"指定镜像线的第一点"，单击捕捉图 4.38 所示图形中的中
心线上端点）
  指定镜像线的第二点：            //指定镜像线的第二点（单击捕捉图 4.48 所示图形中的中心线下端点）
  要删除源对象吗？[是(Y)/否(N)] <否>：//选择是否保留源对象（保留源对象输入 Y 即执行"是(Y)"选项，不保留源
对象输入 N 即执行"否(N)"选项或直接按 Enter 键执行默认选项，结束命令）
```

图 4.48　"矩形阵列"圆

执行"镜像"命令后的效果如图 4.49 所示。

（9）画圆对象。执行"偏移"命令，将线段 JK 以偏距 13 向下偏移，将线型修改为"ZXX"并调整其为合适长度，以交点 L 为圆心分别以直径 φ10 和 φ18 绘圆，并将直径为 φ18 的圆的图层修改为"ZXX"，再以此中心线圆与水平中心线的交点 M 为圆心画一直径为 φ3 的圆，结果如图 4.50 所示。

图 4.49　镜像图形

图 4.50　绘制图

（10）"环形阵列"圆。单击"默认"选项卡功能区"修改"面板中的"矩形阵列"（或"路径阵列"）按钮（或阵列）右边的下拉按钮，选择"环形阵列"按钮，命令行提示如下。

```
命令：_arraypolar
  选择对象：指定对角点：找到 1 个          //选择对象（单击拾取要进行"环形阵列"的直径为 φ3 的圆）
  选择对象：找到 1 个，总计 2 个           //选择对象（单击拾取要进行"环形阵列"的直径为 φ3 的圆的中心线）
  选择对象：                              //结束对象选择（按 Enter 键确认，选择对象结束）
  类型 = 极轴   关联 = 是
  指定阵列的中心点或 [基点(B)/旋转轴(A)]： //指定阵列的中心点（单击交点 L 拾取阵列的中心点）
  选择夹点以编辑阵列或 [关联(AS)/基点(B)/项目(I)/项目间角度(A)/填充角度(F)/行(ROW)/层(L)/旋转项目
(ROT)/退出(X)] <退出>：                  //指定"环形阵列"相关数值（在"环形阵列"属性栏中输入相关数值）
```

在操作过程中完成"指定阵列的中心点"时，系统界面将弹出"环形阵列"属性栏。修改"项目数"为 6，"介于"为 60（或"填充"为 360），其他参数均为默认，如图 4.51 所示。

图 4.51　"环形阵列"参数设置

单击"关闭阵列"按钮■或按 Enter 键确认，结束命令。命令执行完成后，图 4.51 所示的图形"矩形阵列"后的效果如图 4.1 所示。完成全图，结果如图 4.1 所示。

4．保存文件

根据图形管理要求指定存储位置，文件名为"图 4.1.dwg"。

| 四、检测练习 |

1．按 1∶1 比例绘制图 4.52 所示的图形（不标注尺寸）。

图 4.52　检测练习 1

2．按 1∶1 比例绘制图 4.53 所示的图形（不标注尺寸）。

图 4.53　检测练习 2

3．按 1∶1 比例绘制图 4.54 所示的图形（不标注尺寸）。

图 4.54 检测练习 3

4. 按 1:1 比例绘制图 4.55 所示的图形（不标注尺寸）。

图 4.55 检测练习 4

|五、提高练习|

按 1:1 比例绘制图 4.56 所示的图形（不标注尺寸）。

图 4.56 提高练习

项目五
机座三视图的绘制

| 一、项目导入 |

用 1∶1 的比例绘制图 5.1 所示的机座三视图。要求：选择合适的线型，不标注尺寸，不绘制图框与标题栏。

图 5.1　三视图

| 二、项目知识 |

（一）"构造线"命令

构造线是一条向两边无限延伸的直线，没有起点和端点，常用作创建其他对象的参照。在 AutoCAD 2016 中，执行"构造线"命令的方法有以下 2 种。

（1）单击"默认"选项卡功能区"绘图"面板中的"绘图"下拉按钮 绘图▼ ，选择"构造线"按钮 。

（2）在命令行中输入"构造线"命令"xline"

执行"构造线"命令后，命令行提示如下。

微课："构造线"绘图
命令操作方法

```
命令: _xline
指定点或[水平(H)/垂直(V)/角度(A)/二等分(B)/偏移(O)] :
                    //指定构造线通过的第一点（在屏幕指定位置单击确定第一点）
指定通过点:         //指定构造线通过的第二点（在屏幕指定位置单击确定第二点）
指定通过点:         //结束命令，完成构造线绘制（按 Enter 键，结束命令）
```

 说　明

其中各选项的功能如下。

（1）水平（H）：选择该选项，创建一条通过选定点的水平参照线。

（2）垂直（V）：选择该选项，创建一条通过选定点的垂直参照线。

（3）角度（A）：选择该选项，以指定的角度创建一条参照线。

（4）二等分（B）：选择该命令选项，创建一条参照线，它经过选定的角顶点，并将选定的两条线之间的夹角平分。

（5）偏移（O）：选择该选项，创建平行于另一个对象的参照线。

（二）"圆角"命令

圆角是用指定的光滑圆弧来连接两个对象。在 AutoCAD 2016 中，执行"圆角"命令的方法有以下 2 种。

1．单击"默认"选项卡功能区"修改"面板中的"圆角"按钮 圆角 ，（系统默认显示为"圆角"按钮 圆角▼ ，如系统显示为非默认的"倒角"按钮 倒角▼ 或"光顺曲线"按钮 光顺曲线▼ ，可单击 倒角▼ 或 光顺曲线▼ 右边的 ▼ 按钮，选择"圆角"按钮 圆角▼ ）。

微课："圆角"修改命
令操作方法

2．在命令行中输入"圆角"命令"fillet"。

执行"圆角"命令后，命令行提示如下。

```
命令: _fillet
当前设置: 模式 = 修剪，半径 = 0.0000（系统提示）
```

选择第一个对象或 [放弃(U)/多段线(P)/半径(R)/修剪(T)/多个(M)]:
　　　　　　　　//选择执行"半径(R)"选项设置"圆角半径"（输入 r 并按 Enter 键确认）
指定圆角半径 <0.0000>:　　//输入圆角半径（输入 10 并按 Enter 键确认）
选择第一个对象或 [放弃(U)/多段线(P)/半径(R)/修剪(T)/多个(M)]:
　　　　　　　　//选择要圆角的第一条直线（单击直线 AB 上端选择直线 AB）
选择第二个对象，或按住 Shift 键选择要应用角点的对象:
　　　　　　　　//选择要圆角的第二条直线（单击直线 AC 左端选择直线 AC，结束命令）

在命令执行过程中，其中各选项的功能如下。

① "放弃（U）"：选择该选项，恢复在命令中执行的上一个操作。

② "多段线（P）"：选择该选项，对整条多段线进行圆角操作。

③ "半径（R）"：选择该选项，设置圆角的半径。

④ "修剪（T）"：选择该选项，指定是否将选定的边修剪到圆角弧的端点。

⑤ "多个（M）"：选择该选项，同时对多个对象进行圆角。

用"圆角"命令对圆弧和直线进行圆角，根据选择点的不同会出现不同的效果，如图 5.2 所示。用"圆角"命令对圆进行圆角，根据选择点的不同，同样也有多种不同的效果，如图 5.3 所示。

图 5.2　对圆弧和直线进行圆角　　　　图 5.3　对圆进行圆角

执行"圆角"命令，如对图 5.4 所示的图形进行"圆角"操作，效果如图 5.5 所示。

图 5.4　原始图形　　　图 5.5　执行"圆角"命令后的图形

（三）"倒角"命令

倒角是指用斜线连接两个不平行的线型对象。在 AutoCAD 2016 中，可进行倒角的对象有直线、多段线、射线、构造线和三维实体。执行"倒角"命令的方法有以下 2 种。

微课："倒角"修改命令操作方法

1. 单击"默认"选项卡功能区"修改"面板中的"圆角"（或"光顺曲线"）按钮 ▣圆角 ▾（或 ▨光顺曲线 ▾）右边的按钮 ▾，选择下拉菜单中的"倒角"按钮 ▨倒角 ▾（系统默认显示为"圆角"按钮 ▣圆角 ▾或显示为非默认的"光顺曲线"按钮 ▨光顺曲线 ▾）。如"修改"面板中显示为非默认的"倒角"按钮 ▣圆角 ▾时，可直接单击此按钮。

2. 在命令行中输入"倒角"命令"chamfer"。

执行"倒角"命令后，命令行提示如下。

```
命令: _chamfer
("修剪"模式) 当前倒角距离 1 = 0.0000，距离 2 = 0.0000 (系统提示)
选择第一条直线或 [放弃(U)/多段线(P)/距离(D)/角度(A)/修剪(T)/方式(E)/多个(M)]:
                        //设置倒角距离参数 (选择"距离(D)"选项，输入 d 并按 Enter 键确认)
指定第一个倒角距离 <0.0000>:    //设置第一个倒角距离 (输入 5 并按 Enter 键确认)
指定第二个倒角距离 <5.0000>:    //设置第二个倒角距离 (输入 10 并按 Enter 键确认)
选择第一条直线或[放弃(U)/多段线(P)/距离(D)/角度(A)/修剪(T)/方式(E)/多个(M)]:
                        //选择要倒角的第一条直线 (单击直线 AB，上端选择直线 AB)
选择第二个对象，或按住 Shift 键选择要应用角点的对象:
                        //选择要倒角的第二条直线 (单击直线 AC 上端选择直线 AC，结束命令。)
```

其中各选项的功能如下。

① 放弃（U）：选择该选项，恢复在命令中执行的上一步操作。

② 多段线（P）：选择该选项，对整个二维多段线倒角。

③ 距离（D）：选择该选项，设置倒角至选定边端点的距离。

④ 角度（A）：选择该选项，用第一条线的倒角距离和第二条线的角度设置倒角。

⑤ 修剪（T）：选择该选项，控制倒角是否将选定的边修剪到倒角直线的端点。

⑥ 方式（E）：选择该选项，控制是使用两个距离还是一个距离、一个角度来创建倒角。

⑦ 多个（M）：选择该选项，为多组对象的边倒角。

执行"倒角"命令，对图 5.6 所示的图形进行"倒角"操作，效果如图 5.7 所示。

图 5.6 原始图形   图 5.7 执行"倒角"命令后的图形

（四）"光顺曲线"命令

"光顺曲线"是指在两条选定直线或曲线之间的间隙中创建样条曲线，生成的样条曲线的形状取决于指定的连续性，选定对象的长度保持不变。在 AutoCAD 中，可创建"光顺曲线"的对象有直线、圆弧、椭圆弧、螺旋线、开放的多段线和开放的样条曲线。执行"光顺曲线"命令的方法有以下 2 种。

微课："光顺曲线"修改命令操作方法

（1）单击"默认"选项卡功能区"修改"面板中的"圆角"（或"倒角"）按钮 ⬜圆角 ▾（或 ⬜倒角 ▾）右边的下拉按钮 ▾，选择下拉菜单中的"光顺曲线"按钮 ⬜光顺曲线 ▾（系统显示为默认的"圆角"按钮 ⬜圆角 或非默认的"倒角"按钮 ⬜倒角 ▾）。如显示为非默认的"光顺曲线"按钮 ⬜光顺曲线 ▾ 时，可直接单击此图标。

（2）在命令行中输入"光顺曲线"命令"blend"。

执行"光顺曲线"命令后，命令行提示如下。

```
命令: _BLEND
连续性 = 相切
```

```
选择第一个对象或 [连续性(CON)]:
                    //选择第一个对象或执行选项"连续性(CON)"（单击鼠标选择样条曲线起点附近的直线或开放曲线）
选择第二个点:    //选择第二个对象（单击鼠标选择样条曲线端点附近的另一条直线或开放曲线）
```

其中"连续性（CON）"选项的功能是在"相切"和"平滑"两种过渡类型中指定一种，"相切"是创建一条 3 阶样条曲线，即在选定对象的端点处具有相切（G1）连续性，"相切"为系统默认选项；"平滑"是创建一条 5 阶样条曲线，即在选定对象的端点处具有曲率（G2）连续性。

选择"平滑"选项的操作过程如下。

```
······
选择第一个对象或 [连续性(CON)]:        //执行"连续性(CON)"选项（在命令行输入 con 并按 Enter 键确认）
输入连续性 [相切(T)/平滑(S)] <相切>: //选择"平滑(S)"选项（在命令行输入 s 并按 Enter 键确认）
······
```

例如，对图 5.8 所示的图形进行倒角操作，效果如图 5.9 所示，具体操作方法如下。

```
命令：_BLEND
连续性 = 相切
选择第一个对象或 [连续性(CON)]: //选择第一个对象（单击鼠标选择两直线中的任意一条）
选择第二个点:                //选择第二个对象，命令结束（单击鼠标选择两直线中的另一条，结束命令）
```

执行"光顺曲线"命令的效果如图 5.9 所示。

图 5.8　原始图形　　　图 5.9　执行"光顺曲线（相切）"命令后的图形

（五）精确绘图工具的使用方法

在绘图过程中，为使绘图和设计过程更简便易行，AutoCAD 提供了栅格、捕捉、正交、对象捕捉及自动追踪等多个捕捉工具，捕捉工具用于精确捕捉屏幕上的栅格点，它可以约束鼠标光标只能停留在某一个节点上。这些绘图工具有助于在快速绘图的同时保证绘图的精度，从而精确地绘制图形。

1."对象捕捉"工具的使用方法

"对象捕捉"用于指定图形中已画好的对象上的点，即在每次系统提示用户在命令内指定一个点时，在该对象上指定出精确位置。在AutoCAD 2016 中，运用"对象捕捉"工具的方法主要有 3 种。

微课："对象捕捉"工具的使用方法

（1）在任意状态下，按住 Shift 键并单击鼠标右键以显示"对象捕捉"快捷菜单。

（2）在执行命令过程中命令行提示有输入下一点时单击鼠标右键，在弹出的快捷菜单中，选择"捕捉替代"的"对象捕捉"子菜单。

（3）单击系统界面右下边状态栏上的"对象捕捉"（将光标捕捉到二维参考点）按钮 。

其中（1）和（2）两种方法是在执行命令过程中输入点时执行"对象捕捉"命令，（3）是根据启用已经设置好的"自动捕捉"状态启用"运行中对象捕捉"功能。

在任意状态下，按住 Shift 键并单击鼠标右键显示的"对象捕捉"快捷菜单和执行命令中输入点时单击鼠标右键，显示的"捕捉替代"子菜单如图 5.10 所示，设置"自动捕捉"功能选项如图 5.11 所示。

图 5.10 "对象捕捉"快捷菜单或"捕捉替代"子菜单　　　图 5.11 "对象捕捉"功能选项

如绘制图 5.12 所示的两圆的外公切线 *AB* 和 *CD* 可运用"切点"工具，效果如图 5.13 所示。具体操作方法如下。

图 5.12 原始图　　　图 5.13 外公切线

执行"直线"命令，命令行提示如下。

```
命令：_line
    指定第一点：                //指定公切线的一个切点（按住 Shift 键的同时单击鼠标右键，在弹出的"对象捕捉"的
快捷菜单中，单击"切点"按钮○，在左边大圆上指定一 A 点）
    指定下一点或 [放弃(U)]：       //指定公切线的另一个切点（单击鼠标右键，在弹出的快捷菜单中选择"捕捉替代"的"对
象捕捉"子菜单"切点"按钮○，在右边小圆上指定一 B 点）
    指定下一点或 [放弃(U)]：       //结束直线绘制（按 Enter 键，结束命令）
```

即得 *AB* 切线。同理完成 *CD* 切线的绘制，结果如图 5.10 所示。

在实际绘图时，"对象捕捉"工具运用较多的功能是"运行中对象捕捉"（固定目标捕捉方式）。在设置"自动捕捉"功能选项时，可单击如图 5.11 所示菜单中的各特征点，也可单击如图 5.11 所示菜单下方的"对象捕捉设置"选项来设置"对象捕捉"。

执行"对象捕捉设置"命令后，系统将弹出"草图设置"对话框，在"对象捕捉"选项卡中选择需要的对象捕捉目标，然后这样"启用对象捕捉"复选框即可启用"运行中对象捕捉"功能，如图 5.14 所示。

启用"对象捕捉"功能除在"草图设置"对话框中选中"启用对象捕捉"复选框外，还有以下 3 种。

① 单击状态栏中的"启用对象捕捉"状态按钮（"显白"为关闭，"显蓝"为打开），此方法相对较为常用。

② 按功能键 F3。

③ 在命令行中输入命令"snap"。

开启"对象捕捉"按钮后，在绘图及编辑图形，当光标靠近某些特殊点时，会发现有些点加亮成黄色亮点，此时只要单击鼠标左键，系统就自动捕捉该点。

提 示

为避免识别混淆，设置的捕捉点不宜过多。建议开启端点、中点、圆心、交点、延伸点和切点等常用点。

2."显示图形栅格"工具的使用方法

启用"显示图形栅格"功能是指在绘图区域显示由特定距离的点组成的网格，这些网格类似于"坐标纸"，用户在"坐标纸"上绘图时，可直接采用系统默认的栅格距离（X、Y 向间距均为 10），也可重新设置栅格的间距。在"草图设置"对话框中单击"捕捉和栅格"选项卡，或右键单击"显示图形栅格"状态按钮，执行"网格设置"命令，

微课："显示图形栅格"工具的使用方法

结果如图 5.15 所示。用户可重新设置栅格间距的"栅格 X 轴间距"和"栅格 Y 轴间距"，选中"启用栅格"复选框可启用"栅格显示"功能。

图 5.14　"对象捕捉"选项卡

图 5.15　"捕捉和栅格"选项卡

在 AutoCAD 2016 中，执行"启用栅格"命令的方法有以下 3 种。

（1）单击状态栏中的"栅格"状态按钮 ▦ （"显白"为关闭，"显蓝"为打开）。

（2）按功能键 F7。

（3）在命令行中输入命令"grid"。

由于"显示图形栅格"工具在绘图过程中很少使用，所以这里不再介绍。

3."极轴追踪（按指定角度限制光标）"工具的使用方法

使用"极轴追踪（按指定角度限制光标）"功能绘图时，可控制光标按指定角度移动，在创建或修改对象时，可以使用"极轴追踪（按指定角度限制光标）"来显示由指定的极轴角度定义的临时对齐路径，极轴角度相对于当前用户坐标系（UCS）的方向和图形中基准角度约定的设置，可提高作图速度。例如，绘制如图 5.16 所示的图形时，绘制一条从 A 点到 B 点的 10 个单位的直线，然后绘制一条到 C 点的 15 个单位的直线，并与第一条直线成 45° 角，如

微课："极轴追踪"工具的使用方法

果打开了 45°极轴角增量，当光标跨过 0°或 45°角时，将显示对齐路径和工具提示。

极轴角度设置方法为：在弹出的图 5.14 所示的"草图设置"对话框中单击如图 5.17 所示的"极轴追踪"选项卡，用户可设置增量角（如 90°、45°和 30°等）或附加角（指除了增量角外还需显示的极轴角），选中"启用极轴追踪"复选框启用"极轴追踪"功能，系统将按所设角度及该角度的倍数进行追踪。

图 5.16　"极轴追踪"工具使用方法

图 5.17　"极轴追踪"选项卡

 说　明

绘制三视图等，增量角一般设为 90°；绘制正等轴测图，可将增量角设为 30°；绘制斜视图，可按斜视图倾斜的角度设置。

启用"极轴追踪（按指定角度限制光标）"工具的方法有以下 2 种。

（1）单击状态栏中的"极轴追踪（按指定角度限制光标）"状态按钮 （"显白"为关闭，"显蓝"为打开）

（2）按功能键 F10。

4．"正交限制光标"模式工具的使用方法

在绘图过程中，有时需要绘制仅有水平和垂直直线的图形，使用"极轴追踪"功能，需要将鼠标指针移动到接近水平或垂直方向时才能绘制出所需直线，这样很难提高绘图速度。"正交限制光标"模式可以将光标限制在水平或垂直方向上移动，以便于精确地创建和修改对象，当创建或移动对象时，可以使用"正交限制光标"模式将光标限制在相对于用

微课："正交"模式
工具的使用方法

户坐标系（UCS）的水平或垂直方向上，即在"正交限制光标"模式处于打开状态的情况下，直接输入距离来创建指定长度的水平和垂直直线，或按指定的距离水平或垂直移动或复制对象。"正交限制光标"模式和"极轴追踪"是不能同时打开，在打开"正交限制光标"模式的同时将关闭"极轴追踪"。

启用"正交限制光标"模式的方法有以下 2 种。

（1）单击状态栏中的"正交限制光标"状态按钮 （"显白"为关闭，"显蓝"为打开）。

（2）按功能键 F8。

5．"对象捕捉追踪"工具的使用方法

"对象捕捉追踪"是指从对象捕捉点沿着垂直对齐路径和水平对齐路径追踪光标，使用对

象捕捉追踪,可以沿着基于对象捕捉点的对齐路径进行追踪,已获取的点将显示一个小叉号×,获取点之后,在绘图路径上移动光标时,将显示相对于获取点的水平、垂直或极轴对齐路径。用此功能可方便地捕捉"长对正、高平齐"的点。对象追踪的设置可选用"仅正交追踪"或"用所有极轴角设置追踪"形式。启用"对象捕捉追踪"功能除在如图 5.14 所示的"草图设置"对话框的"对象捕捉"选项卡中选中"启用对象捕捉追踪"复选框外,还有以下 2 种方法。

（1）单击状态栏中的"对象捕捉追踪"状态按钮 ∠ （"显白"为关闭,"显蓝"为打开）,此方法相对较为常用方法。

（2）按功能键 F11。

绘制如图 5.18 所示图形中与圆平齐的直线 CD。操作方法如下。

微课:"对象捕捉追踪"
工具的使用方法

步骤（1）　　　　　　步骤（2）
图 5.18　"对象捕捉追踪"的使用

（1）执行"直线"命令,捕捉到 A 点后（不要点击鼠标）向右移动鼠标指针至 C 点位置,同时出现一条水平虚线（追踪线）,在虚线上单击确定点 C。

（2）向下移动鼠标指针,在出现一条垂直虚线（追踪线）后将鼠标指针移到 B 点,捕捉到 B 点（不要单击鼠标）,再向右移动鼠标指针,同时出现一条水平虚线（追踪线）,移动鼠标指针至两条虚线（追踪线）交点位置单击确定点 D,即得到一条与圆平齐的直线 CD。绘制过程如图 5.16 所示。

6. "显示/隐藏线宽"工具的使用方法

"显示/隐藏线宽"工具用于显示或隐藏已绘图形图层设置的线宽（图层设置）比例。当需要显示设置为粗线的线宽时,可启用"显示/隐藏线宽"（显示线宽）。启用"显示/隐藏线宽"的方法为单击状态栏中的"显示/隐藏线宽"状态按钮 ▤ （"显白"为关闭,"显蓝"为打开）。

微课:"显示/隐藏线宽"工具的使用方法

在实际绘图时,为防止用错图层图线,建议绘图时打开"显示/隐藏线宽"状态。

7. "捕捉模式"工具的使用方法

"捕捉模式"是光标按指定的栅格间距限制光标移动,或追踪光标并沿极轴对齐路径指定增量,用于捕捉栅格点。该工具控制光标是否在栅格点上移动（配合"栅格"功能）,启用"捕捉模式"时鼠标指针只能在栅格点上移动。启用"捕捉模式"功能除在如图 5.15 所示的"草图设置"对话框的"捕捉和栅格"选项卡中选中"启用捕捉"复选框外,还有以下 2 种方法。

微课:"捕捉模式"工具的使用方法

（1）单击状态栏中的"捕捉模式"状态按钮 ▦ （"显白"为关闭,"显蓝"为打开）,此方法相对较为常用。

（2）按功能键 F9。

由于"捕捉模式"工具在绘图过程中该功能很少用,所以这里不再详述。

|三、项目实施|

（一）建立新文件

启动 AutoCAD 2016，进入"草图与注释"工作空间，新建一个无样板图形文件，保存此空白文件，文件名为"图 5.1.dwg"，注意在绘图过程中每隔一段时间保存一次。

（二）设置绘图环境

（1）设置图形界限，设定绘图区域的大小为 297×210，左下角点为坐标原点。

（2）设置图层，设置粗实线、中心线、虚线和细实线 4 个图层，图层参数如表 5.1 所示。

表 5.1　　　　　　　　　　　　　　　　图层设置参数

图 层 名	颜 色	线 型	线 宽	用 途
CSX	红色	Continuous	0.50mm	粗实线
ZXX	绿色	Center	0.25mm	中心线
XX	黄色	Dashed	0.25mm	虚线
XSX	青色	Continuous	0.25mm	细实线

（三）绘制图形

用 1∶1 的比例绘制图 5.1 所示的机座三视图。要求：选择合适的线型，不绘制图框与标题栏，不标注尺寸。

操作步骤如下。

1．设置捕捉对象

调整屏幕显示大小，打开"极轴追踪""对象捕捉""对象捕捉追踪"和"显示/隐藏线宽"状态按钮，在"草图设置"对话框的"对象捕捉"选项卡中设置"交点""端点""中点""圆心"等捕捉目标，并启用对象捕捉。

2．绘制中心线、基准线和辅助线

（1）绘制基准线。将"ZXX"图层设置为当前图层，调用"直线"命令，绘制出主视图和俯视图的左右对称中心线 BE、俯视图的前后对称中心线 FA、左视图的前后对称中心线 CD。

将"CSX"图层设置为当前图层，调用"直线"命令，绘制出主视图、左视图的底面基准线 GH、IJ。

（2）绘制辅助线。将"XSX"图层设置为当前图层，调用"构造线"命令，通过 FA 与 CD 的交点 C，绘制一条 135° 的构造线，绘制过程如下。

单击"默认"选项卡功能区"绘图"面板中的"绘图"下拉按钮 绘图 ，选择"构造线"按钮 。执行"构造线"命令后，命令行提示如下。

```
命令：_xline
指定点或[水平(H)/垂直(V)/角度(A)/二等分(B)/偏移(O)]：
        //指定构造线通过的第一点，确定构造线和位置（移动鼠标指针至 FA 和 DC 交点 C 附近并捕捉交点，
```

单击鼠标在屏幕指定位置指定第一点）

指定通过点：　　　//指定构造线通过的第二点（输入"@20<135"或"@20<-45"并按Enter键确认）

指定通过点：　　　//结束命令，完成构造线绘制（按Enter键，结束命令）

结果如图5.19所示。

3．绘制底板外形

绘制底板时，可暂时画出其大致结构，待整个图形的大体结构绘制完成后，再绘制细小结构（即先画整体后画细节）。

（1）绘制轮廓线。执行"偏移"命令，将 *GH*、*IJ* 直线以偏移距离18向上偏移复制，*BE* 直线以偏移距离70向左侧、右侧各偏移复制，*FA* 直线以偏移距离36向上方、下方偏移复制，*CD* 直线以偏移距离36向左侧、右侧各偏移复制。

选择偏移所得的点画线形式的轮廓线，打开"图层"工具栏上的图层列表，将点画线形式的轮廓线改为"CSX"层，即将点画线改为粗实线，结果如图5.20所示。

图 5.19　基准线及辅助线　　　　　　　图 5.20　绘制底板轮廓线

（2）执行"修剪"和"圆角"命令完成底板外轮廓绘制。执行"修剪"命令，由于边界对象较多，可将对象全选为边界对象，在选择修剪对象时，根据长方体底板的3个视图均为矩形这一特点，逐一修剪各线段，即得底板的主、俯和左3个视图。

单击"默认"选项卡功能区"修改"面板中的"圆角"按钮 █ 圆角，命令行提示如下。

命令：_fillet

当前设置：模式 = 修剪，半径 = 0.0000（系统提示）

选择第一个对象或 [放弃(U)/多段线(P)/半径(R)/修剪(T)/多个(M)]：

　　　　　　　　//选择"半径(R)"选项设置或修改"圆角半径"（输入"r"按Enter键确认）

指定圆角半径 <0.0000>：　　//输入圆角半径（输入14按Enter键确认）

选择第一个对象或 [放弃(U)/多段线(P)/半径(R)/修剪(T)/多个(M)]：

　　　　　　　　//选择要"圆角"的第一条直线（单击直线 *LM* 上端选择直线 *LM*）

选择第二个对象，或按住 Shift 键选择要应用角点的对象：

　　　　　　　　//选择要圆角的第二条直线（单击直线 *LN* 左端选择直线 *LN*，结束命令）

用同样方法完成另一个圆角。

 说　明

在执行"圆角"命令，命令行提示"选择第一个对象或[放弃（U）/多段线（P）/半径（R）/修剪（T）/多个（M）]"时，输入"多个（M）"选项，可执行一次命令完成4个圆角。

执行"修剪"和"圆角"命令后的结果如图 5.21 所示。

4. 绘制上部圆筒

（1）绘制俯视图的圆。执行"圆"命令，以交点 O 为圆心，分别以 20 和 34 为半径绘制直径为 $\phi40$ 和 $\phi68$ 的圆。

（2）绘制主、左视图轮廓线。首先画主视图和左视图上端直线。

执行"偏移"命令，将 GH、IJ 向上偏移复制 99 个作图单位。

画主视图圆筒内、外圆柱面的转向轮廓线。

单击"默认"选项卡功能区"绘图"面板中的"绘图"下拉按钮 绘图▼，选择"构造线"按钮 ，捕捉俯视图上的 1、2、3、4 点绘制铅垂线。执行"构造线"命令后，命令行提示如下。

```
命令：_xline
指定点或[水平(H)/垂直(V)/角度(A)/二等分(B)/偏移(O)]：  选择绘制构造线的方式"垂直(V)"（输入"v"，按
Enter 键确认）
指定通过点：      //指定第一条构造线的位置点（捕捉俯视图上的 1 点）
指定通过点：      //指定第二条构造线的位置点（捕捉俯视图上的 2 点）
指定通过点：      //指定第三条构造线的位置点（捕捉俯视图上的 3 点）
指定通过点：      //指定第四条构造线的位置点（捕捉俯视图上的 4 点）
指定通过点：      //结束命令，完成构造线绘制（按 Enter 键，结束命令）
```

画左视图圆筒内、外圆柱面的转向轮廓线。

再执行"偏移"命令，将偏移距离分别设置为 20 和 34，将中心线 CD 向两侧偏移复制。

（3）将内孔线调整到虚线层。将主、左视图内孔线修改为"XX"层，左视图外圆柱面的转向轮廓线修改为"CSX"层，结果如图 5.22 所示。

图 5.21　绘制底板外形　　　　　　　图 5.22　绘制上部圆筒 1

（4）执行"修剪"命令，根据要求对主视图和左视图的圆筒内、外圆柱面的转向轮廓线进行修剪，并将修剪后的多余线段删除，结果如图 5.23 所示。

5. 绘制左右肋板。

肋板在俯视图上和左视图上的前后轮廓线投影可根据尺寸通过偏移对称中心线直接画出，而肋板斜面在主视图和左视图上的投影则要通过三视图的投影关系获得。

（1）在俯视图、左视图上偏移复制肋板前后面投影。执行"偏移"命令，将中心线 FC 以偏移距离 7 向上、下各偏移复制，将中心线 CD 以偏移距离 7 向左、右各偏移复制。

（2）确定肋板在主视图、左视图上的最高位置的辅助线。执行"偏移"命令，将基准线 *GH*、*IJ* 以偏移距离 76（58+18=76）向上偏移复制，得到辅助直线 *PQ*、*RS*。

（3）在主视图中，确定肋板的最高位置点。执行"构造线"命令，捕捉交点 5，绘制铅垂线，铅垂线与 *PQ* 的交点为 6，直线 56 即是圆筒在主视图上的内侧线位置，结果如图 5.24 所示。

图 5.23　绘制上部圆筒 2　　　　　　　　　　图 5.24　确定肋板最高点

（4）绘制主视图上的肋板斜面投影。滚动并按压鼠标滚轮，执行"实时缩放"和"实时平移"命令，将主视图肋板的顶尖部分放大并移动至屏幕中央。

"实时缩放"和"实时平移"命令的相关内容将在"项目六"讲述，这里只做简单运用，不必深究。

执行"直线"命令，画线连接顶尖点 6 和下边缘点 *X*，绘制出主视图中的肋板斜面投影，如图 5.25 所示。

（5）修剪和删除 3 个视图中多余的线。执行"修剪"命令，将主视图的左侧肋板投影、俯视图及左视图中的肋板投影修剪成适当长度，在修剪过程中，可通过滚动并按压鼠标滚轮调整窗口位置和显示大小，以便于编辑图形。

删除修剪剩下和偏移的辅助线。

将左视图中偏移的肋板侧线修改为"CSX"图层。

结果如图 5.26 所示（为使图片显得清晰，这里删除部分标记）。

图 5.25　肋板斜面投影

图 5.26　删除多余线

（6）镜像复制主视图中右侧肋板轮廓线及其与圆柱交线。删除主视图中圆柱筒右侧的素线，镜像复制右侧上端部分素线、肋板斜面投影线及肋板与圆柱交线，具体步骤如下。

选择主视图中圆筒右侧的转向轮廓线，并执行"删除"命令将其删除。

执行"镜像"命令，选择主视图左侧的 3 条线，以中心线 BE 为镜像轴线，镜像复制 3 条直线。

（7）绘制左视图中肋板与圆筒相交的弧线 TU。执行"实时缩放"和"实时平移"命令，在主视图的左上角附近单击，向右下拖动鼠标，在左视图 S 点右下角附近单击，使这一区域在屏幕上显示。

执行"构造线"命令，选择"水平线"选项，捕捉圆筒右侧转向轮廓线与右肋板的交点 7，绘制水平线与 CD 交点 8。

执行"圆弧"命令，用"三点弧"方法，捕捉左视图上的端点 T、交点 8、端点 U，绘制相贯线 T8U，删除辅助线 78。

（8）执行"修剪"命令，修剪俯视图 FC 偏移的两条平行线，并将其修改为"CSX"图层。

绘制左右肋板的结果如图 5.27 所示。

6. 绘制前部立板

（1）绘制前部立板外形的已知线。执行"偏移"命令，输入偏移距离 22，向左、右方向各偏移复制中心线 BE，绘制主视图和俯视图中前板的左右轮廓线。

执行"偏移"命令，输入偏移距离 76，向上偏移复制基准线 GH、IJ，得到前板上表面在主视图、左视图中的投影轮廓线。

执行"偏移"命令，输入偏移距离 44，向下偏移复制俯视图的中心线 FC，向右偏移复制左视图的中心线 CD，在俯视图和左视图中得到前部立板在俯视图和左视图中的前表面的投影。

执行"修剪"和"倒角"命令，修剪图形，结果如图 5.28 所示。

（2）绘制左视图前部立板与圆筒交线 UV。利用"对象捕捉"和"对象追踪"功能，用"直线"命令绘制左视图中前板与圆筒的交线。

图 5.27 绘制左右肋板

图 5.28 绘制前部立板

首先，画左视图中垂线，同时打开"对象捕捉""正交""对象捕捉追踪"功能，执行"直线"命令，当命令提示"指定第一点："时，在 9 点附近移动鼠标指针，当出现交点标记时向右移动鼠标指针，出现追踪虚线，移动鼠标指针到 135°辅助线上，当两线出现交点标记时单击鼠标，操作过程如图 5.29 所示。再向上移动鼠标指针，在左视图上方单击鼠标，

绘制出垂直线 *YZ*。

图 5.29　绘制左视图中的重线

然后，执行"修剪"命令，修剪图形，得到前部立板在左视图中的投影。

（3）绘制前部立板圆孔。首先绘制各视图中圆孔的定位中心线和主视图中的圆，在左视图和俯视图中偏移复制中心线，获得孔的转向轮廓线，再利用辅助线绘制左视图的相贯线。

- 调用偏移命令，输入偏移距离 40，向上偏移复制基准线 *GH*、*IJ*，再将偏移所得到的直线修改为"ZXX"图层，并调整到合适的长度。

- 绘制主视图中的圆。调用"圆"命令，以交点 10 为圆心，12 为半径绘制主视图中孔的投影——圆。

- 绘制圆孔在俯视图中的投影。调用"偏移"命令，输入偏移距离 12，将俯视图中的左右对称中心线 *B* 分别向两侧偏移复制。再将偏移所得到的直线修改为"XX"图层，修剪到合适的长度。

- 绘制圆孔在左视图中投影。调用"偏移"命令，输入偏移距离 12，将左视图中的基准线 *IJ* 向上偏移所得的水平中心线分别向上、下复制，再将偏移所得到的直线修改为"XX"图层，并修剪到合适的长度。

- 绘制左视图的相贯线。将"XSX"图层置为当前，利用相同方法绘制前部立板与圆筒在左视图中的交线 *UV*，捕捉交点 11，绘制左视图中的垂直辅助线，得到与中心线的交点 13。将"XX"图层置为当前，用三点法绘制圆弧，选择 12、13、14 点，得到相贯线，结果如图 5.30 所示。

图 5.30　绘制前部立板

7．编辑图形

（1）删除多余的线。

（2）调用"打断"命令，在主视图和俯视图之间，将中心线 BE 打断。

（3）调整各图线到合适的长度，完成全图，如图 5.1 所示。

最后保存此文件

|四、检测练习 |

1．按 1∶1 比例绘制图 5.31 所示的图形（不标注尺寸）。

图 5.31　检测练习 1

2．按 1∶1 比例绘制图 5.32 所示的三视图（不标注尺寸）。

图 5.32　检测练习 2

3．按 1∶1 比例绘制如图 5.33 所示的各图形（不标注尺寸）。

图 5.33　检测练习 3

4．按 1∶1 比例绘制图 5.34 所示的三视图（不标注尺寸）。

图 5.34　检测练习 4

5．按 1∶1 比例绘制图 5.35 所示的三视图（不标注尺寸）。

图 5.35　检测练习 5

|五、提高练习|

按 1∶1 比例绘制图 5.36 所示的三视图（不标注尺寸）。

图 5.36　提高练习

能力目标

1. 能够运用"样条曲线""图案填充"及"编辑样条曲线"命令绘制编辑剖视图形。
2. 能够简单运用"渐变色填充"及其编辑功能，运用"多线"命令绘制编辑图形。
3. 能够运用"缩放""平移"显示控制绘图工具绘制与编辑图形。
4. 能够综合运用"直线""圆""样条曲线""图案填充"等绘图命令和"偏移""修剪""图案填充"等命令绘制剖视图。

知识目标

1. 掌握"样条曲线""图案填充"及其编辑绘图、修改命令的操作方法和技巧。
2. 了解"渐变色填充""多线"命令的操作方法。
3. 掌握"缩放""平移"等实时显示控制绘图工具的使用方法。

|一、项目导入|

按 1∶1 的比例绘制图 6.1 所示的平面图形。要求：选择合适的线型，不标注尺寸，不绘制图框与标题栏。

图 6.1　平面图形

| 二、项目知识 |

（一）"样条曲线"命令

"样条曲线"是经过或接近影响曲线形状的一系列点的平滑曲线，主要用于绘制不规则的曲线，如机械图样中的波浪线、地质地貌图中的轮廓线等。在 AutoCAD 2016 中，可通过"控制点"和"拟合点"两种方式创建和编辑"样条曲线"，即"样条曲线拟合"和"样条曲线控制点"。图 6.2 左侧的样条曲线显示拟合点，而右侧的样条曲线将沿着控制多边形显示控制顶点，相比较而言，"样条曲线拟合"易于预知"曲线"弯曲情况，较"样条曲线控制点"常用，因此本节只讲述"样条曲线拟合"的具体操作方法。

微课："样条曲线"绘图命令操作方法

图 6.2　样条曲线

执行"样条曲线拟合"命令的方法有以下 2 种。

（1）单击"默认"选项卡功能区"绘图"面板中的"绘图"下拉按钮 绘图▾，选择"样条曲线拟合"按钮 。

（2）在命令行中输入"样条曲线拟合"命令"spline"。

执行"样条曲线拟合"命令后，命令行提示如下。

```
命令：_SPLINE
当前设置：方式=拟合　节点=弦
指定第一个点或 [方式(M)/节点(K)/对象(O)]：_M        //系统自动提示
输入样条曲线创建方式 [拟合(F)/控制点(CV)] <拟合>：_FIT //系统自动提示
当前设置：方式=拟合　节点=弦
指定第一个点或 [方式(M)/节点(K)/对象(O)]：          //指定第一个点（指定样条曲线的第一个点，即起点）
输入下一个点或 [起点切向(T)/公差(L)]：             //指定第二个点或确定起点切向（指定样条曲线的第二个
点或执行"起点切向(T)"选项，确定起点切向。绘图时"确定起点切向"操作可忽略）
输入下一个点或 [端点相切(T)/公差(L)/放弃(U)]：      //指定第三个点或确定端点切向（指定样条曲线的第三个
点或执行"端点切向(T)"选项，确定端点切向。绘图时如继续指定点，则"确定端点切向"操作可忽略）
输入下一个点或 [端点相切(T)/公差(L)/放弃(U)/闭合(C)]：//确定端点切向（输入端点相切(T)选项字母T）
指定端点切向：                                //指定端点切向，结束命令（在屏幕移动鼠标指针确定端
点切向后单击左键确认，结束命令）
```

在命令执行过程中，各选项的功能如下。

① "方式（M）"：控制是使用拟合点还是使用控制点来创建样条曲线。

② "节点（K）"：指定节点参数化，它是一种计算方法，用来确定样条曲线中连续拟合点之间的零部件曲线如何过渡。

③ "对象（O）"：选择该选项，将二维或三维的二次或三次样条拟合多段线转换成等价的样条曲线并删除多段线。

④ "拟合（F）"：指定样条曲线必须经过的拟合点来创建三阶（三次）B 样条曲线。在公差值大于 0（零）时，样条曲线必须在各个点的指定公差距离内。

⑤ "控制点（CV）"：通过指定控制点来创建样条曲线。使用此方法创建一阶（线性）、二阶（二次）、三阶（三次）直到最高为十阶的样条曲线。移动控制点调整样条曲线的形状通常可以提供比移动拟合点更好的效果。

⑥ "起点切向（T）"：指定在样条曲线起点的相切条件。

⑦ "公差（L）"：指定样条曲线可以偏离指定拟合点的距离。公差值 0（零）要求生成的样条曲线直接通过拟合点。公差值适用于所有拟合点（拟合点的起点和终点除外），始终具有为 0（零）的公差。

⑧ "端点相切（T）"：指定在样条曲线终点的相切条件。

⑨ "放弃（U）"：放弃本次操作，即删除最后一个指定点。

⑩ "闭合（C）"：选择该选项，将最后一点定义为与第一点一致并使它在连接处相切，这样可以闭合样条曲线。

绘制如图 6.3 所示的"拟合样条曲线"，具体操作方法如下。

单击"默认"选项卡功能区"绘图"面板中"绘图"下拉按钮 绘图▼，选择"样条曲线拟合"按钮，命令行提示如下。

图 6.3　绘制"拟合样条曲线"

```
命令：_SPLINE
当前设置：方式=拟合　节点=弦
指定第一个点或 [方式(M)/节点(K)/对象(O)]：_M          //系统自动提示
输入样条曲线创建方式 [拟合(F)/控制点(CV)] <拟合>：_FIT  //系统自动提示
当前设置：方式=拟合　节点=弦
指定第一个点或 [方式(M)/节点(K)/对象(O)]：            //指定样条曲线的第一个点（单击确定 A 点，即起点）
输入下一个点或 [起点切向(T)/公差(L)]：                //指定第二个点（单击确定 B 点，指定样条曲线的第二个点）
输入下一个点或 [端点相切(T)/公差(L)/放弃(U)]：         //指定第三个点（单击确定 C 点，指定样条曲线的第三个点）
输入下一个点或 [端点相切(T)/公差(L)/放弃(U)/闭合(C)]：  //指定第四个点（单击确定 E 点，指定样条曲线的第四个点）
输入下一个点或 [端点相切(T)/公差(L)/放弃(U)/闭合(C)]：  //指定第五个点（单击确定 F 点，指定样条曲线的第五个点）
输入下一个点或 [端点相切(T)/公差(L)/放弃(U)/闭合(C)]：  //指定第六个点（单击确定 G 点，指定样条曲线的第六个点）
输入下一个点或 [端点相切(T)/公差(L)/放弃(U)/闭合(C)]：  //指定第七个点（单击确定 H 点，指定样条曲线的第七个点）
输入下一个点或 [端点相切(T)/公差(L)/放弃(U)/闭合(C)]：  //确定端点切向或结束命令（输入"端点相切(T)"选项
字母 t 或直接按 Enter 键确认并结束命令）
指定端点切向：                                     //指定端点切向，命令结束（在屏幕移动鼠标指针确定端
点切向后单击确认，结束命令）
```

结束命令，结果如图 6.4 所示。

使用"编辑样条曲线"命令，可以对已经绘制的样条曲线进行调整和修改。单击"默认"选项卡功能区"修改"面板中的"修改"下拉按钮 修改▼，

图 6.4　绘制拟合"样条曲线"

选择"编辑样条曲线"按钮，或在命令行中命令"splinedit"，并按 Enter 键确认。在实际绘图时，"编辑样条曲线"命令很少用或直接拖动夹点来编辑样条曲线，此处不再详述。

（二）"多线"命令

"多线"是由多条平行线组成的作为一个对象使用的图形对象。组成多线的平行线之间的

距离和数目是可以调整的，多线常用于绘制建筑图中的墙体、电子线路图等平行线对象。

　　在实际绘制多线时，应先定义多线的样式，多线的样式定义了组成多线的平行线的数量、线型、间距、颜色、填充背景以及偏移量等有关参数。在命令行中输入"多线样式"命令"mlstyle"。执行"多线样式"命令后，系统弹出"多线样式"对话框，如图6.5所示。该对话框中各选项的功能如下。

　　（1）"样式"列表框。该列表框中显示了当前已加载的所有多线样式。

　　（2）"置为当前"按钮。在"样式"列表框中选中已加载的多线样式，然后单击此按钮，即可将其设置为当前多线样式。

　　（3）"新建"按钮。单击此按钮，系统弹出"创建新的多线样式"对话框，如图6.6所示。在该对话框中的"新样式名"文本框中输入新建多线样式的名称"样式1"，单击"继续"按钮，弹出"新建多线样式：样式1"对话框，如图6.7所示，用户可以在该对话框中设置多线的样式。

　　"说明"：指对多线进行注释性说明。

　　"封口"：指设置多线的封口形式，可设置多线起点、端点的封口形式是直线、外圆弧或是内圆弧。

　　"角度"指用于控制多线各线端点连线的角度。

　　"填充"：指用于控制多线间是否进行颜色填充。

　　"图元"指用于控制多线线条个数，可通过"添加"按钮进行线条添加。

　　"偏移：指定设置各线间距离。

　　"颜色"指设置当前图线的颜色。

　　"线型"指设置当前图线的线型。

　　设置完成后，点击确定按钮，完成多线参数设置。

图6.5　"多线样式"对话框

图6.6　"创建新的多线样式"对话框

图6.7　"新建多线样式"对话框

　　（4）"修改"按钮。在"样式"列表框中选中要修改的多线样式，单击此按钮，可在弹出的"修改多线样式"对话框中对其进行修改。"修改多线样式"对话框中的选项与"新建多线样式"对话框中的选项相同。

　　（5）"重命名"按钮。在"样式"列表框中选中一个多线样式，单击此按钮可对其重命名。

　　（6）"删除"按钮。在"样式"列表框中选中一个多线样式，单击此按钮即可将其删除。

（7）"加载"按钮。单击此按钮，弹出"加载多线样式"对话框，如图 6.8 所示，用户可以在该对话框中选取多线样式并将其加载到当前图形中。

（8）"保存"按钮。单击此按钮，将当前的多线样式保存为".mln"文件。

为方便修改多线相交合并形式、打断点和端点封口形状，AutoCAD 提供了专门"多线编辑"命令。执行"多线编辑"命令的方法是在命令行中输入"mledit"。执行"多线编辑"命令后，系统弹出如图 6.9 所示的"多线编辑工具"对话框。该对话框中提供了多种多线编辑方法，其中第一列控制交叉的多线，第二列控制 T 形相交的多线，第三列控制角点结合和顶点，第四列控制多线中的打断，常用效果如图 6.10 所示。

图 6.8　"加载多线样式"对话框　　　　图 6.9　"多线编辑工具"对话框

图 6.10　编辑多线

微课："多线"与"多线编辑"命令操作方法

在 AutoCAD 2016 中，执行"多线"命令的方法是在命令行中输入"mline"。

执行"多线"绘图命令后，命令行提示如下。

```
命令：MLINE
当前设置：对正 = 上，比例 = 20.00，样式 = STANDARD
指定起点或 [对正(J)/比例(S)/样式(ST)]：　　//指定多线的起点或选择执行"对正(J)"/"比例(S)"/"样式(ST)"
选项（单击鼠标确定多线起点或选择"对正(J)"选项设置对正方式或执行"比例(S)" 选项设置比例或执行"样式(ST)" 选
项进行"多线"样式选择）
指定下一点：　　　　　　　　　　　　　　//指定多线的下一点（单击鼠标确定多线的第二个点）
指定下一点或 [放弃(U)]：　　　　　　　　//指定多线的下一点（单击确定多线的第三个点）
指定下一点或 [闭合(C)/放弃(U)]：　　　　//指定多线的下一点或选择执行"闭合(C)"选项（单击确定多线的第
四个点或选择执行"闭合(C)"选项，形成闭合图形）
……
指定下一点或 [闭合(C)/放弃(U)]：　　　　//结束命令（按 Enter 键，结束命令）
```

在命令执行过程中，其中各选项的功能如下。

① "对正（J）"：选择此选项，确定如何在指定的点之间绘制多线。

② "比例（S）"：选择此选项，控制多线的全局宽度，该比例不影响线型比例。

③ "样式（ST）"：选择此选项，指定多线的样式。

（三）"图案填充"和"渐变色填充"命令

使用 AutoCAD 绘制图形时，为了表达某一区域的特征，经常会对该区域进行"图案填充"，如机械图中的剖视图和建筑图中的断面图等。"图案填充"的方式有 3 种，一种是以图案填充区域，叫作"图案填充"；一种是以渐变色填充区域，叫作"渐变色填充"；第三种是以内部点所包含边界的对象创建单独的面域或多段线，叫作"边界创建"。限于篇幅，下面只介绍"图案填充"和"渐变色填充"。

微课："图案填充"绘图
命令操作方法

1．"图案填充"命令

在 AutoCAD 2016 中，执行"图案填充"命令的方法有以下 2 种。

（1）单击"默认"选项卡功能区"绘图"面板中的"图案填充"按钮 ▦ ·（系统显示为"图案填充"按钮 ▦ ·，如系统显示为非默认的"渐变色"按钮 ▦ ·或"边界"按钮 ▦ ·，可单击 ▦ ·或 ▦ ·右边的 ▾ 按钮，选择"图案填充"按钮 ▦ ·）。

（2）在命令行中输入"图案填充"命令"hatch"。

执行该命令后，系统弹出如图 6.11 所示的"图案填充创建"属性栏，其中主要包括边界、图案、特性、原点、选项及关闭等选项组。其中常用选项的功能如下。

图 6.11 "图案填充创建"属性栏

① "边界"选项组。用于设置定义边界的方式。

- "拾取点"按钮 ▦。根据围绕指定点构成封闭区域的现有对象确定边界。
- "选择"按钮 ▦ 选择。根据构成封闭区域的选定对象确定边界。

② "图案"选项组。指定图案填充的图案类型。用户可在该选择区中选择图案类型，也可单击方向键 ▴ 或 ▾ 上下移动更换选项区中的图案或单击下拉按钮 ▾，在弹出的如图 6.12 所示的图案选项板中选择图案类型。

③ "特性"选项组。指定选定填充图案的角度、比例等特性。

- "角度"。指定填充图案的角度（相对当前 UCS 坐标系的 X 轴）。
- "比例"。放大或缩小图案。

④ "原点"选项组。控制填充图案生成的起始位置。某些图案填充需要与图案填充边界上的一点对齐。默认情况下，所有图案填充原点都对应于当前的 UCS 原点。

⑤ "关闭"选项组：关闭"图案填充创建"，结束命令。

其他选项组在绘图过程中很少使用，此处不详述。

图 6.13 所示为常用的"图案填充"类型及相应的图案填充角度的显示效果。

微课："渐变色"绘图
命令操作方法

2．"渐变色"命令

在 AutoCAD 2016 中，执行"渐变色"命令的方法有以下 2 种。

图 6.12　图案选项板

图 6.13　"图案填充"效果

（1）单击"默认"选项卡功能区"绘图"面板中的"图案填充"按钮 ![] 右边的下拉按钮 ![] ，选择执行"渐变色"按钮 ![] ，如系统显示为非默认的"渐变色"按钮 ![] ，可直接单击此图标（系统默认显示为"图案填充"按钮 ![] ，如系统显示为非默认的"边界"按钮 ![] ，可单击 ![] 按钮的 ![] 按钮，选择"渐变色"按钮 ![] ）。

（2）在命令行中输入"渐变色"命令"gradient"。

执行该命令后，系统弹出如图 6.14 所示的"渐变色填充创建"属性栏，其中主要包括边界、图案、特性、原点、选项及关闭等选项组。各选项组中常用选项的功能与图 6.11 中的"图案填充创建"属性栏各选项基本相同，但在"渐变色填充创建""特性"选项组中可进行渐变的两种颜色"颜色 1"和"颜色 2"选择，其他各选项组的选项内容这里不再赘述。

图 6.14　"图案填充创建（渐变色）"属性栏

渐变色填充的效果如图 6.15 所示。

（四）"图案填充编辑"命令

创建图案填充后，用户还可以对填充图案、比例和角度等信息进行编辑。执行"填充图案编辑"命令的方法是在命令行中输入命令"hatchedit"。

微课："图案填充编辑"
修改命令操作方法

图 6.15　渐变色填充效果

执行此命令后，命令行提示如下。

```
命令：_hatchedit
选择图案填充对象：　　//选择图案填充对象（单击选择要编辑的填充图案）
……
```

选择填充图案后，系统弹出"图案填充编辑"对话框，如图 6.16 所示。用户可以在该对话框中设置图案填充的图案、边界、旋转角度和比例等参数。除此之外，用户也可以通过鼠标左键双击需要进行图案填充编辑的"图案填充"或"渐变色"填充对象，系统将重新弹出"图案填充创建"或"渐变色填充创建"属性栏，用户可以在相应属性栏中进行参数修改，此方法较为便捷。

图 6.16　"图案填充编辑"对话框

（五）"重画"和"重生成"命令

在绘制图形时，由于操作的原因，有时屏幕上显示的图形不完整或残留有光标点，此时可以使用"重画"或"重生成"命令对图形进行控制，以便得到更为准确的图形。

1．"重画"命令

"重画"命令用于重新绘制屏幕上的图形。在 AutoCAD 2016 中，执行"重画"命令的方法是在命令行中输入命令"redrawall"。

执行该命令后，屏幕上原有的图形消失，系统重新将该图形绘制一遍。如果原来的图形中残留有光标点，那么重画后这些光标点会消失。

2．"重生成"命令

"重生成"命令用于重新生成屏幕上的图形数据。在 AutoCAD 2016 中，执行重生成命令的方法是在命令行中输入命令"regen"。

执行该命令后，重生成全部图形并在屏幕上显示出来。执行该命令时，系统需要把图形文件的原始数据全部重新计算一遍（重新计算当前视口中所有对象的位置和可见性；重新生成图形数据库的索引，以获得最优的显示和对象选择性能；重置当前视口中可用于实时平移和缩放的总面积），形成显示文件后再显示出来，所以该命令生成图形所用的时间比较长。

（六）"全屏显示"（屏幕清除）命令

"全屏显示"命令又称为"清除屏幕"命令，用于清除视图窗口中的工具栏和可固定窗口（命令行除外），将普通的"视图模式"界面转换成"专家模式"界面，以获得尽可能大的绘图区域。在 AutoCAD 2016 中，执行"清屏屏幕"命令的方法有以下 2 种。

（1）单击状态栏右下角的"全屏显示"按钮　。

（2）按 Ctrl+0（主键盘上输入）组合键。

执行"全屏显示"命令后，视图模式切换成"专家模式"，再次执行"全屏显示"命令，又会切换到"普通模式"。在"专家模式"下，屏幕窗口只保留、绘图窗口、命令行和状态栏，这样绘图窗口就得到了扩充，但要使用"专家模式"，就必须对 AutoCAD 的工具非常了解，在绘图过程中，尽可能使用功能键和快捷键，以提高绘图速度。

（七）"缩放"命令

图形"缩放"是指在视图区域内增加或减少图形对象的显示比例，但不会改变图形对象的实际尺寸和大小。在 AutoCAD 2016 中，执行"缩放"命令的方法有以下 2 种。

（1）在绘图区单击鼠标右键，在弹出的快捷菜单中（见图 6.17 所示）单击"缩放"按钮　缩放(Z)。

（2）在命令行中输入"缩放"命令"zoom"。

在实际绘图过程中，两种命令的执行过程不一样。第（1）种操作方法较为简洁，为常用

图 6.17　执行"缩放"命令

方法。执行该命令后，光标变为 ，此时按住鼠标左键向后拉，图形将缩小，同时光标变成 🔍-，按住鼠标左键并向前推动鼠标，图形将放大，同时光标变成 🔍+。

当在命令行中输入"zoom"并按 Enter 键确认时，命令行提示如下。

微课：实时"缩放"
命令操作方法

```
_zoom
指定窗口的角点，输入比例因子 (nX 或 nXP)，或者
[全部(A)/中心(C)/动态(D)/范围(E)/上一个(P)/比例(S)/窗口(W)/对象(O)] <实时>：  //根据操作需要输入比例因子或选择执行功能选项
```

用户可根据命令行选项选择相应的执行方法，具体过程不再详述，请用户根据命令行提示自行操作，熟悉其操作过程。

 说　明

如果使用的是带有滚轮的 3 键鼠标，滚动滚轮就可实现缩放，向前滚动为放大，向后滚动为缩小。

（八）"平移"命令

"平移"是另一种常用的控制图形显示的工具。图形平移是指在视图区域内改变图形对象的显示位置，但不会改变图形对象的位置。在 AutoCAD 2016 中，执行"平移"命令的方法有以下 2 种。

（1）在绘图区单击鼠标右键，在弹出的快捷菜单（见图 6.18）中单击"平移"按钮 🖐 平移(A)。

（2）在命令行中输入"平移"命令"pan"。

执行该命令后，光标变为 🖐 形状，此时按住鼠标左键并拖动鼠标即可平移图形。

微课：实时"平移"
命令操作方法

图 6.18　执行"平移"命令

 说　明

如果使用的是带有滚轮的三键鼠标，按住滚轮移动鼠标就可实现平移。

｜三、项目实施｜

（一）新建文件

启动 AutoCAD 2016，进入"草图与注释"工作空间，新建一个无样板图形文件，保存此空白文件，文件名为"图 6.1.dwg"，注意在绘图过程中每隔一段时间保存一次。

（二）设置绘图环境

（1）设置图形界限，设定绘图区域的大小为297×210，左下角点为坐标原点。

（2）设置图层，设置粗实线、中心线、虚线和细实线4个图层，图层参数如表6.1所示。

表6.1　　　　　　　　　　　　　　　　图层设置参数

图 层 名	颜　色	线　型	线　宽	用　途
CSX	红色	Continuous	0.50mm	粗实线
ZXX	绿色	Center	0.25mm	中心线
XX	黄色	Dashed	0.25mm	虚线
XSX	青色	Continuous	0.25mm	细实线

（三）绘制图形

用1∶1的比例绘制图6.1所示的平面图形。要求：选择合适的线型，不绘制图框与标题栏，不标注尺寸。

操作步骤如下。

1．设置捕捉目标

调整屏幕显示大小，打开"极轴追踪""对象捕捉""对象捕捉追踪"和"显示/隐藏线宽"状态按钮，在"草图设置"对话框的"对象捕捉"选项卡中设置"交点""端点""中点""圆心"等捕捉目标，并启用对象捕捉。

2．绘制基准线、主要位置线和辅助线

（1）绘制基准线。分别将"ZXX"和"CSX"图层设置为当前图层，执行"直线"命令，绘制出主视图和俯视图的长度基准线（对称中心线）、俯视图和左视图的宽度基准线、主视图和左视图的高度基准线。

（2）绘制主要位置线。执行"偏移"命令，以偏移距离47将主视图和左视图高度基准线向上偏移，选中偏移直线，将其改为中心线。

（3）绘制辅助线。将"XSX"图层设置为当前图层，调用"构造线"命令，在俯视图宽度基准线左端点位置绘一条水平线，在左视图宽度基准线下端点位置绘制一条垂直线，过两直线交点绘制一条135°的斜线，结果如图6.19所示。

图6.19　绘制基准线、主要位置线和辅助线

3．绘制底板

执行"直线"命令，根据尺寸先画特征视图（俯视图），再结合"三等规律"或尺寸完成其他两视图，绘图过程不再详述，请用户自行完成，结果如图6.20所示。

图6.20　绘制底板

⚠ **说　明**

在绘制剖视图时不主张先将表达对象画成视图（不可见线画成虚线），后修改为剖视图。

4．绘制上方圆筒

由于俯视图采用剖视图表达，所以圆筒可以不画。执行"圆"命令，在主视图上绘制出 $\phi15$ 和 $\phi30$ 两圆，根据投影关系完成左视图相应视图，由于左视图采用局部剖视图表达，故图线均采用"CSX"图层绘制。结果如图 6.21 所示。

5．绘制肋板

执行"直线"命令，先在主视图和左视图根据尺寸绘制出肋板轮廓线；执行"构造线"线命令作出图 6.22 所示的辅助线，执行"延伸"命令，延伸线段 *AB* 至辅助线处。执行"修剪"和"直线"命令，再根据投影关系完成左视图和俯视图有关图线的绘制，结果如图 6.22 所示。

图 6.21　绘制圆筒

图 6.22　绘制肋板

6．绘制剖面图

在主视图的合适位置，执行"直线"命令，在确定的剖切线位置处绘制出长度为 5 的剖切线（在"CSX"图层），执行"构造线"命令，在剖切线位置分别作图 6.23 所示的辅助线。

执行"直线"命令，根据视图投影关系，借助于辅助线完成俯视图对应于剖切面位置处的轮廓线。

执行"多行文字"命令，命令行提示如下。

图 6.23　创建标记

```
_mtext 当前文字样式："Standard"　当前文字高度：3.5
指定第一角点：　　//指定文字输入区域第一角点(在主视图左边剖切线位置单击确定矩形一角点)
指定对角点或 [高度（H）/对正（J）/行距（L）/旋转（R）/样式（S）/宽度（W）]：
　　　　　　　　//指定文字输入区域另一角点（确定矩形另一角点，系统弹出图 6.24 所示的"文字格式"对话框。输
入字母"A"，单击"确定"按钮，完成标记字母"A"的创建）
```

用相同的方法在主视图左边和俯视图创建剖视图相关标记，结果如图 6.25 所示。

执行"样条曲线拟合"命令后，命令行提示如下。

命令：_SPLINE
当前设置：方式=拟合 节点=弦
指定第一个点或 [方式(M)/节点(K)/对象(O)]：_M　　　　　　//选择执行"方式(M)"选项（系统自动提示）
输入样条曲线创建方式 [拟合(F)/控制点(CV)] <拟合>：_FIT
　　　　　　　　　　　　　　　　　　　　　　//选择执行"拟合(F)"选项（系统自动提示）

当前设置：方式=拟合 节点=弦
指定第一个点或 [方式(M)/节点(K)/对象(O)]：　　　　//指定第一个点（指定样条曲线的第一个点，即起点）
输入下一个点或 [起点切向(T)/公差(L)]：　　　　　　//指定第二个点（指定样条曲线的第二个点）
输入下一个点或 [端点相切(T)/公差(L)/放弃(U)]：　　//指定第三个点（指定样条曲线的第三个点）
……（依次指定 3～5 个点）
输入下一个点或 [端点相切(T)/公差(L)/放弃(U)/闭合(C)]：//确定端点切向（输入端点相切(T) 选项字母"T"）
指定端点切向：　　　　　　　　　　　　　　//指定端点切向，结束命令（在屏幕移动鼠标指针确定端
点切向后并单击左键确认，结束命令）

绘制出的"波浪线"，如位置不合适，可通过夹点调整其位置。

 说　明

在绘制"波浪线"时，中间点的数量应合适，点过少，"波浪线"易与直线混淆，点过多，"波浪线"弯曲拐点较多，总体显示不简洁。

执行"修剪"命令，修剪左视图肋板轮廓线长度和圆筒轮廓线。

执行"图案填充"命令，在主视图、俯视图和左视图中选择填充区域进行图案填充。单击"默认"选项卡功能区"修改"面板中的"图案填充"按钮。

系统弹出如图 6.11 所示的"图案填充创建"属性栏，单击"拾取点"按钮，选择"ANS131"图案，其他参数为默认值，在所绘图形上依次拾取主视图、俯视图和左视图中需要填充区域，按 Enter 键确认，结束命令，结果如图 6.25 所示。

执行"删除"命令，删除所有辅助线，完成全图，结果如图 6.25 所示。

图 6.24　创建"A"标记

图 6.25　完成图

最后保存此图形文件。

四、检测练习

1. 按 1：1 比例绘制图 6.26 所示的剖视图（不标注尺寸）。

图 6.26　检测练习 1

2．按 1∶1 比例绘制图 6.27 所示的剖视图（不标注尺寸）。

图 6.27　检测练习 2

3．按 1∶1 比例绘制图 6.28 所示的剖视图（不标注尺寸）。

图 6.28　检测练习 3

4. 按 1∶1 比例绘制图 6.29 所示的剖视图（不标注尺寸）。

图 6.29　检测练习 4

5. 按 1∶1 比例绘制图 6.30 所示的剖视图（主视图虚线可不绘制，不标注尺寸）。

图 6.30　检测练习 5

五、提高练习

按 1：1 比例绘制图 6.31 所示的剖视图（不标注尺寸）。

图 6.31　提高练习

项目七
标准件和常用件的绘制

| 一、项目导入 |

任务一：绘制图 7.1 所示的螺纹规格为 D=M20（GB/T6170—2000）的六角头螺母，要求：采用比例画法，布图匀称合理，图形正确，图素特性符合国标，不标注尺寸。

任务二：创建图 7.2 所示的文字标注。

图 7.1 六角头螺母

在标注文本之前，需要对文本的字体定义一种样式，字体样式是所有字体文件、字体大小宽度系数等参数的综合。

单行文字标注适用于标注文字较短的信息，如工程制图中的材料说明、机械制图中的部件名称等。

标注多行文字时，可以使用不同的字体和字号。多行文字适用于标注一些段落性的文字，如技术要求、装配说明等。

AutoCAD 2010 ∅ R EQS $\phi 30^{-0.023}_{-0.010}$ $\phi 40\pm 0.010$ $\phi 50H6$

图 7.2 文字标注

|二、项目知识|

（一）"文字样式"命令

1. 定义"文字样式"

在标注文本之前，需要为文本的字体定义一种样式，文字样式是文字设置的命名集合，可用来控制文字的外观，如字体、行距、对齐和颜色。用户可以通过定义文字样式，统一指定文字的格式，确保文字方式符合行业或工程标准。

微课："文字样式"
设置操作方法

在 AutoCAD 2016 中，系统默认的文字样式为"Standard"，用户还可以根据自己的需要，创建新的文字样式。执行"文字样式"命令的方法有以下 3 种。

（1）单击"默认"选项卡功能区"注释"面板中的"注释"下拉按钮 注释▼，选择"文字样式"按钮 A。

（2）单击"注释"选项卡功能区"文字"面板右下角的"文字样式"按钮 ↘。

（3）在命令行中输入"文字样式"命令"style"。

执行此命令后，弹出"文字样式"对话框，如图 7.3 所示。

单击该对话框中的"新建"按钮 新建(N)...，弹出"新建文字样式"对话框，如图 7.4 所示。

图 7.3 "文字样式"对话框

图 7.4 "新建文字样式"对话框

系统默认的新建文字样式名为"样式 1"，用户可以在"样式名"文本框中将该样式名修改为可识读（如"文字"）的名称。设置样式名后，单击"新建文字样式"对话框中的"确定"按钮，系统返回"文字样式"对话框，此时新建的"文字"文字样式处于当前编辑状态，如图 7.5 所示。用户可以设置新建文字样式的字体、大小等参数，其中各选项的功能如下。

① "当前文字样式"：列出当前文字样式。

② "样式"：显示图形中的样式列表。

③ "样式列表过滤器"（所有样式）。在下拉列表中指定是所有样式还是仅使用中的样式显示在样式列表中。

④ "字体"选项组：该选项组用于更改文字样式的字体。

⑤ "字体名"：指定文字样式中字体文件名。

图 7.5 "文字样式"对话框

文字的字体是通过字体文件定义的，每一种字体文件对应一种字体。字体分为两种，一种是Windows 系列应用软件提供的普通字体，系统定义为 True Type 类型的字体；另一种是 AutoCAD系统提供的编译形（SHX）字体。形（SHX）字体分为字形和符号形两种，字形用于书写文本或符号，如 txt.shx、gbcbig.shx 等；字形又分为大字形与小字形两种，大字形定义的是双字节的亚洲文字，称大字体文件，如简体中文（hztxt.shx、tssdchn.shx、gbcbig.shx）、繁体中文、日文、韩文等；小字形一般为西方文字，包括字母、符号等，称常规字体文件，如 txt.shx、simplex.shx 等。

⑥ "字体样式"：指定字体格式，如斜体、粗体或者常规字体。如果选中"字体"选项组中的"使用大字体"复选框，则表示定义样式的文字为大字体；如果取消选中该复选框，则表示定义样式的文字为"True Type"类型的字体。

⑦ "使用大字体"复选框：选中复选框表示指定字体为亚洲语言的大字体文件，只有 SHX文件可以创建"大字体"。选中复选框后，"字体名"变化为"SHX 字体"，下方列表字体文件全过滤为"SHX"字体，"字体样式"变化为"大字体"，下方列表字体文件全过滤为"SHX"字体。此时用户可将"SHX 字体"设置为 gbenor 或 gbetic,用于西文字母和阿拉伯数字输入，其中 gbenor显示为直体，gbetic 显示为斜体，"大字体"设置为 gbcbig，用于汉字输入，字体显示为长仿宋。

⑧ "大小"：更改文字的大小。

⑨ "注释性"：指定文字为注释性，注释性对象和样式用于控制注释对象在模型空间或布局中显示的尺寸和比例。

⑩ "使文字方向与布局匹配"：指定图纸空间视口中的文字方向与布局方向匹配，如果未选择"注释性"复选框，则该复选框不可用。

⑪ "高度"（或图纸文字高度）。根据输入的值设置文字高度，如果输入的文字高度大于 0，系统将此高度值设置为此样式的文字高度，如果输入 0，则文字高度将默认为上次使用的文字高度，或使用存储在图形样板文件中的值。在相同的高度设置下，TrueType 字体显示的高度可能会小于 SHX 字体。如果选择了"注释性"复选框，则输入的值将设置图纸空间中的文字高度。

⑫ "效果"选项组：该选项组用于设置字体的具体特征，如宽度因子、倾斜角度以及是否颠倒显示、反向或垂直对齐等。

"颠倒"：颠倒显示字符。

"反向"：反向显示字符。

"垂直"：显示垂直对齐的字符。只有在选定字体支持双向时"垂直"才可用。TrueType 字体的垂直定位不可用。

"宽度因子"：设置字符间距。输入小于 1.0 的值将压缩文字。输入大于 1.0 的值则扩大文字。

"倾斜角度"：设置文字的倾斜角。输入−85～85 的值将使文字倾斜。

2．设置当前"文字样式"

在图形中创建文字时必须使用当前文字样式，如果想要更换文字样式创建文字，需要将该样式设置为当前文字样式。在 AutoCAD 2016 中，设置当前文字样式有 2 种方法。

（1）在"注释"面板中"注释"下拉列表中（如图 7.6 所示），选择当前显示"文字样式"或单击（仅显示最近 3 次使用）"文字样式"下拉列表图标" "，选择所需"文字样式"，如将"文字"文字样式置为当前。

（2）在"文字样式"对话框中，选中所需"文字样式"后，单击"置为当前"按钮 置为当前(C) ，再单击"关闭"按钮，选择的

图 7.6　设置当前文字样式

文字样式即设置为当前文字样式。例如，将"Standard"文字样式设置为当前文字样式，见图 7.3。

（二）文字标注

文字标注是绘制图形过程中的一项重要内容。在 AutoCAD 中，文字标注有两种方式：一种是标注单行文字，执行命令后只能输入一行文字；另一种是标注多行文字，执行命令后一次可以输入多行文字，系统会根据文本窗口的大小自动换行。

微课："单行文字"
命令操作方法

1. 单行文字

单行文字可以创建一行或多行文字，但每行文字都是独立的对象，单行文字标注适用于标注文字较短的信息，如工程制图中的材料说明、机械制图中的部件名称等。在 AutoCAD 2016 中，执行"单行文字"命令的方法有以下 3 种。

（1）单击"默认"选项卡功能区"注释"面板中的"文字"下拉按钮，选择"单行文字"按钮（系统默认显示为"多行文字"按钮，如系统显示为非默认的"单行文字"按钮，可直接单击此按钮）。

（2）单击"注释"选项卡功能区"文字"面板中"多行文字"下拉按钮，选择"单行文字"按钮（系统默认显示为"多行文字"按钮，如系统显示为非默认的"单行文字"按钮，可直接单击在此按钮。）

（3）在命令行中输入"单行文字"命令"text"。

执行该命令后，命令行提示如下。

```
命令: _text
当前文字样式: "文字"  文字高度: 2.0000  注释性: 否  对正: 左
指定文字的起点 或 [对正(J)/样式(S)]:
        //指定单行文字的起点（在屏幕合适位置单击鼠标，确定文字起点）
指定文字的旋转角度 <0>:
        //输入文字的旋转角度（输入文字的旋转角度，默认旋转角度为 0，直接按 Enter 键，执行默认值）
输入文字:   //输入文本内容（输入所需文本内容，如需另起行输入文本内容，则按 Enter 键）
输入文字:   //输入（第二行）文本内容（输入所需文本内容，如需结束命令，则按 Enter 键，此时光标仍换行）
输入文字:   //结束命令（按 Enter 键，结束命令）
```

在命令执行过程中，"对正（J）"选项的功能为设置单行文字的对齐方式，执行该选项，命令行提示如下。

```
输入选项[对齐(A)/调整(F)/中心(C)/中间(M)/右(R)/左上(TL)/中上(TC)/右上(TR)/左中(ML)/
正中(MC)/右中(MR)/左下(BL)/中下(BC)/右下(BR)]:
```

输入选项 [左(L)/居中(C)/右(R)/对齐(A)/中间(M)/布满(F)/左上(TL)/中上(TC)/右上(TR)/左中(ML)/正中(MC)/右中(MR)/左下(BL)/中下(BC)/右下(BR)]，其中各选项功能如下。

① "左(L)"：在由用户给出的点指定的基线上左对正文字。

② "居中(C)"：从基线的水平中心对齐文字，此基线是由用户给出的点指定的。

③ "右(R)"：在由用户给出的点指定的基线上靠右对正文字。

④ "对齐（A）"：通过指定基线端点来指定文字的高度和方向。

⑤ "中间（M）"：文字在基线的水平中点和指定高度的垂直中点上对齐。中间对齐的文字不保持在基线上。

⑥ "布满(F)"：指定文字按照由两点定义的方向和一个高度值布满一个区域，只适用于水平方向的文字。

⑦ "左上（TL）"：在指定为文字顶点的点上靠左对正文字，只适用于水平方向的文字。

⑧ "中上（TC）"：以指定为文字顶点的点居中对正文字，只适用于水平方向的文字。

⑨ "右上（TR）"：以指定为文字顶点的点靠右对正文字，只适用于水平方向的文字。

⑩ "左中（ML）"：在指定为文字中间点的点上靠左对正文字，只适用于水平方向的文字。

⑪ "正中（MC）"：在文字的中央水平和垂直居中对正文字，只适用于水平方向的文字。

⑫ "右中（MR）"：以指定为文字的中间点的点靠右对正文字，只适用于水平方向的文字。

⑬ "左下（BL）"：以指定为基线的点靠左对正文字，只适用于水平方向的文字。

⑭ "中下（BC）"：以指定为基线的点居中对正文字，只适用于水平方向的文字。

⑮ "右下（BR）"：以指定为基线的点靠右对正文字，只适用于水平方向的文字。

在命令执行过程中，命令行中"样式（S）"选项的功能为设置当前文字使用的样式。

2．多行文字

标注"多行文字"时，可以使用不同的字体和字号。"多行文字"适用于标注段落性的文字，如技术要求、装配说明等。在 AutoCAD 2016 中，执行"多行文字"命令的方法有以下 3 种。

（1）单击"默认"选项卡功能区"注释"面板中的"多行文字"按钮。

（2）单击"注释"选项卡功能区"文字"面板中"多行文字"按钮。

（3）在命令行中输入"多行文字"命令"mtext"。

执行该命令后，命令行提示如下。

```
命令：_mtext
当前文字样式："文本" 文字高度：2 注释性：否
指定第一角点： //指定输入文本内容区域第一角点（在绘图窗口中的合适位置单击指定第一个角点）
指定对角点或 [高度(H)/对正(J)/行距(L)/旋转(R)/样式(S)/宽度(W)/栏(C)]：
                //指定输入文本内容区域另一对角点或执行相应选项（在绘图窗口中的合适位置单击指定文本内容区域
另一个角点或输入相应选项执行选项功能，执行选项功能操作很少用）
……（系统弹出"文字编辑器"和文本输入窗口）
```

在命令执行过程中，各选项的功能如下。

① "高度（H）"：选择该选项，指定用于多行文字字符的文字高度。

② "对正（J）"：选择该选项，根据文字边界确定新文字或选定文字的文字对齐方式和文字走向。

③ "行距（L）"：选择该选项，指定多行文字对象的行距，行距是一行文字的底部（或基线）与下一行文字底部之间的垂直距离。

④ "旋转（R）"：选择该选项，指定文字边界的旋转角度。

⑤ "样式（S）"：选择该选项，指定用于多行文字的文字样式。

⑥ "宽度（W）"：选择该选项，指定文字边界的宽度。

在执行命令过程中，绘图窗口将弹出如图 7.7 所示的"文字编辑器"属性栏和文本输入窗口。

图 7.7　"文字编辑器"属性栏和文本输入窗口

"文字编辑器"用来控制多行文字的样式及文字的显示效果。其中常用选项的功能如下。

① "样式"选项组。显示多行文字对象应用文字样式，默认情况下，"标准"文字样式处于活动状态。"样式列表"（标红）用于显示当前文字样式变换选中文本内容文字样式；"注释性 ⬛注释性"用于打开或关闭当前文字对象的"注释性"；"文字高度 ⬛"用于使用图形单位设定新文字的字符高度或更改选定文字的高度，如果当前文字样式没有固定高度，则文字高度是 TEXTSIZE 系统变量中存储的值，多行文字对象可以包含不同高度的字符。

② "格式"选项组。"格式"选项组用于编辑或修改文本输入窗口中文字内容的字体格式。"匹配文字格式⬛"用于将选定文字的格式应用到目标文字；"粗体B"用于打开和关闭新文字或选定文字的粗体格式，此选项仅适用于使用 TrueType 字体的字符；"斜体I"用于打开和关闭新文字或选定文字的斜体格式，此选项仅适用于使用 TrueType 字体的字符；"删除线A"用于打开和关闭新文字或选定文字的删除线；"下划线U"用于打开和关闭新文字或选定文字的下划线；"上划线O"用于为新建文字或选定文字打开和关闭上划线；"堆叠⬛"用于创建堆叠字符，如果选定文字中包含堆叠字符，则创建堆叠文字（如分数），如果选定堆叠文字，则取消堆叠。当使用堆叠字符，如脱字字符（^）、正斜线（/）与井字号（#）时，堆叠字符左边的文字将堆叠在字符右边文字的上方。例如，"+0.02 ^- 0.01"的堆叠效果如图 7.8（a）所示，"4/5"堆叠效果如图 7.8（b）所示，"6#7"堆叠效果如图 7.8（c）所示。

$$+0.02 \quad 4 \quad 6/7$$
$$-0.01 \quad 5$$
（a）　　（b）　　（c）

图 7.8　"堆叠"效果

"上标⬛"用于将选定文字转换为上标，即在键入线的上方设置稍小的文字。"下标⬛"用于将选定文字转换为下标，即在键入线的下方设置稍小的文字；"字体 ⬛gbeitc"用于为新输入的文字指定字体或更改选定文字的字体，TrueType 字体按字体族的名称列出，AutoCAD 编译的形（SHX）字体按字体所在文件的名称列出，自定义字体和第三方字体在编辑器中显示为 Autodesk 提供的代理字体。"颜色 ⬛ByLayer"用于指定新文字的颜色或更改选定文字的颜色；"倾斜角度0"用于确定文字是向前倾斜还是向后倾斜，倾斜角度表示的是相对于 90°角方向的偏移角度。"追踪ab"用于减少或增加选定字符的间距"宽度因子O"用于扩展或收缩选定字符，"1"设置代表此字体中字母的常规宽度。

③ "段落"选项组。"段落"选项组用于文字对正方式、项目符号和编号、行距等段落设置。"文字对正A"用于显示"文字对正"菜单，并且有 9 个对齐选项可用，"左上"为默认。"项目符号和编号 ⬛项目符号和编号"用于显示"项目符号和编号"菜单，显示创建列表的选项（不适用于表格单元），缩进列表以与第一个选定的段落对齐，包括"关闭""以数字标记""以字母标记""以项目符号标记""启动""继续""允许自动项目符号和编号""允许项目符号和列表"等菜单；"行距⬛行距"用于显示建议的行距选项或"段落"对话框，在当前段落或选定段落中设置行距，预定义的选项为"1.0x""1.5x""2.0x"或"2.5x"，在多行文字中将行距设定为 0.5x 的增量，"左对齐⬛、居中⬛、右对齐⬛、两端对齐⬛和分散对齐⬛"用于设置当前段落或选定段落的左、中、右文字边界的对正或对齐方式。

（三）文本编辑

在图形中标注文本后，用户还可以编辑标注的文本。在 AutoCAD 2016 中，编辑文本的方法有两种：用"文本编辑"命令编辑文本和用"特性"选项板编辑文本。

1．用"文本编辑"命令编辑文本

在 AutoCAD 2016 中，通过"文本编辑"命令编辑文本内容和格式的方法有 2 种。

（1）在命令行中输入"文本编辑"命令"mtedit（多行文字）"（也可输入"textedit"或"ddedit"）。

（2）双击需要编辑的文本对象。

其中第（2）种方法操作快捷，较为常用。

2．用"特性"选项板编辑文字

微课："文本编辑"命令执行方法

"特性"选项板（见图 7.9）可根据对象选择情况显示相应的特性，选择一个对象时可显示对象的所有特性；选择多个对象时，仅显示所有选定对象的公共特性；未选定任何对象时，仅显示常规特性的当前设置。在图形窗口中单击要编辑的文本对象后，单击鼠标右键，在弹出的快捷菜单中执行"特性"命令或在"默认"选项卡功能区"特性"面板中单击右下角的 ↘ 按钮均可打开"特性"选项板。在"特性"选项板中单击需要修改的文本特性或内容，即可对其进行修改。

图 7.9　"特性"选项板

┃三、项目实施┃

（一）任务一

1．新建文件

启动 AutoCAD 2016，进入"草图与注释"工作空间，新建一个无样板图形文件，保存此空白文件，文件名为"图 7.1.dwg"，注意在绘图过程中每隔一段时间保存一次。

2．设置绘图环境

（1）设置图形界限，设定绘图区域的大小为 297×210，左下角点为坐标原点（如没特殊要求可不设置）。

（2）设置图层，设置粗实线、中心线和文字 3 个图层，图层参数如表 7.1 所示。

表 7.1　　　　　　　　　　　　　　　　图层设置参数

图 层 名	颜　色	线　　型	线　宽	用　途
CSX	红色	Continuous	0.50mm	粗实线
ZXX	绿色	Center	0.25mm	中心线
WZ	青色	Continuous	0.25mm	文字标注

3．绘制图形

绘制图 7.1 所示螺纹规格为 d=M20（GB/T6170—2000）的六角头螺母，并写出螺母规定标记，要求：采用比例画法，布图匀称合理，图形正确，图素特性符合国标，不标注尺寸。

操作步骤如下。

（1）调整屏幕显示大小，打开"极轴追踪""对象捕捉""对象捕捉追踪"和"显示/隐藏线宽"状态按钮，在"草图设置"对话框的"对象捕捉"选项卡中设置"交点""端点""中点""圆心"等捕捉目标，并启用对象捕捉。

（2）绘制螺母基本视图轮廓形状。将"ZXX"图层置为当前，执行"直线"命令，在主视图、左视图和俯视图位置分别绘制出中心线，将"CSX"图层置为当前，执行"直线"命令，在主视图位置以长度40（2D）、高度16（0.8D）绘制一个矩形；在俯视图位置以内接圆直径 ϕ20（D）绘制一个正六边形；根据投影关系在主视图补画出对应轮廓线，在左视图完成对应视图。结果如图 7.10 所示。

图 7.10　绘制螺母基本轮廓

 说　明

图示尺寸是为方便说明绘图过程需进行的尺寸标注，在实际绘图时，标准件不需要标注尺寸。

（3）绘制主、俯视图圆弧。在主视图执行"圆"命令，以 E 点为圆心，30（1.5D）为半径绘制辅助圆，再以辅助圆下方象限点为圆心，以 30 为半径绘制圆，交 BD 线于 D 点。执行"直线"命令，绘制辅助直线 CD 和 AB，点 C 为 CD 与 AC 的交点，执行"圆弧"命令，以 C、AB 中点和 D 3 点绘圆弧。

在左视图执行"直线"命令，绘制辅助线 GH，执行"圆"命令，以 GH 中点为圆心，以 20（D）为半径，绘制辅助圆，再以辅助圆下方象限点为圆心，以 20（D）为半径绘制圆，结果如图 7.11 所示。

执行"镜像"命令，将需要的轮廓线镜像出对称的另一部分，执行"修剪"和"删除"命令，修剪和删除多余线段，结果如图 7.12 所示。

图 7.11　绘制圆弧

图 7.12　镜像、修剪图形

（4）绘制俯视图内切圆和螺纹。执行"绘图"菜单中的"圆"|"相切、相切、相切"（A）命令，分别选择正六边形任意 3 条边绘制出内切圆。

将"XSX"图层置为当前，执行"圆"命令，以直径 ϕ20（D）绘制圆，再将"CSX"图层置为当前，以直径 ϕ17（0.85D）绘制另一圆，执行"修剪"命令，将直径为 ϕ20 的圆修剪掉左下四分之一，结果如图 7.13 所示。

（5）绘制 30° 倒角。执行"直线"命令，在主视图左边用鼠标拾取点 *C*（见图 7.14）为线段起点，输入坐标"@10<30"确定第二点绘制一条倾斜角度为 30° 的直线。

执行"镜像"命令，在主视图右边镜像出另一条倾斜 150° 的直线。

执行"修剪"命令，修剪掉多余的线段和圆弧，结果如图 7.14 所示。

图 7.13 绘制内切圆和螺纹　　　　　　　　图 7.14 螺母完成图

4. 保存文件

（二）任务二

在当前文件下创建图 7.2 所示的文字标注。用户也可单独创建新文件。

操作步骤如下。

1. 创建文字样式

（1）单击"样式"工具栏中的"文字样式"按钮，弹出"文字样式"对话框，如图 7.3 所示。

（2）单击"新建"按钮，弹出"新建文字样式"对话框，如图 7.4 所示。

（3）在"样式名"文本框中输入"文字"，单击"确定"按钮，该对话框消失，返回图 7.3 所示对话框，但此时在"样式"列表中增加了"文字"新样式，结果如图 7.5 所示。

（4）用户可在如图 7.5 所示的对话框中设置如下内容。

"SHX"字体选择"gbeitc.shx"；选中"使用大字体"复选框；在"大字体"选择"gbcbig.shx"；"高度"设置为 5 或 7（用户根据需要设置标准字高），其他内容均为默认值。

（5）单击"应用"按钮，关闭对话框，设置完成一个用于文字标注的文字样式。

 说　明

　　AutoCAD 提供了符合标注要求的字体形文件：gbenor.shx、gbeitc.shx、gbcbig.shx 文件（形文件是 AutoCAD 用于定义字体或符号库的文件，其源文件的扩展名是 shp，扩展名为 shx 的形文件是编译后的文件）。其中，gbenor.shx 和 gbeitc.shx 文件分别用于标注直体和斜体字母与数字；gbcbig.shx 用于标注中文。系统默认的文字样式的"SHX"字体为 txt.shx，标注出的汉字为长仿宋字，但字母和数字则是由文件 txt.shx 定义的字体，不能完全满足制图要求。

2．创建文字内容

将"WZ"图层和"文字"文字样式置为当前，单击"绘图"工具栏中的"多行文字"按钮，命令行提示如下。

```
命令：_mtext
当前文字样式："文本"  文字高度：5  注释性：否
指定第一角点：    //指定输入文本内容区域第一角点（在绘图窗口中的合适位置单击鼠标指定第一个角点）
指定对角点或 [高度(H)/对正(J)/行距(L)/旋转(R)/样式(S)/宽度(W)/栏(C)]：
                 //指定输入文本内容区域的另一对角点（在绘图窗口中的合适位置单击鼠标指定文本内容区域的另一个角点。）
……（系统弹出如图7.15所示的"文字编辑器"属性栏和文本输入窗口）
```

图 7.15   "文字编辑器"属性栏和文本输入窗口

在光标位置处输入以下内容。

"在标注文本之前，需要对文本的字体定义一种样式，字体样式是所有字体文件、字体大小宽度系数等参数的综合。
单行文字标注适用于标注文字较短的信息，如工程制图中的材料说明、机械制图中的部件名称等。
标注多行文字时，可以使用不同的字体和字号。多行文字适用于标注一些段落性的文字，如技术要求、装配说明等。
AutoCAD 2010 %%C R EQS %%C30+0.023^-0.010 %%C40%%P0.010 %%C50H6"

文字内容输入完毕，选中"+0.023^-0.010"，单击"堆叠"按钮（选中内容后，符号亮显），结果如图7.2所示。

再次保存此文件。

四、检测练习

1．运用比例画法，绘制如图7.16所示规格为 d=M20，公称长度 l=80mm（GB/T5782—2000）的六角头螺栓。要求：布图匀称合理，图形正确，图素特性符合国标，不标注尺寸。

标记：螺栓 GB/T5782—2000 M20×80

图 7.16   六角头螺栓

 说　明

螺栓尾部倒角尺寸自定义。

2. 运用比例画法，绘制如图 7.17 所示代号为 6208（GB/276）滚动轴承。要求。布图匀称合理，图形正确，图素特性符合国标，不标注尺寸。

说 明

滚动轴承另一半可采用简化画法。

3. 运用比例画法，绘制如图 7.18 所示公称直径为 $d=20$mm 的平垫圈和弹簧垫圈，要求：布图匀称合理，图形正确，图素特性符合国标，不标注尺寸。

图 7.17　滚动轴承　　　　　　　图 7.18　平垫圈和弹簧垫圈

4. 运用比例画法，绘制头部如图 7.19 所示，公称直径为 $d=10$mm，公称长度 $l=30$mm（M10×30），螺纹长度为 27mm（开槽圆柱头）和 22mm（开槽沉头）的螺钉。要求：布图匀称合理，图形正确，图素特性符合国标，不标注尺寸。

图 7.19　螺钉

5. 运用比例画法，绘制如图 7.20 所示代号为 30308 圆锥滚子轴承。要求：布图匀称合理，图形正确，图素特性符合国标，不标注尺寸。

$d=40$mm

$D=90$mm

$B=23$mm

$C=20$ mm

$T=25.25$mm

图 7.20　圆锥滚子轴承

6. 绘制如图 7.21 所示圆柱螺旋压缩弹簧，要求：布图匀称合理，图形正确，图素特性符合国标，不标注尺寸。

图 7.21　圆柱螺旋压缩弹簧

｜五、提高练习｜

运用比例画法，绘制如图 7.22 所示的螺栓连接图，其中 T_1、T_2、T_3 和 T_4 尺寸自定义。要求：布图匀称合理，图形正确，图素特性符合国标，不标注尺寸。

 说　明

在绘制螺栓连接图时，用户也可以采用简化的方法绘制螺母和螺栓头结构。

图 7.22　提高练习

项目八
轴零件图的绘制

能力目标

1. 能够根据零件尺寸标注要求设置尺寸"标注样式"。

2. 能够运用"线性""对齐""半径""直径""角度""基线"和"连续"命令标注尺寸及其公差。

3. 能够综合运用绘图、修改命令绘制轴类零件图并标注尺寸及尺寸公差。

知识目标

1. 掌握尺寸"标注样式"的设置方法。

2. 掌握"线性""对齐""半径""直径""角度""基线"和"连续"标注及尺寸公差标注命令的操作方法。

| 一、项目导入 |

选择合适图幅，按 1：1 的比例绘制图 8.1 所示的减速器从动轴零件图。要求：布图匀称，图形正确，线型符合国标，标注尺寸和尺寸公差，填写"技术要求"及标题栏，但不标注表面粗糙度和形位公差。

图 8.1　轴零件图

|二、项目知识|

（一）设置"标注样式"

标注样式是标注设置的命名集合，用于控制标注的外观。在 AutoCAD 2016 中，系统默认的标注样式为"standard"，"标注样式"可以由用户自己定义。用户可以创建标注样式，以快速指定标注的格式，并确保标注符合标准。执行"标注样式"命令的方法有以下 3 种。

微课：尺寸"标注样式"设置操作方法

（1）单击"默认"选项卡功能区"注释"面板中的"注释"下拉按钮 注释▾ ，选择"标注样式"按钮 。

（2）单击"注释"选项卡功能区"标注"面板右下角的"标注样式"图标按钮 。

（3）在命令行中输入"标注样式"命令"dimstyle"。

执行此命令后，系统弹出"标注样式管理器"对话框，如图 8.2 所示，用户可以在该对话框中创建和修改标注样式相关参数。

单击"标注样式管理器"对话框中的"新建"按钮 新建(N)... ，弹出"创建新标注样式"对话框，如图 8.3 所示。用户可以在该对话框中设置"新样式名"选择基础样式、设置该标注样式应用的范围，然后单击"继续"按钮，在弹出的图 8.4 所示的"新建标注样式"对话框中设置尺寸标注样式的各项参数。

图 8.2　"标注样式管理器"对话框

图 8.3　"创建新标注样式"对话框

如果用户需要修改已经创建的尺寸标注样式，则可以在"标注样式管理器"对话框中的"样式"列表框中选中要修改的"尺寸标注样式"（如"尺寸标注"），然后单击该对话框中的"修改"按钮，系统将弹出"修改标注样式：尺寸标注"对话框。该对话框中的选项与"新建标注样式"对话框中的选项相同，用户可以重新设置各选项的参数值，以便修改标注样式。

"新建标注样式"对话框中共有 7 个选项卡，分别用于设置与标注样式有关的各项参数。

1. 线

"线"选项卡用于设置尺寸线、尺寸界线的格式和特性，如图 8.4 所示。该选项卡中各选项的功能如下。

（1）"尺寸线"选项组：用于设置尺寸线的特性，包括以下 6 个选项。

① "颜色"下拉列表框：在该下拉列表中选择一种颜色作为当前尺寸线的颜色。

② "线型"下拉列表框：设置尺寸线的线型。

③"线宽"下拉列表框：在该下拉列表中选择一种线宽作为当前线宽。

④"超出标记"微调框：用于指定在使用箭头倾斜、建筑标记、积分标记或无箭头标记时，尺寸线伸出尺寸界线的长度。只有当使用箭头倾斜、建筑标记、积分标记或无箭头标记时，该选项才可用。

⑤"基线间距"微调框：用于设置基线标注的尺寸线之间的间距。

⑥"隐藏"复选框。该选项用于隐藏尺寸线：选中"尺寸线1"或"尺寸线2"复选框，即可隐藏尺寸线。

图8.4 "线"选项卡

（2）"尺寸界线"选项组：用于设置尺寸界线的特性，包括以下8项内容。

①"颜色"下拉列表框：用于设置尺寸界线的颜色。

②"尺寸界线1的线型"下拉列表框：设置第一条尺寸界线的线型。

③"尺寸界线2的线型"下拉列表框：设置第二条尺寸界线的线型。

④"线宽"下拉列表框：设置尺寸界线的线宽。

⑤"隐藏"选项组：用于设置是否显示或隐藏第一条和第二条尺寸界线。

⑥"超出尺寸线"微调框：用于设置尺寸界线超出尺寸线的距离。

⑦"起点偏移量"微调框：用于设置尺寸界线的起点到标注定义点的距离。

⑧"固定长度的尺寸界线"复选框：设置尺寸界线从尺寸线开始到标注原点的总长度。可以在该选项组中的"长度"文本框中直接输入尺寸界线的长度。

2．符号和箭头

"符号和箭头"选项卡用于设置箭头、圆心标记、弧长符号和半径折弯标注的角度，如图8.5所示。

该选项卡中各选项的功能如下。

（1）"箭头"选项组：用于控制标注箭头的外观。

①"第一个"下拉列表框：设置第一条尺寸线的箭头。当改变第一个箭头的类型时，第二个箭头将自动改变，以同第一个箭头相匹配。

②"第二个"下拉列表框：设置第二条尺寸线的箭头。

③"引线"下拉列表框：设置尺寸标注引线的箭头。

图8.5 "符号和箭头"选项卡

④"箭头大小"下拉列表框。显示和设置箭头的大小。

（2）"圆心标记"选项组：用于控制直径标注和半径标注的圆心标记和中心线的外观。

①"无"单选按钮：选中此单选按钮，不创建圆心标记或中心线。

②"标记"单选按钮：选中此单选按钮，创建圆心标记。

③"直线"单选按钮：选中此单选按钮，创建中心线。

④"大小"微调框：显示和设置圆心标记或中心线的大小。只有在选中"标记"或"直线"单选按钮时此微调框才有效。

（3）"折断标注"选项组：用于显示和设置折断标注折断处的间距大小。

"折断大小"微调框用于调整"折断标注"折断处间距的大小。

（4）"弧长符号"选项组：用于控制弧长标注中圆弧符号的显示。

①"标注文字的前缀"单选按钮：选中此单选按钮，将弧长符号放在标注文字的前面。

②"标注文字的上方"单选按钮：选中此单选按钮，将弧长符号放在标注文字的上方。

③"无"单选按钮：选中此单选按钮，不显示弧长符号。

（5）"半径折弯标注"选项组：用于控制折弯（Z 字型）半径标注的显示。折弯半径标注通常在中心点位于页面外部时创建。折弯角度是指确定用于连接半径标注的尺寸界线和尺寸线的横向直线的角度。用户可以直接在"折弯角度"数值框中输入角度值。

（6）"线性折弯标注"选项组：用于控制线性标注折弯的显示。当标注不能精确表示实际尺寸时，通常将折弯线添加到线性标注中。通常，实际尺寸比所需值小。

"折弯高度因子"微调框用于通过形成折弯的角度的两个顶点之间的距离确定折弯高度。

3．文字

"文字"选项卡用于设置标注文字的特性，如图 8.6 所示。

该选项卡中各选项的功能如下。

（1）"文字外观"选项组：用于控制标注文字的格式和大小，包括以下 6 个选项。

①"文字样式"下拉列表框：用于显示和设置标注文字的当前样式。

②"文字颜色"下拉列表框：用于显示和设置标注文字的颜色。

③"填充颜色"下拉列表框：用于显示和设置标注文字的背景色。

④"文字高度"微调框：用于显示和设置当前标注文字样式的高度，在微调框中直接输入数值即可。

图 8.6　"文字"选项卡

⑤"分数高度比例"微调框：用于设置比例因子，计算标注分数和公差的文字高度。

⑥"绘制文字边框"复选框：选中此复选框，将在标注文字外绘制一个边框。

（2）"文字位置"选项组：用于控制标注文字的位置，包括以下 3 个选项。

①"垂直"下拉列表框：用于控制标注文字相对于尺寸线的垂直对正。其他标注设置也会影响标注文字的垂直对正。在该下拉列表中选择标注文字的垂直位置，包括置中（将标注文字放在尺寸线中间）、上方（将标注文字放在尺寸线上方）、外部（将标注文字放在距离定义点最近的尺寸线一侧）和 JIS（按照日本工业标准放置标注文字）。

②"水平"下拉列表框：用于控制标注文字在尺寸线方向上相对于尺寸界线的水平位置。在该下拉列表中选择标注文字的水平位置，包括置中、第一条尺寸界线、第二条尺寸界线、第一条尺寸界线上方和第二条尺寸界线上方。

③"观察方向"下拉列表框：用于显示和设置当前文字观察方向，包括"从左到右"和"从右到左"。

④"从尺寸线偏移"微调框：用于显示和设置当前文字间距，即断开尺寸线以容纳标注文字时与标注文字的距离。

（3）"文字对齐"选项组：用于控制标注文字的方向（水平或对齐）在尺寸界线的内部或外部。其中包括如下 3 种对齐方式。

①"水平"单选按钮：选中此单选按钮，标注文字将水平放置。

②"与尺寸线对齐"单选按钮：选中此单选按钮，标注文字方向与尺寸线方向一致。

③"ISO 标准"单选按钮：选中此单选按钮，标注文字按 ISO 标准放置，即当文字在延伸线内时，文字与尺寸线对齐，当文字在延伸线外时，文字水平排列。

4．调整

"调整"选项卡用于设置尺寸线、箭头和文字的放置规则，如图 8.7 所示。

该选项卡中各选项的功能如下。

（1）"调整选项"选项组：用于根据尺寸界线之间的可用空间控制将文字和箭头放置在尺寸界线内部还是外部。此选项组可进一步调整标注文字、尺寸线和尺寸箭头的位置，包括以下 6 个选项。

图 8.7　"调整"选项卡

①"文字或箭头"单选按钮：选中此单选按钮，根据最佳调整方案将文字或箭头移动到尺寸界线外。

②"箭头"单选按钮：选中此单选按钮，先将箭头移动到尺寸界线外，然后再移动文字。

③"文字"单选按钮：选中此单选按钮，先将文字移动到尺寸界线外，然后再移动箭头。

④"文字和箭头"单选按钮：选中此单选按钮，当尺寸界线间的空间不足以容纳文字和箭头时，将箭头和文字都移出。

⑤"文字始终保持在尺寸界线之间"单选按钮：选中此单选按钮，始终将文字放置在尺寸界线之间。

⑥"若箭头不能放在尺寸界线内，则将其消"复选框：选中此复选框，如果尺寸界线之间的空间不足以容纳箭头，则不显示标注箭头。

（2）"文字位置"选项组：用于控制文字移动时的反应，指定当文字不在默认位置时，将其放置的位置。

①"尺寸线旁边"单选按钮：选中此单选按钮，尺寸线将随标注文字移动。

②"尺寸线上方，带引线"单选按钮：选中此单选按钮，尺寸线不随文字移动。如果将文字从尺寸线移开，AutoCAD 将创建引线连接文字和尺寸线。

③"尺寸线上方，不带引线"单选按钮：选中此单选按钮，尺寸线不随文字移动。如果将文字从尺寸线移开，文字不与尺寸线相连。

（3）"标注特征比例"选项组：用于设置全局标注比例值或图纸空间缩放比例。选中"使用全局比例"单选按钮，可设置全局尺寸标注的缩放比例，此比例不改变尺寸的测量值；选中"将标注缩放到布局"单选按钮，可根据当前模型空间的缩放关系设置比例。

（4）"优化"选项组：提供放置标注文字的其他选项，其中包括"手动放置文字"和"在尺寸界线之间绘制尺寸线"复选框。

5．主单位

"主单位"选项卡用于设置标注主单位特性，如图 8.8 所示。

该选项卡中各选项的功能如下。

（1）"线性标注"选项组。用于设置线性标注的格式和精度。

① "单位格式"下拉列表框：用于选择除角度外的各类标注的当前单位格式。

② "精度"下拉列表框：用于显示和设置标注文字的小数位。

③ "分数格式"下拉列表框：用于设置分数格式。

④ "小数分隔符"下拉列表框：用于设置小数格式的分隔符。

⑤ "舍入"微调框：用于设置非角度标注测量值的舍入规则。

⑥ "前缀"文本框：用于设置在标注文字前面包含一个前缀。

⑦ "后缀"文本框：用于设置在标注文字后面包含一个后缀。

⑧ "测量单位比例"选项：用于设置线性缩放比例。

⑨ "消零"选项：控制是否显示尺寸标注中的前导和后续消零。

（2）"角度标注"选项组：用于显示和设置角度标注的当前角度格式。

① "单位格式"下拉列表框：用于设置角度单位格式。

② "精度"下拉列表框：用于显示和设置角度标注的小数位。

③ "消零"选项：控制前导和后续消零。

6．换算单位

"换算单位"选项卡用于设置辅助标注单位特性，如图 8.9 所示。只有选中"显示换算单位"复选框，其他选项才可用。

图 8.8 "主单位"选项卡

图 8.9 "换算单位"选项卡

（1）"换算单位"选项组：用于显示和设置除角度之外的所有标注成员的当前单位格式。

① "单位格式"下拉列表框：用于设置换算单位格式。

② "精度"下拉列表框：根据所选的"单位"或"角度"格式设置小数位。

③ "换算单位倍数"微调框：用于设置原单位转换成换算单位的换算系数。

④ "舍入精度"微调框：用于为换算单位设置舍入规则。角度标注不应用舍入值。

⑤ "前缀"文本框：在换算标注文字前面包含一个前缀。

⑥ "后缀"文本框：在换算标注文字后面包含一个后缀。

（2）"消零"选项组：用于控制前导和后续消零。

（3）"位置"选项组：用于控制换算单位在标注文字中的位置。选中"主值后"单选按钮，将换算单位放在标注文字主单位的后面；选中"主值下"单选按钮，将换算单位放在标注文字主单位的下面。

7．公差

"公差"选项卡用于设置标注公差，如图 8.10 所示。

该选项卡中各选项的功能如下。

（1）"公差格式"选项组：用于控制标注文字中的公差格式。

① "方式"下拉列表框：用于设置公差的方式。

② "精度"下拉列表框：用于显示和设置公差文字中的小数位。

③ "上偏差"微调框：用于显示和设置最大公差或上偏差值。选择"对称"公差时，AutoCAD将此值用于公差。

④ "下偏差"微调框：用于显示和设置最小公差或下偏差值。

图 8.10 "公差"选项卡

⑤ "高度比例"微调框：用于设置比例因子，计算标注分数和公差的文字高度。

⑥ "垂直位置"下拉列表框：用于控制对称公差和极限公差的文字对正。选择"上"选项时，公差文字与标注文字的顶部对齐；选择"中"选项时，公差文字与标注文字的中间对齐；选择"下"选项时，公差文字与标注文字的底部对齐。

（2）"换算单位公差"选项组：用于设置公差换算单位格式，其中"精度"选项用于设置换算单位公差值精度。

（二）标注尺寸

AutoCAD 提供了多种尺寸标注命令，用户可以利用这些命令对图形进行"线性标注""对齐标注""角度标注""半径标注""直径标注""基线标注""连续标注""快速标注""快速引线标注""坐标标注""圆心标记""几何公差标注""弧长标注""折弯标注"和"倾斜标注"等。这些标注命令根据用户是否常用分别列在"默认"选项卡功能区的"注释"面板和"注释"选项卡功能区的"标注"面板上，如图 8.11 与图 8.12 所示。

图 8.11 "默认"选项卡功能区的"注释"面板

图 8.12 "注释"选项卡功能区的"标注"面板

1．"线性"标注

使用"线性"标注可以用指定的位置或对象的水平或垂直部分来创建标注。在 AutoCAD 2016 中，执行"线性"标注命令的方法有以下 3 种。

（1）单击"默认"选项卡功能区"注释"面板中的"线性"按钮 。

（2）单击"注释"选项卡功能区"标注"面板中的"线性"按钮。

微课："线性"标注
命令操作方法

（3）在命令行中输入"线性"命令"dimlinear"。

执行"线性"标注命令后，命令行提示如下。

```
命令：_dimlinear
    指定第一个尺寸界线原点或 <选择对象>：    //指定第一个尺寸界线原点或选择要进行"线性"标注的要素对象并单击鼠标
左键（单击尺寸标注对象起点或按 Enter 键执行"选择对象"选项，再单击选择要进行"线性"标注的要素对象）
    指定第二条尺寸界线原点：              //指定第二个尺寸界线原点（单击尺寸标注对象终点，如执行"选择对象"选
项，则无此操作步骤）
    指定尺寸线位置或
    [多行文字(M)/文字(T)/角度(A)/水平(H)/垂直(V)/旋转(R)]：
                                   //指定尺寸线位置或执行"多行文字(M)/文字(T)/角度(A)/水平(H)/垂直
(V)/旋转(R)"中的任意选项（拖动鼠标在合适位置单击，确定尺寸线位置，如执行各选项，输入相应选项的代号字母并按 Enter
键确认）
    标注文字 = 297                 //（系统自动生成数字）
```

其中各选项的功能如下。

① "指定尺寸线位置"：拖动鼠标确定尺寸线位置。

② "多行文字（M）"：选择此选项，系统弹出"文字格式"编辑器，其中尺寸测量的数据已经被固定，用户可以在数据的前面或后面输入文本并进行编辑，如创建"极限偏差"形式标注等。

③ "文字（T）"：将在命令行自定义标注文字，如创建"公差代号"标注。

④ "角度（A）"：将修改标注文字的旋转角度。

⑤ "水平（H）"：将创建水平线性标注。

⑥ "垂直（V）"：将创建垂直线性标注。

⑦ "旋转（R）"：将创建旋转线性标注。

常规"线性"标注的效果如图 8.13 所示。

图 8.13　"线性"标注

2．"对齐"标注

使用"对齐"标注可以创建与指定位置或对象平行的标注。执行"对齐"标注命令的方法有以下 3 种。

（1）单击"默认"选项卡功能区"注释"面板中的"线性"按钮右边的下拉按钮，选择"对齐"按钮。

微课："对齐"标注
命令操作方法

（2）单击"注释"选项卡功能区"标注"面板中的"线性"按钮右边的下拉按钮，选择"已对齐"按钮。

（3）在命令行中输入"对齐"标注命令"dimaligned"。

执行"对齐"标注命令后，命令行提示如下。

```
命令：_dimaligned
    指定第一个尺寸界线原点或 <选择对象>：    //指定第一个尺寸界线原点或选择要进行"线性"标注的要素对象并单击鼠标
左键（单击尺寸标注对象起点或按 Enter 键执行"选择对象"选项，再单击选择要进行"线性"标注的要素对象）
    指定第二条尺寸界线原点：              //指定第二个尺寸界线原点（单击尺寸标注对象终点，如执行"选择对象"选项，
则无此操作步骤）
    创建了无关联的标注。
```

指定尺寸线位置或
[多行文字(M)/文字(T)/角度(A)]: //指定尺寸线位置或执行"多行文字(M)/文字(T)/角度(A)/水平(H)/垂直(V)/旋转(R)"中的任意选项（拖动鼠标在合适位置单击，确定尺寸线位置，如执行各选项，则输入相应选项代号字母并按 Enter 键确认）
标注文字 = 36　　　　　　　　//（系统自动生成数字）

在命令执行过程中，命令行提示的选项"多行文字（M）/文字（T）/角度（A）"的功能与"线性"标注内容相同，此处不再赘述。

常规"对齐"标注的效果如图 8.14 所示。

3. "角度"标注

"角度"标注用于测量圆和圆弧的角度、两条直线间的角度以及三点间的角度。在 AutoCAD 2016 中，执行"角度"标注命令的方法有以下 3 种。

图 8.14　"对齐"标注

（1）单击"默认"选项卡功能区"注释"面板中的"线性"按钮 线性 右边的下拉按钮 ，选择"角度"按钮 角度。

（2）单击"注释"选项卡功能区"标注"面板中的"线性"按钮 线性 右边的下拉按钮 ，选择"角度"按钮 角度。

微课："角度"标注命令操作方法

（3）在命令行中输入"角度"标注命令"dimangular"。

执行"角度"标注命令后，命令行提示如下。

命令: _dimangular
选择圆弧、圆、直线或 <指定顶点>: //选择要标注的对象（单击选择要标注的圆弧、圆、直线）
……

在选择对象过程中，因选择的对象不同，命令行提示的内容也不同。如果选择的对象为"圆弧"，则命令行提示如下。

指定标注弧线位置或 [多行文字(M)/文字(T)/角度(A)/象限点(Q)]:
　　　　　　　　//指定标注弧线尺寸数字的位置（在合适位置单击确定尺寸数字位置）
标注文字 = 112　　　　　　　//（系统显示测量数据）

如果选择的对象为"圆"，则选择点位置即为"指定角的第一个端点"，命令行提示如下。

指定角的第二个端点: //指定角的第二个端点（鼠标单击圆上一点，确定角的第二个端点）
指定标注弧线位置或 [多行文字(M)/文字(T)/角度(A)/象限点(Q)]:
　　　　　　　　//指定标注弧线尺寸数字的位置（在合适位置单击确定尺寸数字位置）
标注文字 = 92　　　　　　　 //（系统显示测量数据）

如果选择的对象为"直线"，则选择点位置即为"选择第一条直线"，命令行提示如下。

选择第二条直线: //选择第二条直线（单击第二条直线上的一点，选择第二条直线）
指定标注弧线位置或 [多行文字(M)/文字(T)/角度(A)/象限点(Q)]:
　　　　　　　　//指定标注弧线尺寸数字的位置（在合适位置单击确定尺寸数字位置）
标注文字 = 38　　　　　　　 //（系统显示测量数据）

执行"角度"标注命令后，如果直接按 Enter 键，即选择执行"指定顶点"选项，则命令行提示如下。

命令: _dimangular
选择圆弧、圆、直线或<指定顶点>: //选择执行"指定顶点"选项（直接按 Enter 键）
指定角的顶点: //指定角的顶点（捕捉并单击确定测量角的顶点）
指定角的第一个端点: //指定角的第一个端点（捕捉并单击确定测量角的第一个端点）
指定角的第二个端点: //指定角的第二个端点（捕捉并单击确定测量角的第二个端点）

> 指定标注弧线位置或[多行文字(M)/文字(T)/角度(A)/象限点(Q)]：
>   //指定标注弧线尺寸数字的位置（在合适位置单击确定尺寸数字位置）
> 标注文字 = 125　　//（系统显示测量数据）

在命令执行过程中，命令行提示的选项"多行文字（M）/文字（T）/角度（A）/"与"线性"标注内容功能相同，此处不再赘述。其中"象限点（Q）"功能如下。

"象限点（Q）"：指定标注应锁定到的象限，打开象限行为后，将标注文字放置在角度标注外时，尺寸线会延伸超过尺寸界线。

常规"角度"标注的效果如图 8.15 所示。

图 8.15　"角度"标注

4．"弧长"标注

"弧长"标注用于测量圆弧或多段线圆弧上的距离，在标注文字的上方或前面将显示圆弧符号。在 AutoCAD 2016 中，执行"弧长"标注命令的方法有以下 3 种。

（1）单击"默认"选项卡功能区"注释"面板中的"线性"按钮 线性 右边的下拉按钮，选择"弧长"按钮 弧长。

（2）单击"注释"选项卡功能区"标注"面板中的"线性"按钮 线性 右边的下拉按钮，选择"弧长"按钮 弧长。

（3）在命令行中输入"弧长"标注命令"dimarc"。

执行"弧长"标注命令后，命令行提示如下。

> 命令：_dimarc
> 选择弧线段或多段线圆弧段：　　//选择弧线段或多段线圆弧段（单击弧线段或多段线圆弧段）
> 指定弧长标注位置或 [多行文字(M)/文字(T)/角度(A)/部分(P)/引线(L)]：
>   //指定标注弧线尺寸数字的位置（在合适位置单击确定尺寸数字位置）
> 标注文字 = 18　　// （系统显示测量数据）

在命令执行过程中，命令行提示的选项"多行文字（M）/文字（T）/角度（A）/" 内容功能与"线性标注"执行选项相同，此处不再赘述，其中"部分（P）/引线（L）"介绍如下。

① "部分（P）"。选择此命令选项，可缩短弧长标注的长度。

② "引线（L）"。选择此命令选项，可添加引线对象。仅当圆弧（或圆弧段）大于 90°时才会显示此选项。引线是按径向绘制的，指向所标注圆弧的圆心。

"弧长"标注的效果如图 8.16 所示。

图 8.16　"弧长"标注

5．"半径"标注

"半径"标注是使用可选的中心线或中心标记测量圆弧和圆的半径。在 AutoCAD 2016 中，执行"半径"标注命令的方法有以下 3 种。

（1）单击"默认"选项卡功能区"注释"面板中的"线性"按钮 线性 右边的下拉按钮，选择"半径"按钮 半径。

（2）单击"注释"选项卡功能区"标注"面板中的"线性"按钮 线性 右边的下拉按钮，选择"半径"按钮 半径。

微课："半径"标注命令操作方法

（3）在命令行中输入"半径"标注命令"dimradius"。

执行"半径"标注命令后，命令行提示如下。

> 命令：_dimradius
> 选择圆弧或圆：　　//选择需要进行标注的"圆弧"或"圆"（单击需要进行标注的"圆弧"或"圆"）

标注文字 ＝ 6　　//（系统显示测量数据）

指定尺寸线位置或 [多行文字(M)/文字(T)/角度(A)]：

　　　　　　//指定标注弧线尺寸数字的位置（在合适位置单击确定尺寸数字位置）

在命令执行过程中，命令行提示的选项"多行文字（M）/文字（T）/角度（A）/"内容功能与"线性标注"执行选项相同，此处不再赘述。

"半径"标注的效果如图 8.17 所示。

图 8.17　"半径"标注

6．"直径"标注

"直径"标注是使用可选的中心线或中心标记测量圆弧和圆的直径。在 AutoCAD 2016 中，执行"直径"标注命令的方法有以下 3 种。

（1）单击"默认"选项卡功能区"注释"面板中的"线性"按钮 线性 右边的下拉按钮 ，选择"直径"按钮 直径 。

（2）单击"注释"选项卡功能区"标注"面板中的"线性"按钮 线性 右边的下拉按钮 ，选择"直径"按钮 直径 。

（3）在命令行中输入"直径"标注命令"dimdiameter"。

执行"直径"标注命令后，命令行提示如下。

微课："直径"标注
命令操作方法

命令：_dimdiameter

选择圆弧或圆：　　//选择需要进行标注的"圆弧"或"圆"（单击需要进行标注的"圆弧"或"圆"）

标注文字 ＝ 12　//（系统显示测量数据）

指定尺寸线位置或 [多行文字(M)/文字(T)/角度(A)]：

　　　　　　//指定标注弧线尺寸数字的位置（在合适位置单击确定尺寸数字位置）

在命令执行过程中，命令行提示的选项"多行文字（M）/文字（T）/角度（A）/"内容功能与"线性标注"执行选项相同，此处不再赘述。

"直径"标注的效果如图 8.18 所示。

7．"坐标"标注

"坐标"标注用于测量从原点（称为基准）到要素（如部件上的一个孔）的水平或垂直距离。在 AutoCAD 2016 中，执行"坐标"标注命令的方法有以下 3 种。

图 8.18　"直径"标注

（1）单击"默认"选项卡功能区"注释"面板中的"线性"按钮 线性 右边的下拉按钮 ，选择"坐标"按钮 坐标 。

（2）单击"注释"选项卡功能区"标注"面板中的"线性"按钮 线性 右边的下拉按钮 ，选择"坐标"按钮 坐标 。

（3）在命令行中输入"坐标"标注命令"dimordinate"。

执行"坐标"标注命令后，命令行提示如下。

微课："坐标"标注
命令操作方法

命令：_dimordinate

指定点坐标：　　　//指定要进行坐标标注的点（单击或捕捉需要进行标注的坐标点）

创建了无关联的标注。

指定引线端点或 [X 基准(X)/Y 基准(Y)/多行文字(M)/文字(T)/角度(A)]：

　　　　　　//指定标注坐标点 X方向或 Y方向尺寸数字的位置（在合适位置单击确定尺寸数字位置）

标注文字 ＝ 1362 //（系统显示测量数据）

在命令执行过程中，命令行提示的选项"多行文字（M）/文字（T）/角度（A）/"内容功能与"线性标注"执行选项相同，此处不再赘述，其中"X 基准（X）/Y 基准（Y）"功能介绍如下。

① "X 基准（X）。执行测量 X 坐标并确定引线和标注文字的方向，系统将显示"引线端点"提示，从中可以指定端点。

② "Y 基准（Y）"。执行测量 Y 坐标并确定引线和标注文字的方向，系统将显示"引线端点"提示，从中可以指定端点。

"坐标"标注的效果如图 8.19 所示。

图 8.19 "坐标"标注

8．"折弯"标注

当圆弧或圆的中心位于布局之外并且无法在其实际位置显示时，将创建折弯半径标注。可以在更方便的位置指定标注的原点（这称为中心位置替代）。"折弯"标注可以测量选定对象的半径，并在半径前面带有半径符号 R 的标注文字，并可以在任意合适的位置指定尺寸线的原点。

在 AutoCAD 2016 中，执行"折弯"标注命令的方法有以下 3 种。

（1）单击"默认"选项卡功能区"注释"面板中的"线性"按钮 线性 右边的下拉菜单按钮" "，选择"折弯"标注命令图标按钮" 折弯 "。

（2）单击"注释"选项卡功能区"标注"面板中的"线性"按钮 线性 右边的下拉按钮 ，选择"已折弯"按钮 折弯 。

（3）在命令行中输入"折弯"标注命令"dimjogged"。

执行"折弯"标注命令后，命令行提示如下。

微课："折弯"标注命令操作方法

```
命令：_dimjogged
选择圆弧或圆：          //选择要进行标注的圆弧或圆（单击要进行标注的圆弧或圆）
指定图示中心位置：       //指定要进行标注的圆弧或圆替代圆心的位置（单击一点确定要进行标注的圆弧或圆的位置）
标注文字 = 4           //（系统显示测量数据）
指定尺寸线位置或[多行文字(M)/文字(T)/角度(A)]：  指定尺寸线位置（在合适位置单击确定尺寸线位置）
指定折弯位置：          //指定折弯位置（在合适位置单击确定折弯位置）
```

在命令执行过程中，命令行提示的命令执行选项"多行文字（M）/文字（T）/角度（A）/"内容功能与"线性标注"执行选项相同，此处不再赘述。

"折弯"标注的效果如图 8.20 所示。

9．"快速"标注

"快速"标注是向图形中添加测量注释的过程，用户可以为各种对象沿各个方向快速创建标注。可用于"快速"标注的基本标注类型包括线性标注、半径标注、直径标注、角度标注、坐标标注和弧长标注。在 AutoCAD 2016 中，执行"快速"标注命令的方法有以下 2 种。

图 8.20 "折弯"标注

（1）单击"注释"选项卡功能区"标注"面板中的"快速"按钮 快速 。

（2）在命令行中输入"快速"标注命令"qdim"。

执行"快速"标注命令后，命令行提示如下。

微课："快速"标注命令操作方法

```
命令：_qdim
关联标注优先级 = 端点
选择要标注的几何图形：找到 1 个              //选择要标注的对象（单击要标注的第一
个对象）
选择要标注的几何图形：找到 1 个，总计 2 个    //选择要标注的对象（单击要标注的第二个对象）
选择要标注的几何图形：找到 1 个，总计 3 个    //选择要标注的对象（单击要标注的第三个对象）
选择要标注的几何图形：                     //结束对象选择（按 Enter 键，结束对象选择）
指定尺寸线位置或 [连续(C)/并列(S)/基线(B)/坐标(O)/半径(R)/直径(D)/基准点(P)/编辑(E)/设置(T)] <连续>：
                                      //指定尺寸线位置（拖动鼠标确定尺寸线的位置）
```

在命令执行过程中，命令行提示的各选项的功能如下。

① 连续（C）：指定多个标注对象，即可创建一系列连续标注，其中线性标注线端对端地沿同一条直线排列。

② 并列（S）：指定多个标注对象，即可创建一系列并列标注，其中线性尺寸线以恒定的增量相互偏移。

③ 基线（B）：指定多个标注对象，即可创建一系列基线标注，其中线性标注共享一条公用尺寸界线。

④ 坐标（O）：指定多个标注对象，即可创建一系列坐标标注，其中元素将以单个尺寸界线以及 X 或 Y 值进行注释，相对于基准点进行测量。

⑤ 半径（R）：指定多个标注对象，即可创建一系列半径标注，其中将显示选定圆弧和圆的半径值。

⑥ 直径（D）：指定多个标注对象，即可创建一系列直径标注，其中将显示选定圆弧和圆的直径值。

⑦ 基准点（P）：为基线和坐标标注设置新的基准点。选择此选项后，命令行提示"选择新的基准点"，指定新基准点后，返回到上一提示。

⑧ 编辑（E）：编辑一系列标注。选择此选项后，命令行提示："指定要删除的标注点或[添加（A）/退出（X）]＜退出＞"，指定点后返回到上一提示。

⑨ 设置（T）：为指定尺寸界线原点设置默认对象捕捉。选择此选项后，命令行提示"关联标注优先级[端点（E）/交点（I）]＜端点＞"，选择命令选项后按 Enter 键返回到上一提示。

"快速"标注的效果如图 8.21 所示。

图 8.21　"快速"标注

10."连续"标注

"连续"标注是指创建首尾相连的多个标注。在创建"连续"标注之前，必须创建线性、对齐或角度标注。在 AutoCAD 2016 中，执行"连续"标注命令的方法有以下 2 种。

（1）单击"注释"选项卡功能区"标注"面板中的"连续"按钮 连续。

（2）在命令行中输入"连续"标注命令"dimcontinue"。

在执行"连续"标注之前要建立或选择一个线性、坐标或角度标注作为原始标注，然后再执行"连续"标注命令。执行"连续"标注命令后，命令行提示如下。

微课："连续"标注命令操作方法

```
命令：dimcontinue
选择连续标注：　//选择已完成的原始标注作为连续标注起点（单击一个对象作为原始标注）
指定第二个尺寸界线原点或 [选择(S)/放弃(U)] ＜选择＞：
　　　　　　　//指定第二个尺寸界线原点（单击第一个要标注对象的第二个尺寸界线起点，完成第一个尺寸标注）
标注文字 = 30　//（系统显示测量数据）
指定第二个尺寸界线原点或 [选择(S)/放弃(U)] ＜选择＞：
　　　　　　　//指定第二个尺寸界线原点（单击第二个要标注对象的第二个尺寸界线起点，完成第二个尺寸标注）
标注文字 = 10　//（系统显示测量数据）
指定第二个尺寸界线原点或 [选择(S)/放弃(U)] ＜选择＞：
　　　　　　　//结束尺寸界线原点确定（按 Enter 键确认，结束对象选择）
选择连续标注：　//结束命令（按 Enter 键确认，结束命令执行）
```

在命令执行过程中，命令行提示的各选项的功能如下。

① 放弃（U）：放弃在命令任务期间上一次输入的连续标注，返回最近的上一次操作。

② 选择（S）：命令行提示"选择连续标注"，用拾取框选择新的连续标注。

"连续"标注的效果如图 8.22 所示。

图 8.22 "连续"标注

11."基线"标注

"基线"标注是从同一基线处测量的多个标注。在创建基线标注之前，必须创建线性、对齐或角度标注。在 AutoCAD 2016 中，执行"基线"标注命令的方法有以下 2 种。

（1）单击"注释"选项卡功能区"标注"面板中的"连续"按钮 ⊞ 连续右边的下拉按钮▾，选择"基线"按钮 ⊟ 基线。

（2）在命令行中输入"基线"标注命令"dimbaseline"。

微课："基线"标注
命令操作方法

执行"基线"标注命令后，命令行提示如下。

```
命令: _dimbaseline
选择基准标注:      //选择"基准标注"作为标注基准（单击"基准标注"的一条尺寸界线<该尺寸界线即为基准>）
指定第二个尺寸界线原点或 [选择(S)/放弃(U)] <选择>:
                  //指定第二个尺寸界线起点（单击捕捉第二个尺寸界线起点）
标注文字 = 30     //（系统显示测量数据）
指定第二个尺寸界线原点或 [选择(S)/放弃(U)] <选择>:
                  //指定第三个尺寸界线起点（单击捕捉第三个尺寸界线起点）
标注文字 = 40     //（系统显示测量数据）
指定第二个尺寸界线原点或 [选择(S)/放弃(U)] <选择>:
                  //结束尺寸界线原点确定（按 Enter 键确认，结束对象选择）
选择基准标注:      //结束命令（按 Enter 键确认，结束命令）
```

在命令执行过程中，命令行提示的各选项的功能同"连续"标注，这里不再赘述。

"基线"标注的效果如图 8.23 所示。

三、项目实施

1．新建文件

启动 AutoCAD 2016，进入"草图与注释"工作空间，新建一个无样板图形文件，保存此空白文件，文件名为"图 8.1.dwg"，注意在绘图过程中每隔一段时间保存一次。

图 8.23 "基线"标注

2．设置绘图环境

（1）设置图形界限，设定绘图区域的大小为 297×210，左下角点为坐标原点（如没特殊要求可不设置）。

（2）设置图层，设置粗实线、中心线、文字标注和尺寸标注 4 个图层，图层参数如表 8.1所示。

表 8.1　　　　　　　　　　　　　　　图层设置参数

图 层 名	颜 色	线 型	线 宽	用 途
CSX	红色	Continuous	0.50mm	粗实线
ZXX	绿色	Center	0.25mm	中心线
WZ	黄色	Continuous	0.25mm	文字标注
CCBZ	青色	Continuous	0.25mm	尺寸标注

3．绘制边框线、图框线和标题栏

设定边框大小为 297×210，图幅为保留装订边格式。绘制过程如下。

（1）在"XSX"图层，执行"直线"命令，绘制长为 297，宽为 210 的矩形（也可运用"矩形"命令绘制，但绘制矩形后需执行"分解"命令对矩形进行分解），执行"偏移"命令，将左边向内偏移 25，将上、下和右边均向内偏移 5，执行"修剪"命令，修剪各线两端的图框矩形，修改图框为"CSX"图层。

（2）在图框右下角按机械制图要求绘制标题栏，标题栏长为 130，宽为 4×7=28，各单元格宽度尺寸参照机械制图简化标题栏尺寸要求。结果如图 8.24 所示。

图 8.24　图幅

为方便下次使用相同格式的图幅，可将此格式图幅保存为"样板文件"，操作过程为：单击"快速访问工具栏"｜"另存为"｜"图形样板"，如图 8.25 所示。

执行命令后，弹出图 8.26 所示的对话框。

图 8.25　建立"图形样板"文件

图 8.26　"图形另存为"对话框

（3）修改保存路径和位置，修改文件名为"A4 样板图.dwt"，单击"保存"按钮，即建立一个样板文件。

 说　明

> 为方便绘图，用户也可以先设置"图层""文字样式""尺寸标注样式"等样式绘图环境参数后再创建样板文件，用户可根据绘图需要创建出"A3 样板图""A2 样板图"和"A1 样板图"等样板文件。

4．绘制图形

操作步骤如下。

（1）调整屏幕显示大小，打开"极轴追踪""对象捕捉""对象捕捉追踪"和"显示/隐藏线宽"状态按钮，在"草图设置"对话框的"对象捕捉"选项卡中设置"交点""端点""中点""圆心"等捕捉目标，并启用对象捕捉。

（2）绘制基准线。执行"直线"命令，在"ZXX"图层绘制长度约为 150 的轴向对称线，在"CSX"图层，绘制长度为 37 的径向对称线 AB，执行"移动"命令或运用夹点功能调整两线相互位置，结果如图 8.27 所示。

（3）绘制各轴段。绘制各轴零件时，可暂不绘制轴段上的倒角、圆角和键槽等结构，即"先整体后细节"。

① 执行"偏移"命令，将径向基准 AB 以偏距 14（146−57−75＝14）偏移出该段另一线段 CD；执行"直线"命令，连接两线段上下两端。

② 执行"偏移"命令，将线段 CD 向左偏移 26 得到线段 EF，将中心对称线分别向上向下偏移 16，改变中心线偏移后两线段的线型。

③ 执行"修剪"和"删除"命令，修剪和删除多余的线段，结果如图 8.28 所示。

图 8.27　绘制基准线　　　　　　　　　　　　　　图 8.28　绘制轴段 1

④ 执行"偏移"命令，将基准 AB 向右偏移 15 得到线段 GH，线段 CD 向左偏移 57，将中心对称线分别向上向下偏移 15，改变中心线偏移后两线段的线型。

⑤ 执行"修剪"和"删除"命令，修剪和删除多余的线段，结果如图 8.29 所示。

⑥ 运用相同的方法分别绘制出 IJ 和 KL 线段，结果如图 8.30 所示。

图 8.29　绘制轴段 2　　　　　　　　　　　　　　图 8.30　绘制轴段 3

（4）绘制 4 个 2×1 的退刀槽。执行"偏移"命令，将线段 IJ 向右偏移 2，线段 IK 和 JL 分别向下、向上偏移 1，结果如图 8.31 所示。

执行"修剪"和"删除"命令，修剪和删除多余的线段，结果如图 8.32 所示。

图 8.31　绘制退刀槽 1　　　　　　　　　　　　　图 8.32　绘制退刀槽 2

运用相同的方法分别绘制出其他各段退刀槽，结果如图 8.33 所示。

（5）绘制 C2 和 C1 倒角。执行"倒角"命令，分别设置倒角距离为 2 和 1，对需要倒角的各段进行倒角，结果如图 8.34 所示。

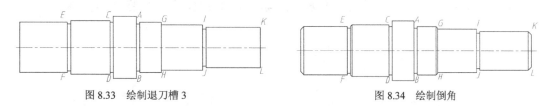

图 8.33　绘制退刀槽 3　　　　　　　　　　　图 8.34　绘制倒角

（6）绘制键槽。执行"偏移"命令，将线段 *CD* 分别以偏距 8（3+5=8）和 20（3+22-5=20）向左偏移出两线段，与中心线的交点分别为 *M* 和 *N*。

执行"圆"命令，分别以点 *M* 和点 *N* 为圆心，以半径为 5 绘制两圆，再执行"直线"命令，分别以两圆象限点为端点绘制两条线段，结果如图 8.35 所示。

执行"修剪"和"删除"命令，修剪和删除多余的线段。

运用相同的方法绘制出另一键槽，结果如图 8.36 所示。

图 8.35　绘制键槽 1　　　　　　　　　　　图 8.36　绘制键槽 2

（7）绘制剖切符号、投影箭头和标记字母。执行"直线"命令，在 *EC* 轴段处绘制长度为 3.5 的垂直线段。

① 执行"线性尺寸"标注命令，在绘图区任意位置标注一个任意长度尺寸（步骤 1）；执行"分解"命令，将该尺寸分解；执行"删除"命令，删除多余的尺寸界线和箭头（步骤 2）；运用夹点功能调整尺寸线长度至合适位置（步骤 3）；执行"移动"命令，将留下的尺寸线和箭头移动到垂直线段处（步骤 4）。绘图过程如图 8.37 所示。

② 执行"镜像"命令，在对称位置处镜像出另一半。

③ 运用相同的方法分别绘制出另一半。

将"XSX"图层置为当前，执行"多行文字"命令，在剖切符号旁创建字母 *A* 和 *B*，结果如图 8.38 所示。

步骤 1　　　步骤 2　　　步骤 3　　步骤 4

图 8.37　绘制剖切符号 1

图 8.38　绘制剖切符号 2

（8）绘制两断面图。将"ZXX"图层置为当前，绘制长度约为 40 的互相垂直的两条对称中心线，运用夹点功能调整两条中心线的长度，使两条线段的中点和交点正好重合。

将"CSX"图层置为当前，以两中心线交点为圆心，以半径 $\phi15$ 绘制一个圆。

执行"偏移"命令，将水平中心线以偏距 5 分别向上、向下偏移，将垂直中心线以偏距

12 向右偏移，再分别将偏移所得线段线型修改为"CSX"图层，结果如图 8.39 所示。

执行"修剪"和"删除"命令，修剪和删除多余的线段，结果如图 8.40 所示。

图 8.39　绘制断面图 1

图 8.40　绘制断面图 2

将"XSX"图层置为当前，执行"图案填充"命令，选择图 8.40 所示的 4 个象限区域作为填充区域，完成剖面线的绘制。

执行"多行文字"命令，在断面图上方创建内容为"A-A"剖视图标记。运用相同的方法绘制出"B-B"断面图，结果如图 8.41 所示。

（9）设置尺寸标注样式。将"XSX"图层置为当前，创建"尺寸标注"文字样式，将文字高度设置为 0，其余内容设置同"项目七"中的"文字"文字样式，这里不再赘述。

图 8.41　绘制断面图 3

 说　明

　　在建立尺寸标注文字类型时，应将文字高度设置为 0，如果文字类型的文字高度值不为 0，则"新建标注样式：标注样式"对话框（见图 8.4）中"文字"选项卡中的"文字高度"命令将不起作用。

单击"默认"选项卡功能区"注释"面板中的"注释"下拉按钮注释▼，选择执行"标注样式"按钮，即可新建一个的标注样式，系统同时打开"标注样式管理器"对话框，如图 8.2 所示。

单击"新建"按钮，弹出"创建新标注样式"对话框，如图 8.3 所示。

在"新样式名"文本框中输入样式的名称"尺寸标注"，单击"继续"按钮，弹出"新建标注样式：尺寸标注"对话框，如图 8.4 所示。

在此对话框中根据机械制图标准要求设置参数，主要参数设置如下。

"箭头大小"设为 3.5（比尺寸标注文字字高小一号），如图 8.42 所示；选择"文字样式"为"尺寸标注"，如图 8.43 所示；"文字高度"设为 5（只有选择的"文字样式"的字高为 0 时，才可以

图 8.42　设置"箭头大小"

设置"文字高度",当选择的"文字样式"的字高为非 0 时,"文字高度"将对应于相应的"文字样式"字高,此时"文字高度"将不能被修改),如图 8.43 所示;"精度"选择为 0.00,如图 8.44 所示;"小数分隔符"选择为"."(句点),如图 8.44 所示,其他选项均采用默认值。

图 8.43　选择"文字样式"和设置"文字高度"　　　　图 8.44　选择"精度"和"小数分隔符"

设置完毕,单击"确定"按钮,创建"尺寸标注"标注样式完成。

(10)尺寸标注。

①　"Ø30±0.0065"类型尺寸标注。该尺寸为径向尺寸且上下偏差对称,标注尺寸时采用"±"符号,其输入代号为"%%p",标注方法如下。

单击"默认"选项卡功能区"注释"面板中的"线性"按钮 线性,命令行提示如下。

```
命令: _dimlinear
指定第一个尺寸界线原点或 <选择对象>:    //指定第一个尺寸界线原点(单击尺寸标注线段的一个端点)
指定第二条尺寸界线原点:                //指定第二个尺寸界线原点(单击尺寸标注线段的另一端点)
指定尺寸线位置或
[多行文字(M)/文字(T)/角度(A)/水平(H)/垂直(V)/旋转(R)]:m
                                    //执行"多行文字(M)"选项(输入选项代号字母"m"并按 Enter 键确认)
```

此时,系统弹出"文字编辑器"界面,同时绘图区出现文本输入窗口,并有系统生成的尺寸数值 30(显蓝)和闪烁的光标。用鼠标或方向键将闪烁的光标移动到 30 前,输入"%%c",输入完的"%%c"将转换为"Ø",再将光标移动到 30 后,在文本窗口中输入"%%p0.0065","%%p"将转换为"±",结果如图 8.45 所示。(命令行继续提示)

```
指定尺寸线位置或
[多行文字(M)/文字(T)/角度(A)/水平(H)/垂直(V)/旋转(R)]:
                //指定尺寸线位置,结束命令(在文本输入窗口外单击鼠标左键,并调整好位置,再次单击鼠标左键)
标注文字 = 30    //(系统显示测量数据)
```

"Ø30±0.0065"类型尺寸标注结果如图 8.46 所示。

图 8.45　输入标注文字

图 8.46　尺寸标注结果

② "$\phi24^{+0.015}_{-0.002}$" 类型尺寸标注。执行"线性"标注命令后，命令行提示内容同前，此处不再重复。此时，系统弹出"文字编辑器"界面和文本输入窗口，并有系统生成的尺寸数值 24（显蓝）和闪烁的光标。用鼠标或方向键将闪烁的光标移动到 24 前，输入"%%c"，输入完的"%%c"同样转换为"ϕ"，再将光标移动到 24 后，在文本窗口中输入"+0.015^+0.002"，选中"+0.015^+0.002"，如图 8.47 所示，单击"堆叠"按钮 （显亮），输入的"+0.015^+0.002"转换为 $\phi24^{+0.015}_{-0.002}$。（命令行继续提示）。

```
指定尺寸线位置或
[多行文字(M)/文字(T)/角度(A)/水平(H)/垂直(V)/旋转(R)]:
                //指定尺寸线位置，结束命令（在文本输入窗口外单击鼠标左键，并调整好位置，再次单击鼠标左键）
标注文字 = 24    //（系统显示测量数据）
```

"$\phi24^{+0.015}_{-0.002}$" 类型尺寸标注结果如图 8.48 所示。

在进行带有偏差值的尺寸标注时，在上偏差或下偏差为 0 时，由于 0 无正负号，所以为保证上偏差和下偏差上下对齐，在输入文本时，0 前应加空格，在选中文本时，空格也要一起被选中。

③ 2×1 类型尺寸标注。执行"线性"标注命令后，命令行提示内容（省略部分内容同前）如下。

```
......
指定尺寸线位置或
[多行文字(M)/文字(T)/角度(A)/水平(H)/垂直(V)/旋转(R)]: t  //执行"文字(T)"选项（输入选项代号字母 t 并
按 Enter 键确认）
```

此时，命令行提示"输入标注文字 <2>:"，用户在提示后输入"2X1"（"X"为大写字母），并按 Enter 键确认，同时命令行继续提示如下。

```
输入标注文字 <2>: 2X1
指定尺寸线位置或
[多行文字(M)/文字(T)/角度(A)/水平(H)/垂直(V)/旋转(R)]:
                //指定尺寸线位置，结束命令（在文本输入窗口外单击鼠标左键，并调整好位置，再次单击鼠标左键）
标注文字 = 2     //（系统显示测量数据）
```

"2×1" 类型尺寸标注结果如图 8.49 所示。

图 8.47　输入标注文字　　　　图 8.48　尺寸标注结果　　　　图 8.49　尺寸标注结果

运用相同的方法完成两断面图尺寸数字"10N9""6N9"及其他同类型的尺寸标注。

（11）倒角尺寸标注。执行"直线"命令，在倒角斜边端点位置处绘制延长线并弯折绘制一条水平线，绘制出引线。

执行"多行文字"或"单行文字"命令，在水平线上标注"$C1$"和"$C2$"。

（12）填写标题栏和"技术要求"。执行"多行文字"或"单行文字"命令均可在标题栏单元格中填写文字内容。

① 执行"多行文字"命令，操作过程如下。

执行"多行文字"命令，指定 *A* 点为第一角点，*B* 点为对角点，确定单元格为文本输入区域，如图 8.50 所示。单击拾取 *B* 点后，系统弹出"文字编辑器"属性栏和文本输入窗口，在光标处输入文字内容（如"制图"），选中文本内容，单击"对正"按钮，在弹出的下拉列表中选择"正中"，操作过程如图 8.51 所示。在文本输入区域外单击鼠标，完成文本输入，结果如图 8.52 所示。

图 8.50 确定文本输入区域

图 8.51 文本编辑

图 8.52 文本输入结果

用户可用相同的方法填写其他单元格内容，"名称"和"单位名称"的字号可放大一号或二号。

② 执行"单行文字"命令的操作过程如下。

执行"直线"命令，在单元格中绘制一条对角线作为辅助线。执行"单行文字"命令，命令行提示如下。

```
命令：_text
当前文字样式："文字" 文字高度：3.5000 注释性：否 对正：正中
指定文字的中间点 或 [对正(J)/样式(S)]：j        //选择文本"对正(J)"选项（输入"j"并按 Enter 键确认）
输入选项 [左(L)/居中(C)/右(R)/对齐(A)/中间(M)/布满(F)/左上(TL)/中上(TC)/右上(TR)/左中(ML)/正中
(MC)/右中(MR)/左下(BL)/中下(BC)/右下(BR)]：mc     //选择"正中(MC)"选项（输入"MC"并按 Enter 键确认）
指定文字的中间点：                //指定文字的中间点位置（捕捉辅助线中点并单击鼠标左键）
指定文字的旋转角度 <0>：             //指定文字的旋转角度为 0，即不旋转（按 Enter 键执行默认选项）
```

捕捉辅助线中点并单击鼠标左键，指定出文字的中间点，如图 8.53 所示。文字的旋转角度指定完成后，在光标处输入文本内容（如"制图"），显示如图 8.54 所示。单击文本输入区域外的一点，并按 Enter 键结束命令，执行"删除"命令，删除辅助线，结果如图 8.55 所示。

图 8.53 指定文字中间点

图 8.54 输入文字

图 8.55 文字输入结果

用户可用相同的方法填写其他单元格的内容。

③ 执行"多行文字"命令，输入"技术要求"文字内容。

至此完成全图，结果如图 8.1 所示。

最后保存此文件。

四、检测练习

1. 按 1:1 的比例绘制图 8.56 所示的直齿圆柱齿轮减速器齿轮轴零件图。要求：布图匀称，图形正确，线型符合国标，标注尺寸和尺寸公差，填写技术要求及标题栏，但不标注表面粗糙度和形位公差。

图 8.56　检测练习 1

2. 按 1:1 的比例绘制图 8.57 所示的轴零件图。要求：布图匀称，图形正确，线型符合国标，标注尺寸和尺寸公差，填写技术要求及标题栏，但不标注表面粗糙度和形位公差。

图 8.57　检测练习 2

3．按 1∶1 的比例绘制图 8.58 所示的齿轮轴零件图。要求：布图匀称，图形正确，线型符合国标，标注尺寸和公差，填写技术要求及标题栏，但不标注表面粗糙度。

图 8.58　检测练习 3

｜五、提高练习｜

按 1∶1 的比例绘制图 8.59 所示的直齿圆柱齿轮减速器从动轴零件图。要求：布图匀称，图形正确，线型符合国标，标注尺寸和公差，填写技术要求及标题栏，但不标注表面粗糙度。

图 8.59　提高练习

项目九
齿轮零件图的绘制

能力目标

1. 能够运用夹点的常用编辑功能编辑图形。
2. 能够运用"多重引线"标注及对引线进行"对齐""合并"编辑，运用"圆心标记""公差"等命令进行尺寸标注或标记。
3. 能够运用"倾斜""文字角度"命令进行尺寸界线倾斜、文字角度编辑。
4. 能够运用绘图、修改命令绘制盘类零件图并进行尺寸、尺寸公差及几何"公差"标注。

知识目标

1. 掌握夹点常用编辑功能的操作方法和技巧。
2. 掌握"多重引线"标注及其"对齐""合并"编辑方法，掌握"圆心标记""公差"等命令的操作方法。
3. 掌握运用"倾斜""文字角度"命令进行尺寸界线倾斜、文字角度编辑的操作方法。

| 一、项目导入 |

按 1∶1 的比例绘制图 9.1 所示的减速器齿轮零件图。要求：布图匀称，图形正确，线型符合国标，标注尺寸和尺寸公差、几何公差，填写技术要求及标题栏，但不标注表面粗糙度。

图 9.1　直齿圆柱齿轮减速器齿轮零件图

|二、项目知识|

（一）夹点编辑

在编辑图形之前，选择对象时，在对象上将显示出若干个小方框，这些小方框用来标记被选中对象上的控制点，这些控制点称为"夹点"，如图 9.2 所示。夹点根据操作进程不同分为未选中的夹点、选中的夹点和悬停的夹点，用户可以单击"快速访问工具栏"中的"选项"图标（见图 9.3），在弹出的"选项"对话框中选择"选择集"选项卡（见图 9.4），单击"夹点颜色"按钮，进行夹点颜色设置。

微课："夹点"编辑
操作方法

图 9.2　直线、样条曲线和圆的夹点

夹点是一种集成的编辑模式，提供了一种方便、快捷的编辑操作途径。例如，使用夹点可以对对象进行拉伸、移动、旋转、缩放及镜像等操作。在 AutoCAD 中，用户可以使用夹点对图形进行简单编辑，夹点编辑方式包含了 5 种编辑方法：拉伸、移动、旋转、比例缩放和镜像。

图 9.3　打开"选项"对话框

图 9.4　设置夹点颜色

在不执行任何命令的情况下选中对象，显示其夹点，把十字光标靠近夹点并单击，激活夹点编辑状态，其中一个夹点作为拉伸的基点，此时，AutoCAD 自动进入"拉伸"编辑方式，命令行将显示如下提示信息。

```
** 拉伸 **
指定拉伸点或 [基点(B)/复制(C)/放弃(U)/退出(X)]：
```

此时用户可以根据命令行提示"拉伸"图形要素，连续按 Enter 键，就可以在所有常用编辑方式间切换，选择相应的编辑方式。切换如下。

```
** MOVE **
指定移动点或 [基点(B)/复制(C)/放弃(U)/退出(X)]：
** 旋转 **
指定旋转角度或 [基点(B)/复制(C)/放弃(U)/参照(R)/退出(X)]：
** 比例缩放 **
指定比例因子或 [基点(B)/复制(C)/放弃(U)/参照(R)/退出(X)]：
** 镜像 **
指定第二点或 [基点(B)/复制(C)/放弃(U)/退出(X)]：
```

除此之外，在激活夹点后，单击鼠标右键，弹出如图 9.5 所示的快捷菜单，其中列出了较为详细的图形要素的编辑和控制方法，通过此菜单也可以选择某种编辑方法。

图 9.5　快捷菜单

在不同的编辑方式间切换时，AutoCAD 为每种编辑方法提供的选项基本相同，其中"基点（B）""复制（C）"选项是所有编辑方式共有的。

"基点（B）"。该选项使用户可以拾取某一个点作为编辑过程中的基点。例如，当进入旋转编辑模式，并要指定一个点作为旋转中心时，就使用"基点（B）"选项。默认情况下，编辑的基点是热夹点（选中的夹点）。

"复制（C）"。如果用户在编辑的同时还需复制对象，则选择此选项。

默认情况下，指定拉伸点（可以输入点的坐标或者直接用鼠标拾取点）后，AutoCAD 将把对象拉伸或移动到新的位置。对于某些夹点，移动时只能移动对象而不能拉伸对象，如文字、块、直线中点、圆心、椭圆中心和点对象上的夹点。

值得一提的是，在运用夹点编辑功能绘图过程中，有的功能显得较为简单便捷，有的功能运用较为烦琐，不建议运用，具体运用形式用户可根据自己的习惯选择。

（二）"多重引线样式"命令

多重引线样式功能是指创建一个新的多重引线样式或修改已经存在的多重引线样式，多重引线样式可以指定基线、引线、箭头和内容的格式，综合控制引线的外观，用户可以使用默认的多重引线样式 Standard，也可以创建自己的多重引线样式，默认的 Standard 多重引线样式使用带有实心闭合箭头和行文字内容的直线引线。在 AutoCAD 2016 中，执行"多重引线样式"命令的方式有以下 2 种。

微课："多重引线样式"
设置命令操作方法

（1）单击"默认"选项卡功能区"注释"面板中的"注释"下拉按钮 注释▼，选择"多重引线样式"按钮 。

（2）在命令行中输入"多重引线样式"命令"mleaderstyle"。

执行命令后，系统弹出"多重引线样式管理器"对话框，如图 9.6 所示。用户可以在该对话框创建、修改和删除多重引线样式，也可以修改当前多重引线样式相关参数。

对话框中各选项的含义如下。

"当前多重引线样式"：显示创建的样式的名称，默认的样式为"standard"（标准）。

"样式"：显示样式列表。当前样式被显示成蓝色。

"列出"：控制"样式"列表的内容，选择"所有样式"，可显示图形中可用的所有样式，选择"正在使用的样式"，仅显示当前图形中参照的样式。

图 9.6　"多重引线样式管理器"对话框

"预览"：显示"样式"列表中选定样式的预览图像。

"置为当前"：将"样式"列表中选定的样式设定为当前样式，所有新的多重引线都将使用此样式进行创建。

"新建"：显示"创建新多重引线样式"对话框，从中可以定义新样式。

"修改"：显示"修改多重引线样式"对话框，从中可以修改样式。

"删除"：删除"样式"列表中选定的样式，但不能删除图形中正在使用的样式。

单击"多重引线样式管理器"对话框中的"新建"按钮 新建(N)... ，弹出"创建新多重引线样式"对话框，如图 9.7 所示。用户可以在该对话框中设置"新样式名"（如设置名称为"引线标注"）、选择基础样式，以及选择是否指定多重引线对象为注释性，然后单击"继续"按钮，在弹出的如图 9.8 所示的"修改多重引线样式：引线标注"对话框中设置多重引线样式的各项参数。

图 9.7　"创建新多重引线样式"对话框　　　　图 9.8　　"引线标注"选项卡

该对话框中包含"引线格式""引线结构"和"内容"3 个选项卡。

（1）"引线格式"选项卡。"引线格式"选项卡如图 9.8 所示，各选项的功能如下。

"常规"选项组控制箭头的基本设置。"类型"用于确定引线类型，可以选择直引线、样条曲线或无引线；"颜色"用于确定引线的颜色；"线型"用于确定引线的线型；"线宽"用于确定引线的线宽。

"箭头"选项作用是控制多重引线箭头的外观。"符号"用于设置多重引线的箭头符号，常用的箭头的符号为"实心闭合"和"小点"，进行"倒角"标注时，箭头的符号应选用"无"，箭头的符号如图 9.9 所示。"大小"用于显示和设置箭头的大小。

"引线打断"选项组用于控制将折断标注添加到多重引线时使用的设置。"打断大小"用于设置选择多重引线后用于"dimbreak"命令的折断大小。

在实际绘图中，除"箭头"中的"大小"可根据需要重新设置外，其他参数均可使用默认值，"箭头大小"一般可参照尺寸标注中的箭头大小进行设置，一般设置为 3.5。

（2）"引线结构"选项卡。"引线结构"选项卡如图 9.10 所示。各选项的功能如下。

"无"箭头 "实心闭合"箭头 "小点"箭头
图 9.9　箭头的符号　　　　　　　　　图 9.10　引线结构"选项卡

"约束"选项组用于控制多重引线的约束。"最大引线点数"用于指定引线的最大点数，其中"第一段角度"用于指定引线中第一个拐点处的角度;"第二段角度"用于指定多重引线基线中第二个拐点处的角度,在绘图时均可采用默认状态,即为不选中状态。

"基线设置"选项组用于控制多重引线的基线设置。"自动包含基线"用于将水平基线附着到多重引线内容;"设置基线距离"用于确定多重引线基线的固定距离,系统默认值较小,用户可根据引线附着内容需要重新设置,通常引线标注可设置为5~10。

"比例"选项组用于控制多重引线的缩放。"注释性"用于指定多重引线为注释性;"将多重引线缩放到布局"是指根据模型空间视口和图纸空间视口中的缩放比例确定多重引线的比例因子,当多重引线不为注释性时,此选项可用;"指定比例"用于指定多重引线的缩放比例,当多重引线不为注释性时,此选项可用。

(3)"内容"选项卡。"内容"选项卡如图9.11所示。各选项的功能如下。

"多重引线类型"用来确定多重引线是包含文字还是包含块,此选择将影响对话框中其他可用选项。"多重引线类型"为"多行文字"时的对话框如图9.12所示。

"文字选项"用于控制文字的外观。"默认文字"用于设定多重引线内容的默认文字。单击██按钮将启动多行文字在位编辑器。"文字样式"用于列出可用的文本样式,单击"文字样式"按钮██将显示"文字样式"对话框,从中可以创建或修改文字样式。"文字角度"用于指定文字的旋转角度。"文字颜色"用于指定文字颜色。"文字高度"用于指定文字的高度。"始终左对齐"复选框指定文字始终左对齐,"文字边框"复选框用于在使用文本框时为文字内容添加边框,通过设置基线间隙,控制文字和边框之间的距离。

"引线连接"选项组用于控制多重引线的引线连接设置,引线可以水平或垂直连接。

"水平连接"是指将引线插入文字内容的左侧或右侧,水平连接包括文字和引线之间的基线。"连接位置-左"控制文字位于引线左侧时基线连接到文字的方式;"连接位置-右"控制文字位于引线右侧时基线连接到文字的方式;"基线间隙"指定基线和文字之间的距离。

"垂直连接"是指将引线插入文字内容的顶部或底部,垂直连接不包括文字和引线之间的基线。"连接位置-上"是将引线连接到文字内容的中上部,可以在下拉列表中选择引线连接和文字内容之间插入上划线;"连接位置-下"是将引线连接到文字内容的底部,可以在下拉列表中选择在引线连接和文字内容之间插入下划线。

"将引线延伸至文字"将基线延伸到附着引线的文字行边缘(而不是多行文本框的边缘)处的端点,多行文本框的长度由文字最长一行的长度而不是边框的长度来确定。

"多重引线类型"为"块"时的对话框如图9.12所示。

图9.11 "多重引线类型"为"多行文字"

图9.12 "多重引线类型"为"块"

"块选项"用于控制多重引线对象中块内容的特性；"源块"指定用于多重引线内容的块；"附着"用于指定将块附着到多重引线对象的方式，可以指定块的插入点或块的圆心来附着块；"颜色"指定多重引线块内容的颜色，"比例"用于指定插入时块的比例。例如，如果块为 1mm，指定的比例为 0.5000，则将块插入时块为 1/2mm。

（三）"引线"命令

"引线"对象通常包含箭头、水平基线、引线或曲线和多行文字对象或块。如果已设置"多重引线样式"，则可以从该指定样式创建"多重引线"。"多重引线"标注是指由带箭头的引线和注释文字两部分组成的注释说明，多用于文字说明或几何公差等形式的标注。在 AutoCAD 2016 中，执行"多重引线"命令的方式有 2 种。

微课："引线"标注
命令操作方法

（1）单击"默认"选项卡功能区"注释"面板中的"引线"按钮 。

（2）在命令行中输入"引线"命令"mleader"。

执行"引线"命令后，命令行提示如下。

```
命令：_mleader
指定引线箭头的位置或 [引线基线优先(L)/内容优先(C)/选项(O)] <选项>：
                    //指定多重引线对象箭头的位置（在需进行标注引线位置处确定鼠标引线箭头的位置）
指定引线基线的位置：   //指定多重引线对象的基线的位置（在合适位置单击鼠标指定引线基线的位置）
……
```

当指定基线的位置时，系统将弹出"文字编辑器"属性栏，同时在引线基线右端出现"文字输入窗口"，如图 9.13 所示。用户可在"文字输入窗口"输入所需文本内容。文本输入完毕，在"文字输入窗口"外单击鼠标左键，结束命令，结果如图 9.14 所示。

图 9.13　文字输入窗口　　　　　　　　　　图 9.14　引线标注

在命令执行过程中，命令行提示中的"引线基线优先（L）/内容优先（C）/选项（O）"选项很少使用，此处不再介绍。

在机械制图中，常用的引线标注为文字内容在基线上方，在设置"修改多重引线样式"时，应选择"连接位置- 左"（控制文字位于引线右侧时基线连接到文字的方式）为"第一行加下划线"或"最后一行加下划线"，如进行"倒角 C2"（箭头设置"无"）和零件序号"1"标注的结果如图 9.15 所示。

图 9.15　"引线"标注举例

（四）"添加引线"命令

微课："添加引线"标注命令操作方法

"添加引线"命令用于将引线添加至多重引线对象，或从多重引线对象中删除引线（执行"删除"选项）。在 AutoCAD 2016 中，执行"添加引线"命令的方式有 2 种。

（1）单击"默认"选项卡功能区"注释"面板中"引线"按钮 引线 右边的下拉按钮 ，选择"添加引线"按钮 添加引线 。

（2）在命令行中输入"添加引线"命令"mleaderedit"或"aimleadereditadd"。

执行"添加引线"命令后，命令行提示如下。

```
命令：mleaderedit(或 aimleadereditadd)
选择多重引线：                          //选择要更改的多重引线（单击（如图9.16（a）图）选择要更改的多重引线）
找到 1 个
指定引线箭头位置或 [删除引线(R)]：      //指定多重引线对象箭头的位置（在需标注引线的位置单击鼠标确定第二个引
线箭头的位置）
指定引线箭头位置或 [删除引线(R)]：      //指定多重引线对象箭头的位置（在需标注引线的位置单击鼠标确定第三个引
线箭头的位置）
指定引线箭头位置或 [删除引线(R)]：      //结束命令（按 Enter 键确认，结束命令）
```

"添加引线"命令执行效果如图 9.16 所示。

（a）引线　　　　　　（b）"添加引线"效果
图 9.16　"添加引线"效果

在执行"添加引线"命令过程中，如执行"删除引线（R）"选项，则可删除引线，此功能等同于后面的"删除引线"命令，此处限于篇幅，"删除引线"命令将不再另行介绍。

（五）引线"对齐"命令

引线"对齐"命令用于对齐并间隔排列选定的多重引线对象，即选择多重引线后，指定所有其他多重引线要与之在水平或竖直方向对齐。在 AutoCAD 2016 中，执行引线"对齐"命令的方式有 2 种。

（1）单击"默认"选项卡功能区"注释"面板中"引线"按钮 引线 右边的下拉按钮 ，选择"对齐"按钮 对齐 。

（2）在命令行中输入引线"对齐"命令"mleaderalign"。

微课：引线"对齐"
标注命令操作方法

执行引线"对齐"命令后，命令行提示如下。

```
命令：_mleaderalign
选择多重引线：找到 1 个                      //选择多重引线(单击选择第一个多重引线)
选择多重引线：找到 1 个，总计 2 个          //选择多重引线(单击选择第二个多重引线)
选择多重引线：找到 1 个，总计 3 个          //选择多重引线(单击选择第三个多重引线)
选择多重引线：                              //结束多重引线选择（按 Enter 键，结束对象选择）
当前模式：使用当前间距                      // （使用多重引线内容的当前间距）
选择要对齐到的多重引线或 [选项(O)]：        //选择要对齐到的基准多重引线(单击选择要对齐的基准多重引线)
指定方向：                                  //指定水平或竖直方向（单击确定水平或竖直方向）
```

在命令执行过程中，如执行"选项（O）"选项，则指定用于对齐并分隔选定的多重引线，此时命令行提示如下。

```
......
选择要对齐到的多重引线或 [选项(O)]：o      //选择执行"选项(O)"选项（输入"o"并按 Enter 键确认）
```

```
输入选项 [分布(D)/使引线线段平行(P)/指定间距(S)/使用当前间距(U)] <使用当前间距>:
                                          //输入选项(按 Enter 键执行"使用当前间距")
......
```

在命令执行的过程中，"分布（D）/使引线线段平行（P）/指定间距（S）/使用当前间距（U）"选项的含义如下。

"分布（D）"：将内容在两个选定的点之间均匀隔开。

"使引线线段平行（P）"：放置内容，从而使选定多重引线中的每条最后的引线线段均平行。

"指定间距（S）"：指定选定的多重引线内容范围的间距。

"使用当前间距（U）"：使用多重引线内容的当前间距，为默认选项。

引线"对齐"的效果如图 9.17 所示。

（a）引线　　　　　　　　　（b）引线"对齐"效果

图 9.17　引线"对齐"举例

（六）引线"合并"命令

引线"合并"的作用是将包含块（内容为块的多重引线有效）的选定多重引线整理到行或列中，并通过单引线显示结果。在 AutoCAD 2016 中，执行引线"合并"命令的方式有 2 种。

（1）单击"默认"选项卡功能区"注释"面板中"引线"按钮 引线 右边的下拉按钮 ，选择"合并"按钮 合并。

（2）在命令行中输入引线"合并"命令"mleadercollect"。

执行引线"合并"命令后，命令行提示如下。

```
命令: _mleadercollect
选择多重引线: 找到 1 个                  //选择多重引线(单击选择序号为 3 的多重引线)
选择多重引线: 找到 1 个,总计 2 个        //选择多重引线(单击选择序号为 2 的多重引线)
选择多重引线: 找到 1 个,总计 3 个        //选择多重引线(单击选择序号为 1 的多重引线)
选择多重引线:                           //结束多重引线选择 (按 Enter 键,结束对象选择)
指定收集的多重引线位置或 [垂直(V)/水平(H)/缠绕(W)] <水平>:
                                      //指定需要合并的多重引线位置 (单击在绘图区域中指定合并后引线的位置,
系统默认为"水平"方向)
```

在命令执行的过程中，其中"垂直（V）/水平（H）/缠绕（W）"选项的含义如下。

"垂直（V）"：将多重引线集合放置在一列或多列中。

"水平（H）"：将多重引线集合放置在一行或多行中。

"缠绕（W）"：指定缠绕的多重引线集合的宽度，此时需指定缠绕宽度和数目（多重引线集合的每行中块的最大数目）。

执行引线"合并"命令后，效果如图 9.18 所示。

（a）引线　　　　　　　　　　　（b）引线"合并"效果

图 9.18　引线"合并"举例

（七）"圆心标记"命令

"圆心标记"是根据在"标注样式管理器"对话框"符号和箭头"选项卡中设定的"圆心标记"（DIMCEN 系统变量）的形式和大小，创建圆和圆弧的圆心标记或中心线。在 AutoCAD 2016 中，执行"圆心标记"命令的方法有以下 2 种。

（1）单击"注释"选项卡功能区"标注"面板下方的"标注"下拉按钮 标注 ▼ ，选择"圆心标记"按钮 ⊕ 。

（2）在命令行中输入"圆心标记"命令"dimcenter"。

执行"圆心标记"命令后，命令行提示如下。

微课："圆心标记"
命令操作方法

```
_dimcenter
选择圆弧或圆：//选择要标记的圆弧或圆（单击圆弧或圆，结束命令）
```

执行"圆心标记"命令后，"圆心标记"的"无""直线"和"标记"3 种类型的效果如图 9.19 所示。

无　　　　　　　　　　直线　　　　　　　　　标记

图 9.19　"圆心标记"举例

（八）"公差"命令

几何公差标注包括引线和公差框格两部分内容，在 AutoCAD 中，是创建带有，还是不带引线的几何公差取决于创建公差时使用的是"tolerance"命令还是"leader"和"qleader"命令，使用"tolerance"命令创建的是不带引线的几何公差，使用"leader"和"qleader"命令可以创建（需要设置或执行命令行选项）带引线的几何公差。由于 Auto CAD 2016 的功能区界面仅提供"tolerance"按钮，所以下面只介绍创建不带引线的几何公差的"tolerance"命令。在 AutoCAD 2016 中，执行"公差"命令的方法有以下 2 种。

微课："公差"
命令操作方法

（1）单击"注释"选项卡功能区"标注"面板下方的"标注"下拉按钮 标注▼ ，选择"公差"按钮 。

（2）在命令行中直接输入"公差"命令"tolerance"。

执行"公差"命令后，系统弹出"形位公差"对话框，如图 9.20 所示。

该对话框中各选项的功能如下。

（1）符号。单击此选项组中的■图标，打开"特征符号"面板，如图 9.21 所示，在该面板中选择合适的特征符号。

（2）公差 1 和公差 2。单击文本框左边的■图标，添加直径符号"ϕ"，此时该图标变为 ；可以

图 9.20　"形位公差"对话框

在中间的文本框中输入公差值；单击文本框右边的■图标，打开"附加符号"面板，如图9.22所示，从中选择合适的图标。

（3）基准 1、基准 2 和基准 3。该选项组中的文本框用于创建基准参照值，直接在文本框中输入数值即可。单击文本框右边的■图标，打开"附加符号"面板，如图9.22所示，从中选择合适的图标。

图 9.21　"特征符号"面板

图 9.22　"附加符号"面板

（4）高度。创建特征控制框中的投影公差零值，投影公差带（在延伸公差带值的后面插入延伸公差带符号）控制固定垂直部分延伸区的高度变化，并以位置公差控制公差精度。直接在文本框中输入数值，指定公差带的高度。

（5）基准标识符。在文本框中输入字母，创建由参照字母组成的基准标识符。

（6）延伸公差带。单击■图标，在投影公差带值的后面插入投影公差带符号，此时该图标变为 。

（九）"倾斜"命令

"倾斜"命令用于编辑（旋转、修改或恢复）标注文字和尺寸界线，更改尺寸界线的倾斜角，其中移动文字和尺寸线的功能等同于"DIMTEDIT"命令。在 AutoCAD 中，执行"倾斜"命令的方法有以下 2 种。

（1）单击"注释"选项卡功能区"标注"面板下方的"标注"下拉按钮 标注▼ ，选择"倾斜"按钮 。

（2）在命令行中输入"尺寸编辑"命令"dimedit"，按 Enter 键确认，执行"倾斜（O）"选项，输入字母"O"并按 Enter 键确认。

微课:尺寸标注"倾斜"编辑命令操作方法

执行"倾斜"命令后，命令行提示如下。

```
命令: _dimedit
输入标注编辑类型 [默认(H)/新建(N)/旋转(R)/倾斜(O)] <默认>: _o
                            //输入标注编辑类型选项（系统自动添加）
选择对象: 找到 1 个          //选择对象（单击选中需进行"倾斜"的线型尺寸）
```

选择对象:　　　　　　　　　　　//结束对象选择（按 Enter 键结束对象选择）
输入倾斜角度(按 ENTER 表示无):　//输入倾斜角度（输入 45 并按 Enter 键确认）

在命令执行过程中，各选项的功能如下。

"默认（H）"：选择该选项，将旋转标注文字移回默认位置。

"新建（N）"：选择此选项，打开"文字格式"编辑器，在该编辑器中可更改标注文字。

"旋转（R）"：旋转标注文字。

"倾斜（O）"：选择该选项，调整线性标注尺寸界线的倾斜角度，系统自动执行该选项。"倾斜"标注比较效果如图 9.23 所示。

未"倾斜"标注　　　　　　　　　"倾斜"标注
图 9.23　"倾斜"标注比较效果

（十）"文字角度"命令

"文字角度"命令用于移动和旋转标注文字并重新定位尺寸线，使用此命令更改或恢复标注文字的位置、对正方式和角度。其中更改尺寸线位置的功能等同于"DIMEDIT"命令更改尺寸界线角度。在 AutoCAD 中，执行"文字角度"命令的方法有以下 2 种。

微课：尺寸标注"文字角度"命令操作方法

（1）单击"注释"选项卡功能区"标注"面板下方的"标注"下拉按钮 标注 ▾，选择"文字角度"按钮 。

（2）在命令行中直接输入"尺寸编辑"命令"dimtedit"，按 Enter 键确认，执行"旋转（R）"命令选项，输入字母"R"并按按 Enter 键确认。

执行"文字角度"命令后，命令行提示如下。

命令: dimtedit
选择标注:　　　　　　　　　　//选择文字角度编辑尺寸标注（单击选择要编辑文字角度的尺寸标注）
为标注文字指定新位置或 [左对齐(L)/右对齐(R)/居中(C)/默认(H)/角度(A)]: _a
　　　　　　　　　　　　　　//指定新的标注文字角度（系统自动输入"a"）
指定标注文字的角度: 45　　　 //输入标注文字的角度（输入标注文字的角度 45 并按 Enter 键确认）

在命令执行过程中，各选项的功能如下。

"左对齐（L）"：选择该选项，沿尺寸线的左边对正标注文字，本选项只适用于线性、直径和半径标注。

"右对齐（R）"：选择该选项，沿尺寸线的右边对正标注文字，本选项只适用于线性、直径和半径标注。

"居中（C）"：选择该选项，将标注文字放在尺寸线的中间。

"默认（H）"：选择该选项，将标注文字移回默认位置。

"角度（A）"：选择该选项，修改标注文字的角度，该选项由命令自动执行。指定文字"角度"标注效果比较如图 9.24 所示。

未指定文字角度标注　　　　　指定文字角度为 45°标注
图 9.24　文字"角度"标注效果比较

| 三、项目实施 |

（一）新建文件

启动 AutoCAD 2016，进入"草图与注释"工作空间，调用"项目八"创建的"A4 样板图.dwt"样板文件，并另存为此文件，文件名为"图 9.1.dwg"，注意在绘图过程中每隔一段时间保存一次，用户也可参照"项目八"创建无样板图形文件。

（二）绘制图形

按 1 : 1 的比例绘制图 9.1 所示的减速器齿轮零件图。要求：布图匀称，图形正确，线型符合国标，标注尺寸和尺寸公差、几何公差，填写技术要求及标题栏，但不标注表面粗糙度。

操作步骤如下。

（1）调整屏幕显示大小，打开"极轴追踪""对象捕捉""对象捕捉追踪"和"显示/隐藏线宽"状态按钮，在"草图设置"对话框的"对象捕捉"选项卡中设置"交点""端点""中点""圆心"等捕捉目标，并启用对象捕捉。

（2）绘制基准线。执行"直线"命令，在"ZXX"图层，绘制主视图和左视图的轴向对称线和径向对称线，调整两两相交直线间的位置关系，结果如图 9.25 所示。

（3）绘制端面轮廓线、"三线"（齿顶线、齿根线和分度线）和三圆（齿顶圆、齿根圆和分度圆）。

执行"偏移"命令，在主视图上将径向对称线分别向左右偏移 13，修改偏移线为"CSX"图层。

执行"偏移"命令，在主视图上将轴向对称线分别向上、下偏移 55、53 和 50.5，并修改偏距为 55 和 50.5，修改偏移线为"CSX"图层。

执行"圆"命令，在左视图以对称线交点为圆心，分别在"CSX""ZXX"和"SXX"图层绘制半径为 55、53 和 50.5 的圆。

执行"修剪"命令，在主视图分别修剪有关图线，结果如图 9.26 所示。

图 9.25　绘制基准线　　　　　　　　图 9.26　绘制端面轮廓线、三线、三圆

（4）绘制轮毂线（圆）和键槽。在主视图，执行"偏移"命令，将轴向中心线向下偏移

16 得到线段 *AB*，修改线段 *AB* 为"CSX"图层，执行"修剪"命令，修剪线段 *AB*。再次执行"偏移"命令，将线段 *AB* 向上偏移 35 得到线段 *CD*。

在左视图，执行"圆"命令，以半径 16 绘制圆，执行"偏移"命令，以偏距 5 将垂直中心线分别向左、右偏移得到两条直线，修改两线为"CSX"图层，设两线交圆于点 *E* 和 *F*，执行"直线"命令，根据投影关系，在两线间对齐于 *CD* 作一条线段 *GH*，在主视图对齐于 *E* 或 *F* 绘制线段 *IJ*。

在主视图，执行"倒角"命令，绘制 *C*1 倒角（设"修剪"命令为"不修剪"模式），执行"直线"命令，补画出倒角后的轮廓线。

在左视图，执行"圆"命令，绘制倒角圆（也可将 φ32 向外偏移 1），结果如图 9.27 所示。

执行"修剪"命令，修剪多余线段，结果如图 9.28 所示。

图 9.27 绘制轮毂和键槽一

图 9.28 绘制轮毂和键槽二

（5）绘制轮辐槽。在主视图，执行"偏移"命令，分别以偏距 44 和 27.5 向上、向下偏移，修改偏移后的线段为"CSX"图层，执行"修剪"命令，修剪有关图线。在左视图，执行"圆"命令，以半径 *R*44 和 *R*27.5 绘制两个圆。

在主视图，执行"倒角"命令，绘制 *C*2 倒角（设"修剪"命令为"不修剪"模式），执行"直线"命令，补画出倒角后的轮廓线。

在左视图，执行"圆"命令，绘制两个倒角圆（也可将 φ88 和 φ55 分别向外、向内偏移 2。）

在主视图，执行"偏移"命令，将径向对称线以偏距 6 分别向左、向右偏移，修改偏移线为"CSX"图层；执行"修剪"命令，分别以偏距为 44 和 27.5 的偏移线为边界，修剪偏移线；再以偏距为 6 的偏移线为边界，修剪有关图线。结果如图 9.29 所示。

（6）绘制轮齿倒角和剖面线。在主视图，执行"倒角"命令，在轮齿位置绘制 *C*2 倒角（修改"修剪"命令为"修剪"模式）。

执行"图案填充"命令，在剖视区域进行图案填充，结果如图 9.30 所示。

（7）设置尺寸标注样式，标注尺寸及尺寸公差。用户可重新设置尺寸标注样式，也可调用"项目八"设置的尺寸标注样式，过程此处不再赘述。

使用"尺寸标注"相关按钮，完成图 9.1 中所有尺寸、尺寸公差和倒角的标注，详细标注过程此处不再赘述，请用户自行完成。

（8）绘制齿轮参数表格，填写标题栏、齿轮参数和技术要求。

执行"直线"和"偏移"命令，在图框左上角绘制一个宽度为 3×15=45，高度为 3×7=21 的表格。

图 9.29 绘制轮辐　　　　　　　　　　　图 9.30 绘制轮齿倒角和剖面线

执行"多行文字"命令，在标题栏、齿轮参数表和绘图区的合适位置填写标题栏、齿轮齿数、模数和压力角、技术要求等内容。

（9）标注形位公差。

① 创建"基准符号"，在"XSX"图层，执行"直线"命令，按尺寸绘制图 9.31 所示的符号，绘制过程略。

执行图案填充"solid"命令，在三角形中"涂黑"。

执行"多行文字"命令，在方框内填写基准代码（如 A），结果如图 9.32 所示。

② 标注"基准符号"，执行"复制"命令，拾取图 9.32 所示三角形上边中点为"基点"，在齿轮零件图的合适位置复制出基准符号。

图 9.31 绘制基准符号 1　　　　　　　图 9.32 绘制基准符号 2

③ 标注几何公差，现以齿轮左端面"圆跳动"位置公差为例说明几何公差标注方法。

设置"多重引线样式（mleaderstyle）"。单击"默认"选项卡功能区"注释"面板中的"注释"下拉按钮 注释▼ ，选择"多重引线样式"按钮 ⌐∕ 。

执行"多重引线样式"命令后，系统弹出"多重引线样式管理器"对话框，单击对话框中的"新建"按钮 新建(N)... ，弹出"创建新多重引线样式"对话框。在该对话框中设置"新样式名"为"几何公差标注"并选择基础样式（此环节可采用默认），然后单击"继续"按钮，在弹出的"修改多重引线样式：几何公差标注"对话框中设置用于几何公差标注的多重引线样式。

在"引线格式"选项卡中可修改"箭头大小"为"3.5"（与尺寸标注一致），其他各参数均为默认值，如图 9.33 所示。

在"引线结构"选项卡中可修改"最大引线点数"为 3，"自动包含基线"复选框为未选状态，其他参数均为默认值，如图 9.34 所示。

在"内容"选项卡中可修改"多重引线类型"为"无"，如图 9.35 所示。

执行"mleader"（引线）命令，有图样轮廓线上绘制带箭头的引线，结果如图 9.36 所示。

图 9.33 设置"引线格式"

图 9.34 设置"引线结构"

图 9.35 设置"内容"设置

图 9.36 绘制带箭头的引线

单击"注释"选项卡功能区"标注"面板下方的"标注"下拉按钮 标注 ▼，选择"公差"按钮 ⊞，在弹出的"几何公差"对话框中输入"符号""公差 1""基准 1"等数值，其他值均为默认值，结果如图 9.37（a）所示。单击"确定"按钮，完成一个水平方向的几何浮动的公差框格，框格左端中点（项目符号端）为移动基点，将公差框格移动到引线末端即完成几何标注，如框格方向与引线方向不一致，可通过"旋转""移动"等命令调整方向。如图 9.37（b）所示的公差框格方向与引线不一致，需调整方向，具体方法如下。

执行"旋转"命令，以公差框格右端中点为"基点"（显示有"中点"捕捉标记），顺时针旋转 90°（输入旋转角度为"90"），结果如图 9.37（c）所示。

执行"移动"命令，以公差框格上方中点为"基点"，如图 9.37（c）所示，将公差框格移动到引线末端，结果如图 9.1 所示。

（a）　　　　　　　　（b）　　　　（c）

图 9.37 "几何公差"标注步骤

用相同的方法完成其他几何公差标注。至此完成全图，结果如图 9.1 所示。

最后保存此文件。

| 四、检测练习 |

1. 按 1∶1 的比例绘制图 9.38 所示的减速器嵌入透盖零件图。要求：布图匀称，图形正确，线型符合国标，标注尺寸和尺寸公差、几何公差，填写技术要求及标题栏，但不标注表面粗糙度。

图 9.38 检测练习 1

2. 按 1∶1 的比例绘制图 9.39 所示的减速器封嵌入闷盖零件图。要求：布图匀称，图形正确，线型符合国标，标注尺寸和尺寸公差、几何公差，填写技术要求及标题栏，但不标注表面粗糙度。

图 9.39 检测练习 2

3. 按 1:1 的比例绘制图 9.40 所示的端盖零件图。要求：布图匀称，图形正确，线型符合国标，标注尺寸和尺寸公差、几何公差，填写技术要求及标题栏，但不标注表面粗糙度。

图 9.40　检测练习 3

4. 按 1:1 的比例绘制图 9.41 所示的 V 带轮零件图。要求：布图匀称，图形正确，线型符合国标，标注尺寸和尺寸公差、形位公差，填写技术要求及标题栏，但不标注表面粗糙度。

图 9.41　检测练习 4

|五、提高练习|

按 1：1 的比例绘制图 9.42 所示的端盖零件图。要求：布图匀称，图形正确，线型符合国标，标注尺寸和尺寸公差、几何公差，填写技术要求及标题栏，但不标注表面粗糙度。

图 9.42　提高练习

项目十
减速器机座零件图的绘制

能力目标

1. 能够运用图块"创建""定义属性"等命令创建机械图样中常用的标准符号。

2. 能够运用"编辑属性""管理属性""编辑""插入块"等命令进行机械图样标准符号的标注和标记。

知识目标

1. 掌握机械图样标准符号标注和标记的创建方法和技巧。

2. 掌握"创建""定义属性""插入块""编辑"命令的操作方法。

|一、项目导入|

选择合适图幅，按 1∶1 的比例绘制图10.1所示的直齿圆柱齿轮减速器机座零件图。要求：布图匀称，图形正确，线型符合国标，标注尺寸和尺寸公差、几何公差，填写技术要求及标题栏，标注表面粗糙度。

图 10.1　直齿圆柱齿轮减速器机座零件图

|二、项目知识|

（一）"创建"命令

"创建"块是将图形中已经绘制的对象组合后并保存，根据保存方式的不同，块可以分为内部块和外部块两种。

1. "创建"（内部块）命令

"创建"（内部块）是从选定的对象中创建一个块定义，创建的块对象与当前图形数据保存在一起。在 AutoCAD 2016 中，执行"创建"（内部块）命令的方法有以下 3 种。

（1）单击"默认"选项卡功能区"块"面板中的"创建"按钮 创建。

（2）单击"插入"选项卡功能区"块定义"面板中的"创建块"按钮（系统默认显示图标）。

（3）在命令行中输入"创建"（内部块）命令"block"。

微课："创建块"命令
操作方法

执行"创建"命令后，系统弹出"块定义"对话框，如图 10.2 所示。该对话框中各选项功能如下。

（1）"名称"下拉列表框：在该下拉列表框中可直接输入定义块的名称。

（2）"基点"选项组：用于设置块的插入基点。单击该选项组中的"拾取点"按钮，在绘图窗口中指定插入基点，或直接在该按钮下边的"X""Y""Z"文本框中输入插入基点的坐标值。

（3）"对象"选项组：用于设置组成块的对象，其中各选项的功能如下。

① "选择对象"按钮：单击此按钮，系统切换到绘图窗口，可用鼠标选择构成块的对象。

② "快速选择"按钮：单击此按钮，弹出"快速选择"对话框，如图 10.3 所示，在该对话框中设置选择条件，即可快速选择构成块的对象，此功能在一般性绘图中很少被用到，此处不再具体介绍该对话框中各选项的功能。

图 10.2 "块定义"对话框

图 10.3 "快速选择"对话框

③"保留"单选按钮：选中此单选按钮，创建块以后，将选定的对象保留在图形中，用户可以用该图形与创建的块进行对比。

④"转换为块"单选按钮：选中此单选按钮，创建块以后，将选定的对象转换成图形中的块实例。

⑤"删除"单选按钮：选中此单选按钮，创建块以后，从图形中删除选定的对象。

（4）"方式"选项组。

①"注释"列表框：指定块的文字说明。

②"按统一比例缩放"复选框：选中此复选框，按统一比例缩放插入的块。

③"允许分解"复选框：选中此复选框，将块参照进行分解。

（5）"设置"选项组：用于指定块的设置。

①"块单位"下拉列表框：指定块参照的插入单位。

②"超链接"按钮：单击此按钮，可以在弹出的"插入超链接"对话框中将某个超链接与块定义相关联。

（6）"在块编辑器中打开"复选框：选中此复选框，单击"确定"按钮后，在"块编辑器"中打开当前的块定义。

2．"写块"（外部块）命令

"写块"（外部块）命令用于将选定对象保存到指定的图形文件或将块转换为指定的图形文件，创建的块与图形数据分开保存，这样当其他图形需要插入该块时，只需指定插入路径即可。在 AutoCAD 2016 中，执行"写块"（外部块）命令的方法有 2 种。

（1）单击"插入"选项卡功能区"块定义"面板中"创建块"按钮（系统默认显示图标）下方的下拉按钮，选择"写块"按钮。

（2）在命令行中输入"写块"（外部块）命令 "W（Wblock）"

执行"写块"（外部块）命令后，系统弹出"写块"对话框，如图 10.4 所示。

该对话框中各选项的功能如下。

（1）"源"选项组：用于指定"块""整个图形"和"对象"，将其保存为文件并指定插入点。

（2）"基点"选项组：指定块的基点。单击"拾取插入基点"按钮，切换到绘图窗口的指定基点，或直接在其下的文本框中输入基点的坐标值。

（3）"对象"选项组："选择对象"和"快速选择"按钮的功能和图 10.2 中的完全一致，其中"从图形中删除"和"删除"的功能一样。

图 10.4　"写块"对话框

（4）"目标"选项组：用于指定文件的新名称和新位置以及插入块时使用的测量单位。

完成各项设置后，单击"确定"按钮即可创建完成"外部块"。

（二）定义与编辑块属性

块属性是指块的一些非图形信息，如零件的名称、编号、材料、价格等。在创建块之前，用户可以先定义块的属性，然后将其与选定的图形一起创建成块，必要时还可以对其进行修改。

1．"定义属性"命令

在 AutoCAD 2016 中，执行"定义属性"命令的方法有以下 3 种。

（1）单击"默认"选项卡功能区"块"面板中"块"按钮 块▾ 右边的下拉按钮▾，选择"定义属性"按钮 。

（2）单击"插入"选项卡功能区"块定义"面板中的"定义属性"按钮 。

（3）在命令行中输入"定义属性"命令"attdef"。

执行该命令后，系统弹出"属性定义"对话框，如图 10.5 所示，其中各选项的功能如下。

（1）"模式"选项组：用于在图形中插入块时，设置与块相关联的属性值选项。

① "不可见"复选框：选中此复选框，指定插入块时不显示或打印属性值。

② "固定"复选框：选中此复选框，插入块时赋予属性固定值。

③ "验证"复选框：选中此复选框，插入块时提示验证属性值是否正确。

④ "预设"复选框：选中此复选框，插入包含预设属性值的块时，将属性设置为默认值。

图 10.5 "属性定义"对话框

⑤ "锁定位置"复选框：锁定块参照中属性的位置。解锁后，属性可以相对于使用夹点编辑的块的其他部分移动，并且可以调整多行文字属性的大小。

⑥ "多行"复选框：指定属性值可以包含多行文字。选定此选项后，可以指定属性边界宽度。

（2）"属性"选项组：用于设置属性数值。

① "标记"文本框：输入属性标签，标识图形中每次出现的属性。

② "提示"文本框：输入属性提示，指定在插入包含该属性定义的块时显示的提示。如果不输入提示，则属性标记将作为提示。

③ "默认"文本框。输入默认的属性值。

（3）"插入点"选项组：用于设置属性的插入位置。

（4）"文字设置"选项组：用于设置属性文字的对正、样式、高度和旋转角度。

完成各项设置后，单击"确定"按钮，即可定义完成块的属性。

2．"编辑属性"命令

创建属性块后，用户还可以编辑块中每个属性的值、文字选项和特性。在 AutoCAD 2016 中，执行"编辑属性"命令的方法有以下 3 种。

（1）单击"默认"选项卡功能区"块"面板中"编辑属性"按钮 编辑属性▾ 右边的下拉按钮▾，选择"单个" 单个（或"多个" 多个）按钮。

（2）单击"插入"选项卡功能区"块定义"面板中"编辑属性命令"按钮 右边的下拉按钮▾，选择"单个" 单个（或"多个" 多个）按钮。

微课："编辑属性"命令操作方法

（3）在命令行中输入"编辑属性"命令"eattedit"。

执行"编辑属性"-"单个"命令后，命令行提示如下。

```
命令：_ eattedit
选择块：//选择要编辑属性的块（单击选择要编辑属性的块）
```

此时系统弹出"增强属性编辑器"对话框，如图 10.6 所示。

该对话框中有"属性""文字选项"和"特性"3 个选项卡，分别用于设置块属性的属性、文字选项和特性，以下分别进行介绍。

① "属性"选项卡。该选项卡中显示了当前每个属性的标记、提示和值。用户可以查看这些块属性，但只能修改块属性的值，如图 10.6 所示。

② "文字选项"选项卡。该选项卡列出了定义属性文字在图形中显示方式的特性。用户可以根据需要修改块属性的文字样式、对正方式、高度、旋转、宽度比例、倾斜角度等特性，如图 10.7 所示。

图 10.6 "增强属性编辑器"对话框

③ "特性"选项卡。该选项卡显示了块属性的图层、线型、颜色、线宽和打印样式，用户可以根据需要对其进行修改，如图 10.8 所示。

图 10.7 "文字选项"选项卡   图 10.8 "特性"选项卡

3. "管理属性"命令

除了执行"编辑属性"命令编辑属性外，还可通过"管理属性"命令编辑属性，执行"管理属性"命令的方法有以下 3 种。

（1）单击"默认"选项卡功能区"块"面板中"块"按钮块▼右边的下拉按钮▼，选择"管理属性"按钮。

（2）单击"插入"选项卡功能区"块定义"面板中的"管理属性"按钮。

（3）在命令行中输入"管理属性"命令"battman"。

执行"编辑属性"-"单个"命令后，弹出"块属性管理器"对话框，如图 10.9 所示。其中各选项的功能简要介绍如下。

① "选择块"按钮：用户可以使用定点设备从绘图区域选择块。如果选择"选择块"，对话框将关闭，直到用户从图形中选择块或按 Esc 键取消。如果修改了块的属性，并且未保存所做的更改就选择一个新块，系统将提示在选择其他块之前先保存更改。

图 10.9 "块属性管理器"对话框

选定块的属性显示在属性列表中。默认情况下，标记、提示、默认值、模式和注释性属性特性显示在属性列表中。对于每一个选定块，属性列表下的说明都会标识在当前图形和在当前布局中相应块的实例数目。

② "设置"按钮：打开"块属性设置"对话框，从中可以自定义"块属性管理器"中属性信息的列出方式。

③ "块"列表：列出具有属性的当前图形中的所有块定义，选择要修改属性的块。

④ "同步"按钮：更新具有当前定义的属性特性的选定块的全部实例，此操作不会影响每个块中赋给属性的值。

⑤ "上移"在提示序列的早期阶段移动选定的属性标签。选定固定属性时，"上移"按钮不可用。

⑥ "下移"按钮：在提示序列的后期阶段移动选定的属性标签，选定常量属性时，"下移"按钮不可使用。

⑦ "编辑"按钮：打开"编辑属性"对话框，从中可以修改属性特性。双击某个属性也打开"编辑属性"对话框，如图 10.10 所示。

⑧ "删除"按钮：从块定义中删除选定的属性，如果在选择"删除"时已选择了了"块属性设置"对话框（单击 设置(S)... 按钮，系统弹出"块属性设置"对话框）中的"将修改应用到现有参照"，将删除当前图形中全部块实例的属性。对于仅具有一个属性的块，"删除"按钮不可使用。

"编辑属性"对话框包含"属性""文字选项"和"特性" 3 个选项卡，各选项卡的内容和"增强属性编辑器"对话框基本相同，此处不再赘述。

⚠ 说　明

在"编辑属性"时，如仅编辑属性，则最简单的方法是双击属性标记，在弹出的"编辑属性"对话框修改属性"标记""提示"和"默认"参数，如图 10.11 所示。

图 10.10　"编辑属性"对话框

图 10.11　"编辑属性定义"对话框

（三）"编辑"命令

执行"编辑"命令，将在块编辑器中打开块定义。块编辑器是一个独立的环境，用于为当前图形创建和更改块定义。选择要编辑的块定义或输入要创建的新块定义的名称，然后单击"确定"，块定义将在"块编辑器"中打开。如果功能区处于激活状态，将显示"块编辑器"属性栏选项卡，否则，将"显示块编辑器"工具栏。

微课："块编辑"命令操作方法

在 AutoCAD 2016 中，执行"编辑"命令有 3 种方法。

（1）单击"默认"选项卡功能区"块"面板中的"编辑"按钮 编辑。

（2）单击"插入"选项卡功能区"块定义"面板中的"块编辑器"按钮。

（3）在命令行中输入"块编辑"命令"bedit"。

执行"编辑"命令后，系统弹出"编辑块定义"对话框，如图 10.12 所示。在"编辑块定义"对话框中，如果从列表中选择了某个块定义，该块定义将显示在块编辑器中且可以编辑，如果输入新块定义的名称，将显示块编辑器，向该块定义中添加对象，单击"确定"按钮，关闭"编辑块定义"对话框，并显示"块编辑器"功能面板（见图 10.13）及编辑区。

图 10.12 "编辑块定义"对话框

图 10.13 "块编辑器"功能面板

用户可根据需要在编辑区中编辑"块定义"，编辑完成后依次单击功能面板中的"保存块"按钮 和"关闭块编辑器"按钮 ，即完成对已有的块定义编辑。

（四）"插入块"命令

在绘制图形时，可以根据需要将已经创建的图块以任意比例和旋转角度插入图形中的任意位置。AutoCAD 2016 提供了 4 种常用的插入块的方法，下面分别进行介绍。

微课："插入块"
命令操作方法

1. 在命令行输入"−insert"命令插入块

在命令行中输入命令"-insert"后按 Enter 键确认，命令行提示如下。

```
命令：-INSERT
    输入块名或 [?] <新标准粗糙度符号>:                    //输入插入块名称或执行默认选项，重复选择上次使
用的块（输入插入块名称并按 Enter 键确认或按 Enter 键重复选择上次使用的块）
    单位：毫米    转换：    1.0000
    指定插入点或 [基点(B)/比例(S)/X/Y/Z/旋转(R)]:         //指定插入点（单击鼠标指定插入点）
    输入 X 比例因子，指定对角点，或 [角点(C)/xyz(XYZ)] <1>: //输入 X 方向上的缩放比例或执行默认值 1（输入 X
方向上的缩放比例或按 Enter 键执行默认值）
    输入 Y 比例因子或 <使用 X 比例因子>:                   //输入 Y 方向上的缩放比例或执行默认值 1（输入 Y
方向上的缩放比例或按 Enter 键执行默认值）
    指定旋转角度 <0>:                                    //指定旋转角度或执行默认值 0（输入旋转角度或按
Enter 键执行默认值 0）
```

命令执行过程中，其中各选项的功能如下。

（1）"?"：选择该选项，列出当前图形中定义的所有块。

（2）"基点（B）"：选择该选项，将块临时放置到其当前所在的图形中，并允许在将块参考拖动到位时，为其指定新基点，这不会影响为块参照定义的实际基点。

（3）"比例（S）"：选择该选项，设置 X、Y 和 Z 轴的比例因子。

（4）"X/Y/Z"：选择该选项，指定 $X/Y/Z$ 的比例因子。

（5）"旋转（R）"：选择该选项，设置块插入的旋转角度。

（6）"角点"：同时以插入点和另一点作为长方体的角点，定义 X 和 Y 的比例因子。长方体的 X 和 Y 标注成为 X 和 Y 的比例因子，插入点是第一角点。

（7）"XYZ"：设定 X、Y 和 Z 比例因子。

在执行命令过程中，如插入的块为属性块，在完成"指定旋转角度"时，系统将弹出"编辑属性"对话框，如图 10.14 所示。用户可修改属性"值"，并单击"确定"按钮，完成块插入。

2．利用对话框插入块

使用对话框插入块时，用户不仅可以插入内部块，而且可以通过指定外部块的存储路径插入指定的外部块。在 AutoCAD 2016 中，利用对话框插入块的方法有以下 3 种。

（1）单击"默认"选项卡功能区"块"面板中"插入"按钮。

（2）单击"插入"选项卡功能区"块"面板中"插入"按钮。

（3）在命令行输入"插入"命令"insert"。

执行以上操作系统均弹出"插入"对话框，如图 10.15 所示。

图 10.14 "编辑属性"对话框　　　　　　　图 10.15 "插入"对话框

3．以拖放方式插入块

以拖放方式插入块是指使用鼠标将图块文件文件夹、资源管理器或设计中心窗口中拖放到当前图形中，这样就可以插入指定的块。

（1）文件夹。打开存放块的文件夹，单击文件夹窗口右上角的"向下还原"按钮，将其悬浮在 AutoCAD 窗口上。

选中块文件后用鼠标将其拖动到打开的 AutoCAD 图形文件中，此时命令行提示内容和步骤和前面在命令行输入"-insert"命令插入块的方式相同。

从文件夹中拖动图形文件到当前图形中时，如果图形文件中有多个对象，则这些对象将被作为一组对象以块的形式插入当前图形中。

（2）Windows 资源管理器。在"我的电脑"或任意文件夹上右击，在弹出的快捷菜单中选择"资源管理器"命令，打开 Windows 资源管理器窗口。

Windows 资源管理器悬浮在当前打开的 AutoCAD 窗口上，然后在 Windows 资源管理器右边的显示框中选中要插入的块，用鼠标将其拖动到打开的 AutoCAD 图形文件中，并根据命令行的提示指定插入点、X 轴和 Y 轴的比例因子及旋转角度，这样就可以将选中的图形以块的形式插入当前图形中。

4．多重插入块

多重插入块实质上是以阵列的方式在当前图形中插入多个相同的块，在命令行中输入多重插入块的命令"minsert"后按 Enter 键，命令行提示如下。

```
命令：MINSERT
输入块名或 [?]<电池>:                        //输入块名称或执行默认项（输入块名称或按 Enter 键执行默认项）
单位：毫米  转换：  1.0000
指定插入点或 [基点(B)/比例(S)/X/Y/Z/旋转(R)]: //指定插入点（单击鼠标确定插入点）
输入 X 比例因子，指定对角点，或 [角点(C)/xyz(XYZ)] <1>:
```

放比例或按 Enter 键执行默认值）	//输入 X 方向上的缩放比例或执行默认值 1（输入 X 方向上的缩
输入 Y 比例因子或 <使用 X 比例因子>：	//输入 X 方向上的缩放比例或执行默认值 1（输入 Y 方向上的缩
放比例或按 Enter 键执行默认值）	
指定旋转角度 <0>：	//指定旋转角度或执行默认值 0（输入旋转角度或按 Enter 键执
行默认值 0）	
输入行数 (---) <1>：	//指定插入块的行数（输入行数 3 并按 Enter 键确认）
输入列数 (||||) <1>：	//指定插入块的列数（输入列数 4 并按 Enter 键确认）
输入行间距或指定单位单元 (---)：	//指定插入块的行间距（输入行间距 20 并按 Enter 键确认）
指定列间距 (||||)：	//指定插入块的列间距，结束命令（输入列间距 40 并按 Enter
键确认，结束命令）	

多重插入块的效果如图 10.16 所示。

图 10.16　多重插入块

｜三、项目实施｜

（一）新建文件

进入"草图与注释"工作空间，调用"项目八"创建的"A4 样板图.dwt"，修改为 A2 图幅大小，并"另存为"此文件，文件名为"图 10.1.dwg"，用户也可参照"项目八"创建无样板图形文件注意在绘图过程中每隔一段时间保存一次。

（二）绘制图形

选择合适图幅，按 1∶1 的比例绘制图 10.1 所示的减速器齿轮零件图。要求：布图匀称，图形正确，线型符合国标，标注尺寸和尺寸公差、几何公差，填写技术要求及标题栏，标注表面粗糙度。

操作步骤如下。

 说　明

图 10.17～图 10.22，图 10.24～图 10.26 所示尺寸为说明绘制过程进行的尺寸标注，不是图形的最终尺寸。

1．调整屏幕显示大小

打开"极轴追踪""对象捕捉""对象捕捉追踪"和"显示/隐藏线宽"状态按钮，在"草图设置"对话框中的"对象捕捉"选项卡中设置"交点""端点""中点""圆心"等捕捉目标，并启用对象捕捉。

2．绘制基准线和主要位置线

执行"直线"命令，在"ZXX"和"CSX"图层，根据尺寸绘制主视图、俯视图、左视图基准线和主要位置线，并调整有关图线间的位置关系，结果如图 10.17 所示。

图 10.17　绘制基准线和主要位置线

3．绘制底板和箱壁轮廓线

在"XX"和"CSX"图层，执行"直线""圆""圆角""偏移"和"修剪"等命令，根据尺寸［其中尺寸（40）和（70）是计算数据，不是实际标注尺寸］绘制图 10.18 所示的底板及其孔和箱壁轮廓线。在表达方案中已确定不画或将与其他结构合为一体的轮廓线可暂不绘制。结果如图 10.18 所示。

图 10.18　绘制底板和箱壁轮廓线

4．绘制连接板结构

在"ZXX""XX"和"CSX"图层，执行"直线""圆""圆角""复制""偏移"和"修剪"等命令，根据尺寸绘制图 10.19 所示的连接板及其连接孔、销孔轮廓线。在俯视图中修改底板被连接板遮挡部分轮廓线为虚线，在表达方案中已确定不画或将与其他结构合为一体的轮廓线可暂不绘制。结果如图 10.19 所示。

图 10.19　绘制连接板

5．绘制轴承安装孔及其端面和肋结构

在"CSX"图层，执行"直线""圆""镜像""偏移"和"修剪"等命令，根据尺寸绘制如图 10.20 所示的轴承安装孔及其端面和肋结构轮廓线。在左视图中修改内腔壁虚线为粗实线，左视图为阶梯剖视图，需注意投影对应关系。结果如图 10.20 所示。

图 10.20　绘制轴承安装孔及其端面和肋结构

6．绘制连接板螺栓连接孔及凸台结构

在"ZXX""XX"和"CSX"图层，执行"直线""圆""圆角""复制""偏移"和"修剪"等命令，根据尺寸绘制图 10.21 所示的连接板螺栓连接孔及凸台结构轮廓线。在俯视图中由于其结构被遮挡但又需要表达其结构和位置，所以在"XX"图层中绘制其结构。

由于在俯视图中采用虚线绘制，不便于进行尺寸标注，故需采用局部剖视图重新表达。

图 10.21　绘制连接板螺栓连接孔及凸台结构

执行"复制"命令，局部复制俯视两边结构；执行"样条曲线"命令，在合适位置绘制 4 段曲线；执行"修剪"命令，以曲线为边界修剪复制的图线；执行"偏移"命令，将内腔轮廓线向外以壁厚 6 偏移，执行"图案填充"命令，在箱壁内外轮廓线间填充剖面线。结果如图 10.21 所示。

7．绘制底板凹槽、油标孔和放油孔结构

在"ZXX""XX"和"CSX"图层，执行"直线""圆""圆角""复制""偏移"和"修剪"等命令，根据尺寸绘制图 10.27 所示的底板凹槽、油标孔和放油孔结构廓线。具体方法如下。

（1）底板凹槽结构绘制，执行"偏移"命令，分别以偏距 3、45 和 45 将底部边线、左边和右边边线向上、向右和向左偏移；执行"修剪"命令，修剪偏移线；执行"圆角"命令，对凹槽内角进行圆角。

（2）油标孔结构绘制。在视图旁边位置，根据油标孔结构局部视图，按尺寸（长度尺寸自定义）水平绘制油标孔局部视图（不填充剖面线），其中尺寸 25 和 12 为自定义尺寸，绘制结果如图 10.22 所示。

（3）执行"旋转"命令，将如图 10.22 所示水平绘制的油标孔旋转-45°，结果如图 10.23 所示。

图 10.22　绘制油标孔结构 1　　　　　图 10.23　绘制油标孔结构 2

（4）执行"偏移"命令，在主视图以偏距 7 和 36 偏移出油标孔位置点，执行"移动"命令，将图 10.23 所示的油标孔移动至油标孔位置点处，结果如图 10.24 所示。

（5）执行"修剪"命令，修剪有关图线，执行"圆角"命令，对结合面进行圆角。由于油标孔端面结构尺寸不便标注，故需绘制一个局部视图。结果如图 10.25 所示。

（6）放油孔结构绘制。执行"直线""圆角""偏移"和"修剪"等命令，根据尺寸绘制图 10.26 所示的放油孔结构廓线和螺纹，其中尺寸 1 和 3 为自定义尺寸，只要使螺纹孔工艺结构合理即可。根据投影关系，在左视图绘制放油孔视图。

图 10.24　绘制油标孔结构 3　　　图 10.25　油标孔端面结构尺寸标注　　　图 10.26　绘制放油孔

（7）结构底板凹槽、油标孔和放油孔结构绘制结果如图 10.27 所示。

图 10.27　底板凹槽、油孔标和放油孔结构

8．绘制局部剖视图和局部放大图

执行"样条曲线""修剪"和"图案填充"命令，在需要运用局部剖视图表达区域，绘制样条曲线，修剪有关图线并填充剖面线。修改有关图线图层。值得注意的是，为避免在油标孔位置剖面线与轮廓线平行，可将此处剖面线角度调整为 30°。

考虑在左视图轴承安装孔凹槽结构不便于标注表面粗糙度，可采用局部放大图重新表达。局部放大图绘制过程如下。

（1）执行"圆"命令，在需要放大表达的区域绘制一圆；执行"直线"命令，在圆上绘制一条引线；执行"多行文字"命令，在引线上方注写符号 I，结果如图 10.28 所示。

（2）执行"复制"命令，将圆连同圆内和与圆相交的图线一起复制至另一位置；执行"缩放"命令，将复制后的图形放大 5 倍；执行"修剪"命令，以圆为边界修剪各图线；执行"样条曲线"命令，在修剪后各线段的端点绘制一条曲线；执行"图案填充"命令，在剖视区域填充上剖面线；执行"直线"命令，在放大后的图形上方绘制一条长度约为 10 的线段；执行"多行文字"命令，在线段上方注写符号 I，在线段下方注写"5∶1"字样。结果如图 10.29 所示。

图 10.28　绘制局部放大图 1

图 10.29　绘制局部放大图 2

9．标注尺寸和尺寸公差

调用"尺寸标注"尺寸标注样式，按照图 10.1 所示的尺寸标注出全部尺寸及其公差。

10．几何公差标注

用户可参照"项目九"通过"直线"和"文字"（多行文字或单行文字）命令创建基准符号，这里不再赘述。下面介绍创建带有属性的基准符号的步骤。

图 10.30　基准符号绘制

（1）参照"项目九"绘制图 10.30 所示的图形。

（2）定义属性。单击"默认"选项卡功能区"块"面板中"块"按钮 块▼ 右边的下拉按钮 ▼，选择"定义属性"按钮 ，弹出"属性定义"对话框，如图 10.31 所示。

在该对话框中，设置如下参数："标记"为"JZ"（"基准"汉语拼音首字母），"提示"为"请输入基准代号："，"默认"为"A"；"对正"选择"正中"，"文字样式"选择"样式 2"（已设置文字样式），其他选项为默认项。

设置完参数后单击"确定"按钮，在命令行提示"指定起点："时，单击鼠标左键，在方格中拾取一点，即在方格出现"JZ"字符，由于"JZ"字符在指定位置时会偏离指定点位置，所以需将"JZ"拖动到合适位置，结果如图 10.32 所示。

图 10.31　"属性定义"对话框

图 10.32　定义属性

（3）创建外部图块。单击"插入"选项卡功能区"块定义"面板中"创建块"按钮 （系统默认显示图标）下方的下拉按钮 ▼，选择"写块"按钮 （对于习惯使用功能键的用户，建议使用键盘输入命令方式执行命令，即在命令行中输入命令"W（Wblock）"后按 Enter 键确认）。执行命令后，弹出"写块"对话框，如图 10.33 所示。

在"写块"对话框中，单击"拾取点"按钮，确定块插入基点，此时该对话框消失，系统返回到绘图界面，单击鼠标捕捉拾取"三角形"上边"中点"作为基点，如图 10.32 所示。块插入基点确定后，界面重新返回"写块"对话框。单击"选择对象"按钮，"写块"对话框消失，系统返回到绘图区界面，单击并拖动鼠标，框选如图 10.32 所示的图形及属性标记，并按 Enter 键确认，结束对象选择，系统再次返回"写块"对话框。在"文件名和路径"处指定存储位置并命名（命名为"基准符号"），单击"确定"按钮，结束外部块创建，即完成带有属性"基准符号"图块的创建。

（4）插入"基准符号"。单击"默认"选项卡（或"插入"选项卡）功能区"块"面板中"插入"按钮🔲下边的下拉按钮，在下拉列表中单击 更多选项... 按钮，弹出"插入"对话框，如图 10.34 所示。

图 10.33　"写块"对话框

图 10.34　"插入"对话框

单击"浏览"按钮，按照存储路径找到"基准符号"块文件，单击"确定"按钮，"插入"对话框消失，系统返回到绘图区界面，同时命令行提示"指定插入点或 [基点（B）/比例（S）/X/Y/Z/旋转（R）]:"。在图样需进行"基准符号"标记处单击确定插入点，此时弹出"编辑属性"对话框，如图 10.35 所示。对话框中的"请输入基准代号"默认为"A"，用户可对此进行修改。单击"确定"按钮，完成带有属性"基准符号"图块的插入。

在"基准代号"标记过程中，如需对"基准符号"进行旋转，可在命令行提示"指定插入点或 [基点（B）/比例（S）/X/Y/Z/旋转（R）]:"过程中，输入"旋转（R）"代号"r"，此时命令行提示如下。

图 10.35　"编辑属性"对话框

指定插入点或 [基点(B)/比例(S)/X/Y/Z/旋转(R)]:
　　　　　　//执行"旋转(R)"选项（输入"旋转(R)"代号 r 并按 Enter 键确认）
指定旋转角度 <0>：90 //指定旋转角度，结束命令（输入角度"90"并按 Enter 键确认，结束命令）

执行效果如图 10.36（b）所示。

（a）未旋转　　　　　　　　（b）旋转 90°　　　　　　　（c）属性（不旋转）编辑
图 10.36　"插入"块未旋转、旋转和属性编辑效果对比

在机械图样基准符号标记规定中，"基准代号"字母"A"应水平书写，此时还需要编辑旋转后的基准符号的属性。双击旋转后的基准符号，弹出"增强属性编辑器"对话框，选择"文字选项"选项卡，如图 10.37 所示。将"旋转"角度 90 修改为 0，并单击"确定"按钮，结束属性（不旋转）的编辑，效果如图 10.36（c）所示。

图 10.37　"增强属性编辑器"对话框

使用同样方法，继续执行"插入块"命令，完成其他基准符号的标注。

11．表面粗糙度标注

（1）绘制图 10.38 所示的图形。

H1	3.5	H1和H2的大小是当图样中尺寸数字高度选取，表中
H2	7	H2是最小值，必要时允许加大。

图 10.38　表面粗糙度标注

（2）定义属性，执行"定义属性"命令后，弹出图 10.31 所示的"属性定义"对话框。

在对话框中，设置如下参数："标记"为 CCD（"粗糙度"汉语拼音首字母），"提示"为"请输入粗糙度值："，"默认"为 Ra3.2，"对正"选择"正中"，"文字样式"选择"文字"（在项目八中定义），其他选项为默认项。

设置完参数后单击"确定"按钮，在命令行提示"指定起点："时单击鼠标左键，在水平线下方中间位置拾取一点，即在此处出现"CCD"字符，由于"CCD"字符偏离指定位置，所以需将"CCD"拖动到合适位置，结果如图 10.39 所示。

图 10.39　粗糙度符号

（3）创建外部图块，方法同前。

（4）标注表面粗糙度符号，执行"插入块"命令，按照图 10.1 所示的标注方法完成全部粗糙度标注。

12．填写标题栏和技术要求

参照"项目八"填写标题栏和技术要求。至此完成全图。

最后保存此文件

四、检测练习

1. 按图 10.40（a）所示的尺寸创建名称为"CCD"的表面粗糙度属性图块，完成图 10.40（b）所示的平面图形，并标注表面粗糙度。

图 10.40 检测练习 1

2．按图 10.41 所示的尺寸创建名称为"简化标题栏"的标题栏属性图块。要求：零件名称、制图人和制图日期、审核人和审核日期、比例、数量、材料、图号和单位设置为属性值。

图 10.41 检测练习 2

3．按 1∶1 的比例绘制图 10.42 所示的齿轮泵泵体零件图。要求：布图匀称，图形正确，线型符合国标，标注尺寸和尺寸公差、几何公差，填写技术要求及标题栏，标注表面粗糙度。

图 10.42 检测练习 3

4．按 1∶1 的比例绘制图 10.43 所示的蜗轮箱零件图。要求：布图匀称，图形正确，线型符合国标，标注尺寸和尺寸公差、几何公差，填写技术要求及标题栏，标注表面粗糙度。

图 10.43　检测练习 4

|五、提高练习|

按 1∶1 的比例绘制图 10.44 所示的直齿圆柱齿轮减速器机盖零件图。要求：布图匀称，图形正确，线型符合国标，标注尺寸和尺寸公差、形位公差，填写技术要求及标题栏，标注表面粗糙度。

图 10.44　提高练习

项目十一
减速器装配图的绘制

能力目标

1. 能够运用"表格样式"和"表格"命令创建装配图明细栏。
2. 能够运用"多重引线样式"和"多重引线"命令编制装配图零件序号。
3. 能够运用"复制粘贴拼画"拼画装配图。

知识目标

1. 掌握"表格样式""表格"等命令及表格编辑功能的使用方法。
2. 掌握"多重引线样式"和"多重引线"等命令的使用方法。
3. 掌握用"多重引线"编制装配图零件序号的操作方法。

| 一、项目导入 |

根据直齿圆柱齿轮减速器各零件图，选择合适图幅，按 1：1 的比例"拼装"图 11.1 所示的一级直齿圆柱齿轮减速器装配图。要求：布图匀称，图形正确，线型符合国标，标注装配尺寸，编写零件序号，填写技术要求、标题栏及明细栏。

| 二、项目知识 |

（一）定义"表格样式"

表格是用行和列以一种简洁清晰的格式提供信息，可以用表格命令创建表格并在表格中输入数据，还可以将图形粘贴到表格中，对绘制的表格内容进行编辑，以便输出或被其他程序使用。

微课："表格样式"
设置操作方法

图 11.1　一级直齿圆柱齿轮减速器装配图

创建"表格样式"可以设置表格的标题栏与数据栏中文字的样式、高度、颜色以及单元格的长度、宽度和边框特性。在 AutoCAD 2016 中，执行定义"表格样式"命令的方法有以下 3 种。

（1）单击"默认"选项卡功能区"注释"面板中"注释"按钮 注释▼ 右边的下拉按钮 ▼，选择"表格样式"按钮 ▦ 。

（2）单击"注释"选项卡功能区"表格"面板右下角的"表格样式"按钮 ↘ 。

（3）在命令行中输入"表格样式"命令"tablestyle"。

执行该命令后，系统弹出"表格样式"对话框，如图 11.2 所示。

图 11.2　"表格样式"对话框

　　单击该对话框中的"新建"按钮，弹出"创建新的表格样式"对话框，如图11.3所示。在该对话框中的"新样式名"文本框中输入新建表格样式的名称（如"明细栏"），在"基础样式"下拉列表中选择一个表格样式作为基础样式，然后单击"继续"按钮，弹出"新建表格样式：明细栏"对话框，如图11.4所示。该对话框左边有"起始表格"和"常规"两个选项组，其中"常规"选项组中的"表格方向"设置为"向上"。右边是"单元样式"功能选项，选项中有"数据""表头"和"标题"3个列表选项，在这3个选项中可以设置表格数据单元格、列标题单元格和标题单元格的属性，以及单元格的长、宽和边框属性。设置完成后，单击"确定"按钮即可完成表格样式的设置。

图11.3 "创建新的表格样式"对话框　　　　图11.4 "新建表格样式：明细栏"对话框

　　在"常规"选项卡的"特性"选项组（见图11.4）中，可设置"对齐"方式为"正中"，其他参数为默认值。

　　在"文字"选项卡的"特性"选项组（见图11.5）中，选择"文字样式"为已经设置的"文本标注"文字样式，"字高"引用文字样式中"字高"数值，其他参数为默认值。

　　在"边框"选项卡的"特性"选项组（见图11.6）中，根据表格类型选择相应边框，其他参数为默认值。

图11.5 "文字"选项卡　　　　　　　　图11.6 "边框"选项卡

（二）创建"表格"

　　创建表格样式后，在"表格样式"对话框中的"样式"列表框中选中需要的表格样式，然后单击"置为当前"按钮，就可以按指定的表格样式创建表格了。在 AutoCAD 2016 中，执行"表格"命令的方法有以下 3 种。

（1）单击"默认"选项卡功能区"注释"面板中的"表格"按钮 表格。

（2）单击"注释"选项卡功能区"表格"面板中的"表格"按钮。

（3）在命令行中输入"表格"命令"table"。

执行该命令后，系统弹出"插入表格"对话框，如图 11.7 所示。

图 11.7　"插入表格"对话框

该对话框中各选项的功能如下。

①"表格样式"选项组：设置表格的外观，可以在"表格样式名称"下拉列表框中指定表格样式名，或单击该下拉列表框右边的"'表格样式'对话框"按钮，在弹出的"表格样式"对话框中新建或修改表格样式。

②"插入方式"选项组：指定表格的插入位置，其中包括"指定插入点"和"指定窗口"两种方式。

③"列和行设置"选项组：设置列和行的数目以及列宽和行高。

各项参数设置完成后，单击该对话框中的"确定"按钮，关闭"插入表格"对话框，在绘图窗口中指定表格的插入点后即完成表格插入。此时系统弹出"文字编辑器"功能界面，在绘图区插入一个和"表格样式"一样的表格，同时激活第一个单元格，用户可以输入数据。

（三）编辑表格

创建表格后，系统会弹出"文字编辑器"，同时激活第一个单元格，要求用户输入数据，如图 11.8 所示。在输入数据的过程中，用户可以按键盘上的 Tab 键在各单元格之间切换，单击"确定"按钮完成数据输入。双击单元格，也可以激活单元格，同时弹出"文字编辑器"，用户可以在该编辑器中编辑表格中的数据。

要选择多个单元格，可在表格单元格内单击并在多个单元格上拖动或者按住 Shift 键并在另一个单元内单击，同时选中这两个单元格以及它们之间的所有单元格。

单击表格中的某个或几个单元格，然后在选中的单元格上单击鼠标右键，弹出快捷菜单，如图 11.9 所示，用户可以利用该快捷菜单对单元格进行剪切、复制、对齐、插入块或公式、插入行或列、合并单元格等操作。

图 11.8　表格数据输入与编辑

图 11.9　单元格快捷菜单

如编辑表时如需要调整表格的行高与列宽，可采用以下 4 种方法。

（1）选中表格后，拖动不同的夹点可以移动表格的位置，或者修改已有表格的列宽和行高，这些夹点的功能如图 11.10 所示。

图 11.10　夹点功能

（2）选择对应的单元格，在该单元格的 4 条边上各显示一个夹点，同时界面弹出"表格"

属性栏。拖动夹点可以改变对应行的高度或对应列的宽度。

（3）选中表格后单击鼠标右键，从弹出的快捷菜单中选择"均匀调整列大小"和"均匀调整行大小"来均匀调整表格的列宽与行高，如图 11.11 所示。

图 11.11　调整表格的列宽与行高

（4）通过"特性"命令可以具体调整表格的行高与列宽。选中行或列，单击鼠标右键，在弹出的快捷菜单中单击"特性"按钮，弹出"特性"快捷菜单，如图 11.12 所示。

图 11.12　通过特性快捷菜单调整表格的行高与列宽

在"特性"快捷菜单中，单击"单元宽度"和"单元高度"右侧的"宽度"和"高度"数值，输入新的"宽度"和"高度"数值，并按 Enter 键确认，即可修改列宽和行高。

三、项目实施

绘制装配图通常采用两种方法。一种是直接利用绘图及图形编辑命令，按手工绘图的步骤，结合"对象捕捉""极轴追踪"等辅助绘图工具绘制装配图。这种方法不但作图过程繁杂，而且容易出错，只能绘制一些比较简单的装配图。另一种是"拼装法"，即先绘出各零件的零件图，然后将各零件以图块或复制粘贴的形式"拼装"在一起，构成装配图。"拼装法"可分为基于设计中心拼装装配图、基于工具选项板拼装装配图、基于"块功能"拼装装配图和基于"复制粘贴功能"拼装装配图 4 种画法。其中基于设计中心拼装装配图和基于"复制粘贴功能"拼装装配图为常用画法。本项目绘制装配图采用的是基于"复制粘贴功能"拼装画法。

（一）新建文件

进入"草图与注释"工作空间，新建立一个无样板图形文件，保存此空白文件，文件名为"图 11.1.dwg"，注意在绘图过程中每隔一段时间保存一次。

（二）设置图层

根据需要设置粗实线、中心线、虚线、引线、尺寸标注线、文字等 6 个图层，图层参数如表 11.1 所示。

表 11.1　　　　　　　　　　　　　　　图层参数

图 层 名	颜　色	线　型	线　宽	用　途
CSX	红色	Continuous	0.50mm	粗实线
ZXX	绿色	Center	0.25mm	中心线
XX	黄色	Dashed	0.25mm	虚线
YX	青色	Continuous	0.25mm	引线
CCBZ	洋红	Continuous	0.25mm	尺寸标注
WZ	黑色	Continuous	0.25mm	文字

（三）绘制图形

采用基于"复制粘贴功能"拼装画法，绘制直齿圆柱齿轮减速器装配图。

操作步骤如下（本装配图的绘制方法仅是说明"复制粘贴功能"拼装画法的过程，并不是最佳的绘图方法）。

1．确定表达方法、比例

根据减速器的结构特点，减速器的装配图需采用主、俯和左 3 个主要视图，主视图采用多处局部剖视以表达螺栓、销等连接零件装配关系，俯视图采用装配图沿结合面剖切的方法表达内部各零件的装配关系，左视图采用剖视图表达，对顶部各零件采用拆卸画法。

根据表达需要，本减速器采用 1∶1 比例绘图。

2．复制、粘贴各零件图

打开所需的零件图，保留粗实线（CSX）、中心线（ZXX）和剖面线（XSX）图层，冻结或关闭尺寸标注（CCBZ）等其他图层，利用复制及粘贴功能将零件图复制到"图 11.1.dwg"新文件中，每复制一个零件图均可将技术要求、标题栏等文字和多余的图线删除，以使复制的零件图显得简洁。

3．选择主体零件

（1）选择"机座"零件图作为主体零件，调整各视图间距，删除多余的局部视图及图线。

（2）由于左视图为"阶梯剖视图"，所以根据装配图表达方案需要，要将"阶梯剖视图"修改为视图，即删除左视图的剖面线和表示内部结构的轮廓线，保留外部轮廓线。

（3）由于"机座"零件在轴孔位置处呈左右对称，因此要将左视图修改为主体结构呈左右对称（根据零件图的剖切面位置只保留对称线左边的外部轮廓线，再镜像右边的外部轮廓线），在补画出油标孔视图时，由于油标孔在左视图不能反映实形，所以可采用近似的方法大致画出，结果如图 11.13 所示。

图 11.13　绘制主体零件

4．拼装"轴""齿轮轴"和"齿轮"等内部主体零件

（1）执行"移动"命令，将"轴"移动到"机座"旁边，执行"旋转"命令，将"轴"旋转为轴线与安装孔轴线平行。

（2）确定好轴的安装位置和方向，在轴的安装齿轮段的中心线处作一条辅助线，利用"中点"对象捕捉功能，将"轴"移动到"机座"前后对称线和轴孔对称线的交点处。在拼装过程中，为使拼装的零件图线和"机座"图线明显区分，可利用"特性"工具栏将拼装的零件图线颜色改成不同颜色。

（3）用同样方法将"齿轮轴"和"齿轮"拼装在"机座"相应位置，修改或删除"机座""轴""齿轮轴"和"齿轮"相互遮挡的轮廓线。

（4）根据齿轮啮合区的表达需要，将啮合区改为局部剖视图。

（5）根据表达方案和零件投影关系，完成主视图两齿轮分度圆和"轴"端部轮廓线和左视图两轴外部轮廓线的绘制，结果如图 11.14 所示。

图 11.14　拼装"轴""齿轮轴"和"齿轮"等内部主体零件

5．拼装"轴"和"齿轮轴"上各附件零件

（1）绘制"轴""齿轮轴"上 6204 和 6206 两个深沟球轴承标准件。

（2）拼装"轴"上的轴承端盖（透盖和闷盖）和调整环，填充透盖内密封装置（密封圈），修改有关图线。

（3）拼装"齿轮轴"上轴承端盖（透盖和闷盖）、挡油环和调整环，填充透盖内密封装置（密封圈），修改有关图线。

（4）拼装"轴"和"齿轮轴"上轴承，修改有关图线。

（5）根据表达方案和零件投影关系，在主视图上完成"机座"前方端盖及"轴"与端盖处的投影（端盖与轴表不接触，视图为两个圆），结果如图 11.15 所示。

6．拼装"机盖"零件图

（1）执行"移动"命令，将"机盖"零件图移动到正在绘制的装配图旁边，因为根据装配图表达方案需要，俯视图采用装配图剖切画法，故不需要拼装"机盖"零件图。

（2）执行"移动"命令，由于"机座"和"机盖"在结合面位置结构相同，所以利用特征点"对象捕捉"功能，将"机盖"零件图的主视图移动到正在绘制的装配图的上边。

图 11.15　拼装"轴"和"齿轮轴"上各附件零件

（3）由于左视图为"阶梯剖视图"，所以根据装配图表达方案需要，要将"阶梯剖视图"修改为视图，即删除左视图的剖面线和表示内部结构的轮廓线，保留外部轮廓线。

（4）由于"机盖"零件在轴孔位置处呈左右对称，因此要将左视图修改为主体结构呈左右对称（根据零件图的剖切面位置只保留对称线左边的外部轮廓线，再镜像右边的外部轮廓线），结果如图 11.16 所示。

7．拼装"视孔盖""垫片"零件图及其连接螺钉

（1）执行"移动"命令，将"垫片"和"视孔盖"零件图移动到正在绘制的装配图旁边，如图 11.17 所示。

图 11.16　拼装"机盖"零件图

图 11.17　拼装"视孔盖""垫片"零件图准备

由于"垫片"和"视孔盖"零件图方向与"机盖"上的"视孔"端面方向不一致，故需执行"参照旋转"命令调整，现以"垫片"为例说明操作方法，方法如下。

执行"旋转"命令，命令行提示如下。

命令：_rotate	
UCS 当前的正角方向：ANGDIR=逆时针　ANGBASE=0	
选择对象：指定对角点：找到 14 个	//选择对象（矩形窗口形式选择对象）
选择对象：	//结束对象选择（按 Enter 键结束对象选择）
指定基点：	//指定基点（单击鼠标拾取 O 点作为旋转中心）
指定旋转角度，或 [复制(C)/参照(R)] <0>：r	//执行"参照(R)"选项（输入"r"并按 Enter 键确认）
指定参照角 <0>：指定第二点：	//指定旋转对象上需旋转对齐线两点（单击鼠标拾取 A 点，在命令行提示"指定第二点："时再用鼠标拾取点 B）
指定新角度或 [点(P)] <0>：p	//执行"点(P)"选项，即通过"两点"方式确定参照对齐线两点（输入"p"并按 Enter 键确认）
指定第一点：指定第二点：	//指定参照对齐线两点（单击鼠标拾取 C 点，命令行接着提示"指定第二点："单击鼠标拾取 D 点，结束命令）

运用相同的方法将"视孔盖"零件旋转至与"垫片"相同方向，执行结果如图 11.18 所示。

（2）执行"移动"命令，将"垫片"和"视孔盖"零件图移动到"机盖"上的"视孔"相应位置。

（3）绘制圆柱头沉头螺钉 M3×12，执行"参照旋转"和"移动"命令，将螺钉拼装到"机盖"上的相应位置。在装配图中，螺钉采用非剖视画法，需修改有关图线。

由于左视图采用拆卸画法，因此省去"视孔盖""垫片"及其连接螺钉等零件，结果如图 11.19 所示。

图 11.18   旋转"视孔盖""垫片"零件图   图 11.19   拼装"视孔盖""垫片"及其连接螺钉

8．拼装"机座"和"机盖"连接螺钉和销

（1）绘制螺栓 M8×25（螺栓 GB/T5782 M8×25）、螺栓 M8×65（螺栓 GB/T5782 M8×65）及其相配合的螺母（螺母 GB/T 6170 M8）和垫圈（垫圈 GB/T 97.18 8），绘制圆锥销 4×16（销 GB/T 117 4×16）。各标准件尺寸如图 11.20 所示。

（2）执行"移动"命令，将螺栓 M8×25、螺栓 M8×65 及其相配合的螺母、垫圈和圆锥销 4×16 移动到正在绘制的装配图主视图相应位置，根据螺栓、销连接画法，修改相应图线。

图 11.20   标准件零件图

（3）根据装配图剖切画法规定，在俯视图上完成螺栓和销断面画法，在左视图上完成螺栓、销表示位置的中心线（简化画法），结果如图 11.21 所示。

图 11.21   拼装机座和机盖的连接螺钉和销

9．拼装"油标"及其垫片和"油塞"及其垫片

（1）执行"移动"命令，将"油标"及其垫片和"油塞"及其垫片移动到正在绘制的装配图旁边，执行"旋转"命令，将"油标"及其垫片旋转至合适位置。

（2）执行"移动"命令，将"油标"及其垫片和"油塞"及其垫片移动到正在绘制的装配图的相应位置，修改有关图线。

（3）根据投影关系依次完成"油标"及其垫片和"油塞"及其垫片俯视图和左视图相应投影（俯视图投影为不可见轮廓线可以不画），由于"油标"及其垫片在左视图的投影反映为类似形，可不必严格按照投影关系绘制，在保证投影关系的前提下，大致完成相关视图即可。到此完成减速器各零件的拼装，结果如图 11.22 所示。

图 11.22　装配图拼装完成

10．标注装配图尺寸

装配图所标注尺寸的类型主要为性能规格尺寸、配合尺寸、总体尺寸、安装尺寸及其他重要尺寸，依次标注出各类型尺寸。

（1）标注出性能规格尺寸，主要为两轴输出端轴径及公差要求、两轴输出端安装的带轮或齿轮的毂宽尺寸。

（2）标注出配合尺寸，主要为轴承端盖和"机盖""机体"端孔的配合尺寸，轴承外径、内径和"机盖""机体"及两轴相应装配段配合尺寸。

（3）标注出减速器总长、总宽和总高 3 个方向的尺寸。

（4）标注出安装尺寸，主要为"机座"底部安装孔之间的相互关系尺寸。

（5）标注出其他重要尺寸，主要为两轴间尺寸及其他有重要位置关系的零件间的位置尺寸，定位销相对于高度基准这一尺寸，结果如图 11.23 所示。

11．编写零件序号

（1）执行"多重引线样式"命令，弹出"多重引线管理器"对话框，单击"新建"按钮

（也可以单击"修改"按钮，直接在系统默认的样式下完成设置），弹出"创建新多重引线样式"对话框，在此对话框中，输入样式名（如输入"减速器装配图引线"），单击"继续"按钮，弹出"修改多重引线样式：减速器装配图引线"对话框。

（2）在"引线格式"选项卡中修改"箭头"选项组中的"符号"为"小点"，"大小"为3.5，其他内容为默认值。

（3）在"引线结构"选项卡中修改"基线设置"选项组中的"设置基线距离"为 7，其他内容为默认值。

（4）在"内容"选项卡中修改"文字选项"选项组中的"文字样式"为与尺寸标注相对应的文字样式，如选择"装配图引线"文字样式。

（5）执行"多重引线"命令，按顺时针或逆时针方向有序地标注出所有的零件序号。

（6）在合适位置作水平辅助线，利用夹点编辑功能将水平标注的多重引线调整对齐，执行"多重引线对齐"命令，将竖直标注的多重引线按列的形式对齐。

图 11.23　标注装配图尺寸

（7）执行"分解"命令将标注的所有多重引线分解，利用夹点编辑功能将序号移动到基准线上方的中间位置处，结果如图 11.24 所示。

12．绘制边框、图框及标题栏

根据"机座"和"机盖"的整体尺寸，计算出主、俯和左 3 个视图所占绘图区域的大小，综合考虑视图间距和尺寸标注所占区域，选定 1∶1 比例绘图至少需采用 A2 图幅，绘制有装订边的 A2 图幅（594×420）的边框和图框。

13．绘制明细栏，填写明细栏

（1）创建明细栏表格样式。单击"默认"选项卡功能区"注释"面板中"注释"按钮 注释▼ 右边的下拉按钮 ▼ ，选择"表格样式"按钮 ，弹出"表格样式"对话框。单击"新建"按钮，弹出"创建新的表格样式"对话框，在"新样式名"文本框中输入"减速器明细栏"。单击"继续"按钮，弹出"新建表格样式：减速器明细栏"对话框。

在"表格方向"下拉列表中选择"向上"；在"单元样式"下拉列表中选择"数据"。在"常规"选项卡的"对齐"下拉列表中选择"正中"，在"页边距"的"垂直""水平"文本框中输入 0.5；在"文字"选项卡中，选择合适的"文字样式"（文字高度设为 0）；在"边框"选项卡中的"线宽"下拉列表中选择"ByLayer"，再单击"无边框"按钮，其余各项均采用默认值。

在"单元样式"下拉列表中选择"表头"，进行和"数据"同样的设置。单击"确定"按钮，返回"表格样式"对话框，单击"置为当前"按钮，将"减速器明细栏"表格样式置为当前。单击"关闭"按钮，完成表格样式的创建。

图 11.24　编写零件序号

（2）创建表格。单击"默认"选项卡功能区"注释"面板中的"表格"按钮 ，弹出"插入表格"对话框，在"表格样式"下拉列表中选择"减速器明细栏"，在"插入选项"选项区中选择"从空表格开始"单选按钮，在"插入方式"选项区中选择"指定插入点"单选按钮，设置"列数"为 5，"列宽"为 26，"数据行数"为 28，行高为 1。选择"设置单元样式"选项区中的"第一行单元样式"为"表头"，"第二行单元样式"和"所有其他行单元样式"为"数据"，如图 11.25 所示。

（3）单击"确定"按钮，在绘图区的适当位置单击，指定表格插入点。

（4）激活"表头"表单元格并填入相应文字，单击"确定"按钮，完成减速器明细栏的插入。修改表格的行高和列宽。

（5）单击"默认"选项卡功能区"特性"面板右边"特性"按钮 ，系统弹出"特性"

属性窗口，如图 11.26 左图所示，用窗口方式（或单击左上角表单元格后，按 Shift 键再单击右下角表单元格）选择所有表单元格，或先选择表单元格，再单击鼠标右键，在弹出的下拉菜单中选择"特性"命令，系统也弹出"特性"属性窗口。在"特性"窗口的"单元高度"文本框中输入 8，并按 Enter 键完成单元高度设置。依次在第一列表单元内单击，在"特性"窗口的"单元宽度"文本框中输入每一列的宽度。

按 Esc 键，退出选择，完成行高、列宽的修改。

（6）修改表格的边框。在"特性"属性窗口中，单击"边界线宽"右侧区域，系统将弹出■按钮，单击此按钮，系统将弹出"单元边框特性"对话框，如图 11.26 右图所示。

在"线宽"下拉列表中选择 0.5mm，在"线型"、"颜色"下拉列表中选择"ByLayer"（如系统显示均为默认的"ByLayer"，不执行此操作），再单击"左边框按钮"，设置表格左边线为粗实线。

（7）由于明细栏较高，在绘图区没有足够空间自下而上排列全部明细栏，所以需调整一部分放在标题栏的左边。选中表格后，单击鼠标右键，选择"特性"按钮，弹出如图 11.27 所示的"特性"属性窗口。选择"表格打断"选项区下的"启用"为"是"，"方向"为"左"，"间距"为 0，单击并向下拖动表格上的▼符号，同时表格将有一部分转移到标题栏的左边，结果如图 11.27 所示。

图 11.25 "插入表格"对话框

图 11.26 "单元边框特性"对话框

图 11.27 表格打断

（8）在"数据"单元格中双击，自下而上、自右向左填写明细栏内容。

14．撰写技术要求

执行"多行文字"命令，在绘图区选择合适位置撰写图 11.1 所示的技术要求，至此完成全图，结果如图 11.1 所示。

最后保存文件。

附：减速器各零件图。

轴零件图如图 8.1 所示，齿轮轴零件图如图 8.58 所示，齿轮零件图如图 9.1 所示，机座零件图如图 10.1 所示，机盖零件图如图 10.44 所示，（大）端（透）盖和（小）端（透）盖零件图如图 9.38 所示，（大）端（闷）盖和（小）端（闷）盖零件图如图 9.39 所示。

其他零件图如图 11.28～图 11.31 所示。

图 11.28　油标、垫片零件图

图 11.29　垫片、视孔盖零件图

图 11.30　螺塞、垫圈零件图

图 11.31 套筒、挡油环零件图

|四、检测练习|

绘制图 11.32~图 11.36 所示的千斤顶各零件图，根据完成的各零件图，选择合适图幅，按 1：1 的比例"拼装"图 11.37 所示的千斤顶装配图。要求：布图匀称，图形正确，线型符合国标，标注装配尺寸，编写零件序号，填写技术要求、标题栏及明细栏。

图 11.32 千斤顶底座零件图

图 11.33　千斤顶螺杆零件图

图 11.34　千斤顶螺套、螺钉零件图

图 11.35　千斤顶铰杆零件图

图 11.36 千斤顶顶垫、螺钉零件图

图 11.37 千斤顶装配图

|五、提高练习|

绘制图 11.38～图 11.43 所示的机用虎钳各零件图，根据完成的各零件图，按 1：1 的比例拼装图 11.44 所示的机用虎钳装配图。要求：布图匀称，图形正确，线型符合国标，标注装配尺寸，编写零件序号，填写技术要求、标题栏及明细栏。

图 11.38　固定钳座零件图

图 11.39　活动钳身零件图

图 11.40　螺杆零件图

图 11.41 螺母块零件图

图 11.42 钳口板、圆环、螺钉零件图

图 11.43 调整垫圈、垫圈零件图

11	垫圈	1	Q235A	
10	十字槽沉头螺钉M6×16	4	Q235A	GB/T 68-2000
9	螺杆	1	Q235A	
8	螺母块	1	45	
7	圆柱销2×28	1	35	GB/T119.1-2000
6	垫环	1	Q235A	
5	调整垫圈	1	Q235A	
4	活动钳身	1	HT200	
3	螺钉	1	Q235A	
2	钳口铁	2	45	
1	固定钳身	1	HT200	
序号	名 称	数量	材 料	备 注

机用虎钳	比例	重量	材料	JYHQ
	1:1			
制图	陈玉兵	18.08.27	汽车与机电工程学院
校核	陈玉兵	18.08.27	

技术要求
装配后应保证螺杆转动灵活

图 11.44 机用虎钳装配图

项目十二
简单组合体三维建模

| 一、项目导入 |

创建如图 12.1 所示简单组合体的三维模型，要求：建模准确，图形正确，不标注尺寸。

图 12.1 组合体

|二、项目知识|

运用 AutoCAD 进行三维建模时，需切换工作空间为"三维基础"或"三维建模"，其中"三维基础"工作空间可用于简单三维建模，空间界面按钮较少（见图 1.11），"三维建模"工作空间可用于较复杂三维建模，空间界面按钮较多（见图 1.12），用户可根据建模复杂程度自行选择三维建模工作空间。下面主要在"三维基础"工作空间中进行三维建模。

（一）"用户坐标系"命令

AutoCAD 中使用的坐标系有两种，一种是绘制二维图形时使用的"世界坐标系（WCS）"，世界坐标系是一个固定坐标系；另一种是为方便三维绘图，由用户自己定义的坐标系，称为"用户坐标系（UCS）"。用户坐标系主要用于绘制三维图形，创建用户坐标系有以下 2 种方法。

微课："用户坐标系"命令操作方法

（1）单击"默认"选项卡功能区"坐标"面板中的相应按钮及其下拉菜单，如图 12.2 所示。

（2）在命令行中输入"用户坐标系"命令"UCS"。

图 12.2　"坐标"面板及其下拉菜单

创建"用户坐标系"常用的方法是单击"默认"选项卡功能区"坐标"面板中的相应按钮及其下拉菜单。执行命令后，命令行将显示相应命令的操作提示，用户按照命令行提示进行操作即可完成用户坐标系创建。各按钮的功能如下。

（1）世界（W）：单击该按钮，将当前用户坐标系设置为世界坐标系。

（2）X（X 轴）：单击该按钮，将当前坐标系绕 X 轴旋转。

（3）Y（Y 轴）：单击该按钮，将当前坐标系绕 Y 轴旋转。

（4）Z（Z 轴）：单击该按钮，将当前坐标系绕 Z 轴旋转。

（5）三点（3 点）：单击该按钮，运用 3 点定义用户坐标系，3 点分别为原点、X 轴正方向上的一点和坐标值为正的 XOY 平面上的一点，执行命令后，根据命令行提示。

```
命令：_ucs
当前 UCS 名称：*世界*
指定 UCS 的原点或 [面(F)/命名(NA)/对象(OB)/上一个(P)/视图(V)/世界(W)/X/Y/Z/Z 轴(ZA)] <世界>：_3
```

```
                              //（系统自动执行）
指定新原点 <0,0,0>：          //指定新坐标系原点（在模型或其他位置单击确定新坐标系原点）
在正 X 轴范围上指定点 <3592.2091,4904.3005,30.0000>：
                              //在 X 轴正方向上指定点，确定 X 轴方向（在模型或其他位置单击确定 X 轴方向上点）
在 UCS XY 平面的正 Y 轴范围上指定点 <3591.2091,4903.3005,30.0000>：
                              //在 Y 轴正方向上指定点，确定 Y 轴方向（在模型或其他位置单击确定 Y 轴方向上点）
正在检查 903 个交点...        //结束命令
```

（6）上一个（P）：单击该按钮，恢复上一次使用的 UCS。

（7）视图（V）：单击该按钮，以垂直于观察方向的平面为 XY 平面，建立新的坐标系。

（8）面（F）：单击该按钮，依据在三维实体中选中的面来定义 UCS。

运用"面（F）"（三维实体表面）图标按钮建立 UCS，AutoCAD 将允许用户创建与已知实体某一个面平行或垂直的坐标系，且新坐标系的原点为实体被选择面的一个角点。执行该图标按钮后，命令行提示如下。

```
命令: _ucs
当前 UCS 名称: *没有名称*
指定 UCS 的原点或 [面(F)/命名(NA)/对象(OB)/上一个(P)/视图(V)/世界(W)/X/Y/Z/Z 轴(ZA)] <世界>: _fa
选择实体面、曲面或网格:      //选择实体表面（单击鼠标选择三维实体的表面）
输入选项 [下一个(N)/X 轴反向(X)/Y 轴反向(Y)] <接受>:
                            //执行默认"<接受>"选项（按 Enter 键执行默认"<接受>"选项）
```

默认选项（接受）允许用户创建一个 XY 平面平行于被选取面的坐标系，且新坐标系的原点为被拾取边上离拾取点较近的那个顶点。如图 12.3 所示，边 1 为用户拾取的边。

 提 示

　　在该方式中，新坐标系的原点为拾取点靠近的那个顶点，且 X 方向总是与该顶点到拾取点的方向相同。在上述提示中，"下一个"选项可将新坐标系绕 X 轴方向逆时针旋转 90°，"X 轴反向"选项表示将新坐标系绕 X 轴翻转 180°，"Y 轴反向"表示将新坐标系绕 Y 轴翻转 180°。图 12.4 所示为使用"X 轴反向"翻转后的 UCS。

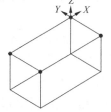

图 12.3　使用已知面建立坐标系　　　图 12.4　使用"X 轴反向"翻转后的 UCS

（9）对象（OB）：单击该按钮，根据选定三维对象定义新的坐标系。新建 UCS 的拉伸方向（Z 轴正方向）与选定对象的拉伸方向相同。

在各新建用户坐标系按钮中，运用"对象（OB）"指定实体定义新的坐标系，被指定的实体将与新坐标系有相同的 Z 轴方向，原点及 X 轴正方向的取法如表 12.1 所示。确定 X 轴和 Z 轴之后，Y 轴方向由右手定则确定。选择该选项，AutoCAD 将提示"选择对齐 UCS 的对象："。要求用户选取用来确定新坐标系的实体。

表 12.1　　　　　　　　　　　　　　　标准视点及其参数设置

菜 单 选 项	视点方向矢量	与 X 轴夹角	与 XY 平面夹角
俯视	0，0，1	270°	90°
仰视	0，0，-1	270°	90°
左视	-1，0，0	180°	0°
右视	1，0，0	0°	0°
主视	0，-1，0	270°	0°
后视	0，1，0	90°	0°
西南等轴测	-1，-1，-1	225°	45°
东南等轴测	1，-1，1	315°	45°
东北等轴测	1，1，1	45°	45°
西北等轴测	-1，1，1	135°	45°

 提　示

　　确定新的坐标原点时，用户可以直接输入二维坐标，也可输入三维坐标。坐标原点改变后，屏幕绘图区的 UCS 图标会立即移至新的位置，但 X、Y、Z 轴的方向保持不变。只有将 UCSICON（UCS 图标显示参数）的值设为在原点显示状态时，屏幕上的 UCS 图标才会随着原点位置的改变而变化，否则，即使设置了新的原点，UCS 图标也可能在原位不动。

（二）"视点"命令

　　视图的观测点也叫"视点"，"视点"是设置图形的三维可视化观察方向，即观察三维对象的位置。在绘制与观察三维对象时，需要经常变换"视点"才能从不同角度观测模型的各个部位。例如，绘制正方体时，如果使用平面坐标系，即 Z 轴垂直于屏幕，则仅能看到物体在 XY 平面上的投影。如果调整"视点"至当前坐标系的左上方，将看到一个三维物体。

　　在 AutoCAD 2016 中，执行"视点"命令的方法是在命令行中输入"视点"命令"vpoint"。执行"视点"命令后，弹出如图 12.5 所示的"视点预设"对话框，用户可以在该对话框中预设"视点"。

图 12.5　"视点预设"对话框

　　在"视点预设"对话框中，各选项的功能如下。

　　"设定观察角度"选项组。用于按相对于世界坐标系（WCS）或用户坐标系（UCS）设定查看方向，两者只可选其一。"绝对于 WCS"是指相对于 WCS 设定观察方向；"相对于 UCS"是指相对于当前 UCS 设定观察方向。

　　"自"选项组。用于按"X 轴"或"XY 平面"指定查看角度。"X 轴"表示指定与 X 轴的角度，"XY 平面"表示指定与 XY 平面的角度。

　　用户也可以使用样例图像来指定查看角度。黑针指示新角度。灰针指示当前角度。通过选择圆或半圆的内部区域来指定一个角度。如果选择了边界外面的区域，就舍入在该区域显示的角度值。如果选择了内弧或内弧中的区域，角度将不会舍入，结果可能是一个分数。

　　"设定为平面视图"按钮。设定查看角度以相对于选定坐标系显示平面视图（XY 平面）。

在一般绘图过程中，运用"视点预设"对话框预设视点显得不便捷，且没有必要。AutoCAD 2016 提供了 10 个视图（标准视点），完全可以满足实际工程绘图需要。

（三）"视图"命令

在三维建模过程中，经常需要运用"俯视""仰视""左视""右视""前视""后视""西南等轴测""东南等轴测""东北等轴测""西北等轴测"等常用"标准视图"来观察模型。执行各"标准视图"命令切换视图的方法有 2 种。

（1）在"默认"选项卡功能区"图层和视图"面板中的"三维导航"下拉列表 西南等轴测 中选择需要的标准视图类型，如图 12.6（a）所示。

（2）单击"可视化"选项卡功能区"视图"面板中的标准视图图标，用户可通过 按钮选择需要的标准视图类型，也可单击下拉按钮 ，在弹出的下拉列表中选择需要的标准视图类型，如图 12.6（b）所示。

（a）　　　　　　　　　　（b）

图 12.6　"三维导航"下拉列表和标准视图类型

（四）"动态观察"命令

用户在三维空间绘制或观测图形时，必须清楚当前的观测位置和三维模型的位置关系，需要从不同方位观察创建的实体模型。AutoCAD 2016 提供了"受约束的动态观察""自由动态观察"和"连续动态观察"3 种"动态观察"命令，用户可以选择使用。执行"动态观察"命令的方法有 2 种。

（1）单击"视图"选项卡功能区"视口工具"面板中的"导航栏"按钮 （显蓝为打开），在绘图区右边显示"导航栏"工具，如图 12.7 所示，再单击"动态观察"按钮 或其下方的下拉按钮 ，选择执行"自由动态观察"命令或"连续动态观察"命令。

（2）在命令行中输入"动态观察"命令"3DORBIT"、"自由动态观察"命令"3DFORBIT"或"连续动态观察"命令"3DCORBIT"。

①"动态观察"。执行该命令后，激活三维动态观察视图，在视图中的任意位置拖动鼠标，可动态观察图形中的对象。释放鼠标后，对象保持静止。因为使用该命令观察三维图形时，视图的目标始终保

图 12.7　"导航栏"按钮及"动态观察"

持静止，而观察点将围绕目标移动，所以从用户的视点看起来就像三维模型正在随着鼠标光标拖动而旋转。拖动鼠标时，如果水平拖动光标，则视点将平行于世界坐标系的 XY 平面移动；如果垂直拖动光标，则视点将沿 Z 轴移动。

② "自由动态观察"。执行该命令后，激活三维自由动态观察视图，并显示一个导航球，导航球被更小的圆分成 4 个区域，拖动鼠标可动态观察三维模型。在执行该命令前，用户可以选中查看整个图形，或者选择一个或多个对象进行观察。

③ "连续动态观察"。执行该命令后，在绘图区域中单击并沿任意方向拖动鼠标，可使对象沿着鼠标拖动的方向移动。释放鼠标后，对象在指定方向上继续沿着轨迹运动。拖动鼠标移动的速度决定了对象旋转的速度。

（五）"视觉样式"命令

在 AutoCAD 三维建模中，除可使用"缩放（zoom）""平移（pan）"命令对三维图形进行缩放或平移，以观察图形的整体或局部（其方法与观察平面图形的方法相同）外，还可以执行"视觉样式"命令直观地观察三维实体的边、着色、背景和阴影等显示效果，以不同的视觉样式显示实体对象。"视觉样式"是一组自定义设置，用来控制当前视口中三维实体和曲面的边、着色、背景和阴影的显示效果，有很强的立体效果。在 AutoCAD 2016中，执行"视觉样式"命令的方法有 2 种。

微课："视觉样式"
命令操作方法

（1）在"默认"选项卡功能区"图层和视图"面板中的"视觉样式"下拉列表 中选择相应的视觉样式类型，如图 12.8 所示。

（2）单击"可视化"选项卡功能区"视觉样式"面板中的相应按钮，或在 下拉列表中选择相应的视觉样式类型，如图 12.8 所示。

在 AutoCAD 2016 中，常用的视觉样式有 5 种："二维线框""线框""隐藏""真实"和"概念"，使用这些视觉样式观察三维图形会显示出不同的效果，以下分别进行介绍。

① "二维线框"：该模式用于显示用直线和曲线表示边界的对象。

② "线框"。该模式用于显示用直线和曲线表示边界的对象，同时显示三维坐标球和已经使用的材质颜色，如图 12.9 所示。

③ "隐藏"。该模式用于显示用三维线框表示的对象，并隐藏当前视图中看不到的直线，如图 12.10 所示。

图 12.8 "视觉样式"类型

图 12.9 三维线框

图 12.10 三维隐藏

④ "真实"。该模式用于着色多边形平面间的对象，并使对象的边平滑，同时显示已附着到对象的材质。图层为青色时的"真实"效果如图 12.11 所示。

⑤ "概念"。该模式用于着色多边形平面间的对象，并使对象的边平滑。着色使用古氏面样式，古氏面样式是一种冷色和暖色之间的过渡而不是从深色到浅色的过渡。在该模式下显示的对象效果缺乏真实感，但可以方便地查看对象的细节。图层为青色时的"概念"效果如图 12.12 所示。

图 12.11　"真实"效果　　　　　　　　　　图 12.12　"概念"效果

（六）创建基本三维实体

1．"长方体"命令

长方体是建模过程中经常用到的基本三维实体，在 AutoCAD 2016 的"三维基础"工作空间中，执行"长方体"命令的方法有以下 2 种。

（1）单击"默认"选项卡功能区"创建"面板中的"长方体"按钮（系统默认显示为"长方体"按钮，如系统显示为非默认的"长方体"按钮，则可单击此处按钮（显示的按钮因最后一次使用的创建命令不同而不同）下方的下拉按钮，在如图 12.13 所示的下拉列表中，选择"长方体"按钮。）

微课："长方体"命令操作方法

（2）在命令行中输入"长方体"命令"Box"。

执行该命令后，命令行提示如下。

```
命令：_box
指定第一个角点或 [中心(C)]：//指定长方体底面的第一个角点（在屏幕合适位置单击，为常用执行方法）
指定其他角点或 [立方体(C)/长度(L)]：l
                           //选择根据长方体的长、宽、高绘制长方体（输入字母 L 并按 Enter 键确认，为常用执行方法）
指定长度：60            //指定长方体的长度（调整鼠标使追踪线与 X 轴平行时输入长度值 60 并按 Enter 键确认）
指定宽度：40            //指定长方体的宽度（输入宽度值 40 并按 Enter 键确认）
指定高度或 [两点(2P)]：20 //指定长方体的高度，结束命令（输入高度值 20 并按 Enter 键确认，结束命令，或输入选项字母）
```

执行命令结果如图 12.14 所示。

在命令执行过程中，命令行各选项的功能如下，限于篇幅，各选项操作步骤不再介绍，用户可根据命令行提示进行操作。

① 中心点（C）：选择此选项，使用指定的中心点创建长方体。

② 立方体（C）：选择此选项，创建一个长、宽、高相同的长方体。

③ 长度（L）：选择此选项，按照指定的长、宽、高创建长方体。

④ 两点（2P）：选择此选项，指定两点确定长方体的高。

图 12.13 "创建"下拉列表

图 12.14 绘制的长方体

 说　明

使用"BOX"命令根据长度、宽度和高度绘制长方体时，长、宽、高的方向分别与当前 UCS 的 X、Y、Z 轴方向平行。当 AutoCAD 提示输入长度、宽度和高度时，输入的值可正、可负。正值表示沿相应坐标轴的正方向绘制长方体，负值表示沿相应坐标轴的负方向绘制长方体。

2．"楔体"命令

楔体是另一种常用的建模实体，它可以看作是长方体沿对角线切成两半后的结果，因此可以使用与创建长方体相同的方法来绘制楔体。在 AutoCAD 2016 中，执行"楔体"命令的方法有以下 2 种。

微课："楔体"
命令操作方法

（1）单击"默认"选项卡功能区"创建"面板中的"长方体"按钮（系统默认显示为"长方体"或显示其他实体按钮时）下方的下拉按钮，在如图 12.13 所示的下拉列表中，选择"楔体"按钮。

（2）在命令行中输入"楔体"命令"wedge"。

执行该命令后，命令行提示如下。

```
命令：_wedge
指定第一个角点或 [中心(C)]：              //指定楔体底面的第一个角点（在屏幕合适位置单击，为常用执行方法）
指定其他角点或 [立方体(C)/长度(L)]：l      //选择根据楔体的长、宽、高绘制楔体（输入字母 L 并按 Enter 键确认，此
操作为常用执行方法）
指定长度 <60.0000>：40                    //指定楔体的长度（调整鼠标使追踪线与 X 轴平行时输入长度值 40 并按
Enter 键确认）
指定宽度 <40.0000>：40                    //指定楔体的宽度（输入宽度值 40 并按 Enter 键确认）
指定高度或 [两点(2P)] <20.0000>：20       //指定楔体的高度，结束命令（输入高度值 20 或输入选项字母，并按 Enter
键确认，结束命令）
```

执行命令结果如图 12.15 所示。

在命令执行过程中，命令行各选项的功能如下，限于篇幅，各选项操作步骤及功用不再介绍，用户可根据命令行提示进行操作。

① 中心点（C）：选择此选项，使用指定中心点创建楔体。

② 立方体（C）：选择此选项，创建等边楔体。

③ 长度（L）：选择此选项，创建指定长度、宽度和高度的楔体。

④　两点（2P）：选择此选项，通过指定两点来确定楔体的高度。

3．"圆柱体"命令

圆柱体是建模过程中使用较多的一种基本实体，常用于创建支柱等模型。在 AutoCAD 2016 中，执行"圆柱体"命令的方法有以下 2 种。

（1）单击"默认"选项卡功能区"创建"面板中"长方体"按钮▉（系统默认显示为"长方体"或显示其他实体按钮时）下方的下拉按钮▼，在如图 12.13 所示的下拉列表中，选择"圆柱体"按钮▉圆柱体。

（2）在命令行中输入"圆柱体"命令"cylinder"。

执行该命令后，命令行提示如下。

```
命令：_cylinder
    指定底面的中心点或 [三点(3P)/两点(2P)/切点、切点、半径(T)/椭圆(E)]：
                        //指定底面的中心点或执行"三点(3P)/两点(2P)/切点、切点、半径(T)/椭圆(E)"
选项功能（在选定位置单击确定圆柱体底面中心点或输入选项功能字母）
    指定底面半径或 [直径(D)]：20    //指定圆柱体底面半径(输入 20 并按 Enter 键确认)
    指定高度或 [两点(2P)/轴端点(A)] <20.0000>：60
                        //指定圆柱体高度或执行"两点(2P)/轴端点(A)"选项功能(输入 60，并按 Enter
键确认，结束命令或输入选项功能字母)
```

执行命令结果如图 12.16 所示。

图 12.15　绘制楔体

图 12.16　绘制圆柱体

在命令执行过程中，命令行各选项的功能如下，限于篇幅，各选项操作步骤及功用不再介绍，用户可根据命令行提示进行操作。

①　"三点（3P）"：选择此选项，指定 3 点来确定圆柱体的底面。

②　"两点（2P）"：选择此选项，指定两点来确定圆柱体的底面。

③　"相切、相切、半径（T）"：选择此选项，指定圆柱体底面的两个切点和半径来确定圆柱体的底面。

④　"椭圆（E）"：选择此选项，创建具有椭圆底的圆柱体。

⑤　"直径（D）"：选择此选项，输入直径确定圆柱体的底面。

⑥　"两点（2P）"：选择此选项，通过两点来确定圆柱体的高。

⑦　"轴端点（A）"：选择此选项，指定圆柱体轴的端点位置。

4．"圆锥体"命令

圆锥体是建模过程中使用较少的一种基本实体，但在创建锥形结构模型时，需要用到圆锥体结构。在 AutoCAD 2016 中，执行绘制"圆锥体"命令的方法有以下 2 种。

（1）单击"默认"选项卡功能区"创建"面板中"长方体"按钮▉（系统默认显示为"长方体"或显示其他实体按钮时）下方的下拉按钮▼，在如图 12.13 所示的下拉列表中，选择"圆锥体"按钮▲圆锥体。

（2）在命令行中输入"圆锥体"命令"cone"。

执行该命令后，命令行提示如下。

```
命令：_cone
指定底面的中心点或 [三点(3P)/两点(2P)/切点、切点、半径(T)/椭圆(E)]：
                              //指定圆锥体底面的中心点或执行"三点(3P)/两点(2P)/切点、切点、半径(T)/
椭圆(E)"选项功能（在选定位置单击确定圆柱体底面中心点或输入选项功能字母）
指定底面半径或 [直径(D)]：20    //指定圆锥体底面半径（输入20并按 Enter 键确认）
指定高度或 [两点(2P)/轴端点(A)/顶面半径(T)]：50
                              //指定圆锥体高度或执行"两点(2P)/轴端点(A)/顶面半径(T)"选项功能，结束命
令(输入50,并按 Enter 键确认，结束命令，或输入选项功能字母)
```

执行命令结果如图 12.17 所示。

在命令执行过程中，命令行各选项的功能如下，用户可根据命令行提示进行操作。

① "三点（3P）"：选择此选项，指定 3 点来确定圆锥体的底面。

② "两点（2P）"：选择此选项，指定两点来确定圆锥体的底面，两点的连线为圆锥体底面圆的直径。

图 12.17　绘制圆锥体

③ "相切、相切、半径（T）"：选择此选项，指定圆锥体底面圆的两个切点和半径来确定圆锥体的底面。

④ "椭圆（E）"：选择此选项，创建具有椭圆底的圆锥体。

⑤ "直径（D）"：选择此选项，输入直径确定圆锥体的底面。

⑥ "两点（2P）"：选择此选项，指定两点来确定圆锥体的高。

⑦ "轴端点（A）"：选择此选项，指定圆锥体轴的端点位置。

⑧ "顶面半径（T）"：选择此选项，输入圆锥体顶面圆的半径。

5．"球体"命令

球体是建模过程中使用较少的一种基本实体，但在创建滚动轴承、控制阀结构模型时，需要创建球体，在 AutoCAD 2016 中，执行"球体"命令的方法有以下 2 种。

（1）单击"默认"选项卡功能区"创建"面板中"长方体"按钮■（系统默认显示为"长方体"或显示其他实体按钮时）下方的下拉按钮■，在如图 12.13 所示的下拉列表中，选择"球体"按钮。

微课："球体"
命令操作方法

（2）在命令行中输入"球体"命令"sphere"。

执行该命令后，命令行提示如下。

```
命令：_sphere
指定中心点或 [三点(3P)/两点(2P)/切点、切点、半径(T)]：
                              //指定球体中心点或执行"三点(3P)/两点(2P)/切点、切点、半径(T)"选
项功能（在选定位置单击确定球体中心点或输入选项功能字母）
指定半径或 [直径(D)] <20.0000>：20 //指定球体半径或执行"直径(D)"选项功能（输入20,并按 Enter 键确认，
结束命令或输入选项功能字母)
```

在命令执行过程中，命令行各选项的功能如下，用户可根据命令行提示进行操作。

① "三点（3P）"：选择此选项，指定 3 点来确定球体的大小和位置。

② "两点（2P）"：选择此选项，指定两点来确定球体的大小和位置，两点的端点为球体一条直径的端点。

③ "相切、相切、半径（T）"：选择此选项，指定球体表面的两个切点和半径来确定球

体的大小和位置。

④ "直径（D）"：选择此选项，指定球体的直径来确定球体的大小。

在"线框"视觉样式下，可通过系统变量 ISOLINES 控制实体的线框密度，即确定实体表面上的网格线数，以创建不同光滑程度的曲面，效果如图 12.18 所示。

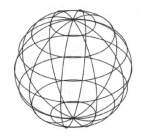

ISOLINES=4（默认）　　　　　　　　　　ISOLINES=10

图 12.18　系统变量 ISOLINES 和网格线数

（七）布尔运算

通过对三维实体进行"布尔运算"可以创建各种复杂的实体对象。布尔运算有 3 种：并集运算、差集运算和交集运算，以下分别进行介绍。

1."并集"命令

执行"并集"命令的方法有以下 2 种。

（1）单击"默认"选项卡功能区"编辑"面板中的"并集"按钮 。

（2）在命令行中输入"并集"命令"union"。

微课："布尔运算"

命令操作方法

执行该命令后，命令行提示如下。

```
命令: _union
选择对象: 指定对角点: 找到 2 个    //选择对象（单击鼠标依次拾取或框选多个实体对象）
选择对象:                        //结束对象选择，结束命令（按 Enter 键确认，结束命令）
```

执行并集运算时必须至少选中两个实体对象才能进行操作。如果选中的多个实体对象没有实际相交，执行并集运算后，多个对象仍被视为一个实体对象。并集运算的效果如图 12.19 所示。

原图　　　　　　　　　　　　　　　并集运算后

图 12.19　并集运算

2."差集"命令

执行"差集"命令的方法有以下 2 种。

（1）单击"默认"选项卡功能区"编辑"面板中的"差集"按钮 。

（2）在命令行中输入"差集"命令"subtract"。

执行该命令后，命令行提示如下。

命令：_subtract 选择要从中减去的实体、曲面和面域...
//选择要从中减去的实体、曲面和面域（单击选择被减去的对象）
选择对象：找到 1 个   //结束对象选择（按 Enter 键结束对象选择）
选择对象： 选择要减去的实体、曲面和面域... //选择要减去的实体、曲面和面域（单击选择减去的对象）
选择对象：找到 1 个   //结束对象选择，命令结束（按 Enter 键结束对象选择并结束命令）

差集运算的效果如图 12.20 所示。

原图   差集运算后

图 12.20　差集运算

在差集运算过程中，如果被减去的实体与减去的实体没有相交，则被减去的实体将会被删除。

3. "交集"命令

执行"交集"命令的方法有以下 2 种。

（1）单击"默认"选项卡功能区"编辑"面板中的"交集"按钮。

（2）在命令行中输入"交集"命令"intersect"。

执行该命令后，命令行提示如下。

命令：_intersect
选择对象：找到 1 个   //选择对象要执行"交集"的对象（依次单击选择或框选对象）
选择对象：找到 1 个，总计 2 个   //结束对象选择，命令结束（按 Enter 键，结束对象选择，结束命令）

交集运算的效果如图 12.21 所示。

原图   交集运算后

图 12.21　交集运算

交集运算用于创建多个实体间相交的实体部分，如果被选中的多个实体间没有相交，则执行"交集"命令后，被选中的多个实体均会被删除。

| 三、项目实施 |

（一）新建文件

启动 AutoCAD 2016，进入"三维基础"工作空间，即新建立一个图形文件，文件命名为"图 12.1"。

（二）设置绘图环境

单击"默认"选项卡功能区"图层和视图"面板中的"三维导航"按钮，在弹出的下拉菜单中，单击"西南等轴测"标准视图。

（三）三维建模

操作步骤如下。

1．绘制底板

单击"默认"选项卡功能区"创建"面板中的"长方体"按钮。
命令行提示如下。

```
命令：_box
指定第一个角点或 [中心(C)]：//指定长方体底面的第一个角点（在屏幕合适位置单击，为常用执行方法）
指定其他角点或 [立方体(C)/长度(L)]：l
                      //选择根据长方体的长、宽、高绘制长方体（输入字母 L 并按 Enter 键确认，为常用执行方法）
指定长度：40          //指定长方体的长度（调整鼠标使追踪线与 X 轴平行时输入长度值 40 并按 Enter 键确认）
指定宽度：24          //指定长方体的宽度（输入宽度值 24 并按 Enter 键确认）
指定高度或 [两点(2P)]：8 //指定长方体的高度，结束命令（输入高度值 8 并按 Enter 键确认，结束命令，或输入选项功能字母）
```

执行"直线"命令，在长方体后底边位置绘制直线 *AB*，在长方体左下边位置绘制直线 *AC*；执行"偏移"命令，将直线 *AB* 向前偏移 18，将直线 *AC* 向右分别以 6 和 34 各偏移一次，*AB* 偏移所得直线与 *AC* 偏移所得两直线的交点为 *D* 和 *E*。

执行"圆柱"命令，命令行提示如下。

```
命令：_cylinder
指定底面的中心点或 [三点(3P)/两点(2P)/切点、切点、半径(T)/椭圆(E)]：
                      //指定底面的中心点（单击拾取点 E）
指定底面半径或 [直径(D)]：3       //指定圆柱体底面半径（输入 3 并按 Enter 键确认）
指定高度或 [两点(2P)/轴端点(A)] <20.0000>：8 //指定圆柱体高度（输入 8，并按 Enter 键确认，结束命令。）
```

即在点 *D* 位置绘制一个圆柱，用相同的方法在点 *E* 绘制一条圆柱，也可运用"复制"命令绘制该圆柱。

执行"差集"命令，命令行提示如下。

```
命令：_subtract 选择要从中减去的实体、曲面和面域...
                   //选择要从中减去的实体、曲面和面域（单击选择被减去的长方体）
选择对象：找到 1 个  //结束对象选择（按 Enter 键结束对象选择）
选择对象： 选择要减去的实体、曲面和面域...
                   //选择要减去的实体、曲面和面域（单击选择减去的圆柱体）
选择对象：找到 1 个  //继续对象选择（鼠标单击选择减去的另一圆柱体）
选择对象：找到 2 个  //结束对象选择，命令结束（按"Enter"键结束对象选择并结束命令）
```

绘制结果如图 12.22 所示。

2．绘制后板

执行"长方体"命令，在图 12.22 附近绘制长为 20，宽为 7，高为 22 的长方体。

执行"移动"命令，选择 *FG* 中点为基点，*AB* 中点为第二点，将所绘制的长方体移动到图 12.23 中的合适位置，结果如图 12.23 所示。

图 12.22　绘制底板

图 12.23　绘制后板

单击"默认"选项卡功能区"坐标"面板中"X" （轴旋转）按钮。执行"UCS"命令，命令行提示如下。

```
当前 UCS 名称：*没有名称*
指定 UCS 的原点或 [面(F)/命名(NA)/对象(OB)/上一个(P)/视图(V)/世界(W)/X/Y/Z/Z 轴(ZA)] <世界>：_x
                                                    //(系统自动添加 x)
指定绕 X 轴的旋转角度 <90>：       //指定绕 X 轴的旋转角度（输入 90 并按 Enter 键确认，结束命令）
```

命令结束，即建立一个用户坐标系。

执行"直线"命令，连接 *FG* 绘制一条直线。

执行"偏移"命令，将直线 *FG* 向上偏移 12，偏移复制一条直线 *HJ*（特别注意的是，"偏移"命令只有在 *XY* 坐标平面中执行才能得到预期结果）。

执行"圆柱体"命令，以直线 *HJ* 中点为圆心，以 5 为半径，以 7 为高度绘制一个圆柱体。

执行"差集"命令，从长方体中减去圆柱体，结果如图 12.24 所示。

图 12.24　绘制压板

3．绘制两肋板

单击"默认"选项卡功能区"坐标"面板中的"世界坐标系"按钮 ，将用户坐标系还原为世界坐标系。

执行"楔体"命令。单击"默认"选项卡功能区"创建"面板中"长方体"按钮 下方的下拉按钮 ，在弹出的下拉列表中，选择"楔体"按钮 ，命令行提示如下。

```
命令：_wedge
指定第一个角点或 [中心(C)]：            //指定楔体底面的第一个角点（在图 12.24 附近位置单击鼠标左键）
指定其他角点或 [立方体(C)/长度(L)]：l    //选择根据楔体的长、宽、高绘制楔体（输入字母 L 并按 Enter 键确认）
指定长度 <60.0000>：10                  //指定楔体的长度（调整鼠标使追踪线与 X 轴平行时输入长度值 10 并按
Enter 键确认）
指定宽度 <40.0000>：5                   //指定楔体的宽度（输入宽度值 5 并按 Enter 键确认）
指定高度或 [两点(2P)] <20.0000>：22     //指定楔体的高度，结束命令（输入高度值 22 并按 Enter 键确认，结束命令）
```

即完成右肋板，如图 12.25 所示。

执行"移动"命令，将所绘肋板移动到图 12.26 中的合适位置。

单击"默认"选项卡功能区"坐标"面板中"X"按钮 下方的下拉按钮 ，选择"Z"按钮 ，命令行提示如下。

```
命令：_ucs
当前 UCS 名称：*世界*
```

指定 UCS 的原点或 [面(F)/命名(NA)/对象(OB)/上一个(P)/视图(V)/世界(W)/X/Y/Z/Z 轴(ZA)] <世界>：_z
　　　　　　　　　　//(系统自动添加 x)
指定绕 Z 轴的旋转角度 <90>：180 //指定绕 Z 轴的旋转角度(输入 180 并按 Enter 键确认，结束命令)

命令结束，即建立另一个用户坐标系。

执行"楔体"和"移动"命令，按前述方法完成左肋板，结果如图 12.26 所示。

图 12.25　绘制右肋板

图 12.26　绘制左肋板

执行"并集"命令。单击"默认"选项卡功能区"编辑"面板中的"并集"按钮，命令行提示如下。

命令：_union
选择对象：指定对角点：找到 4 个　　//选择对象（单击鼠标依次拾取底板、后板和两个肋板或一次框选全部实体对象）
选择对象：　　　　　　　　　　　　//结束对象选择，结束命令（按 Enter 键确认，结束命令）

至此完成全图，结果如图 12.26 所示。

4．保存文件

四、检测练习

1. 绘制图 12.27 所示简单组合体的三维模型，要求：建模准确，图形正确，不标注尺寸。
2. 绘制图 12.28 所示简单组合体的三维模型，要求：建模准确，图形正确，不标注尺寸。

图 12.27　检测练习 1

图 12.28　检测练习 2

| 五、提高练习 |

绘制图 12.29 所示简单组合体的三维模型，要求：建模准确，图形正确，不标注尺寸。

图 12.29　提高练习

项目十三
复杂组合体三维建模

能力目标

1. 能够运用"倒角""圆角""剖切""加厚"等实体编辑命令编辑三维实体。
2. 能够运用"面域""拉伸""旋转"等实体编辑命令将二维对象创建成三维实体。
3. 综合运用三维建模和实体编辑命令创建复杂组合体三维建模。

知识目标

1. 掌握"倒角""圆角""剖切""加厚"等实体编辑命令的操作方法。
2. 掌握"面域""拉伸""旋转"等实体编辑命令的操作方法。
3. 了解"扫掠""放样""截面"等实体编辑命令的操作方法。
4. 了解常用实体系统变量的设置方法。

| 一、项目导入 |

创建如图 13.1 所示复杂组合体的三维模型，要求：建模准确，图形正确，不标注尺寸。

图 13.1　复杂组合体三维模型

|二、项目知识|

（一）"倒角边"和"圆角边"命令

"倒角边"和"圆角边"命令是 AutoCAD 2016 的新增功能，可以用来编辑三维实体的边。

1."倒角边"命令

在 AutoCAD 2016 中，执行"倒角边"命令的方法有以下 2 种。

（1）在"默认"选项卡功能区"编辑"面板中，单击"编辑"按钮 编辑▼ 右边的下拉按钮▼，在如图 13.2 所示的下拉列表中，选择"倒角边"按钮。

（2）在命令行中输入"倒角边"命令"chamferedge"。

执行"倒角边"命令后，命令行提示如下。

微课："倒角边"命令操作方法

图 13.2 "编辑"下拉列表

```
命令: _CHAMFEREDGE 距离 1 = 10.0000, 距离 2 = 10.0000
选择一条边或 [环(L)/距离(D)]: d              //选择执行基面倒角边距离参数"距离(D)"（输入 d 并按 Enter 键确认）
指定距离 1 或 [表达式(E)] <10.0000>: 10        //指定基面倒角距离（输入 10 并按 Enter 键确认）
指定距离 2 或 [表达式(E)] <10.0000>: 10        //指定基面倒角距离（输入 10 并按 Enter 键确认）
选择一条边或 [环(L)/距离(D)]:                  //选择实体的第一条棱线（单击选择实体的一条棱线）
选择同一个面上的其他边或 [环(L)/距离(D)]:       //再次选择要进行倒角的边或结束边选择（按 Enter 键结束边选择）
按 Enter 键接受倒角或 [距离(D)]:                //确认是否接受倒角（按 Enter 键确认，确定接受倒角）
```

在命令执行过程中，命令行各选项的功能如下。

① "环（L)"：选择此选项，表示一次选择基面上的所有边。

② "距离(D)"：选择此选项，指定基面倒角距离。

③ "表达式(E)"：选择此选项，表示使用数学表达式控制倒角距离。

执行"倒角边"的效果如图 13.3 所示。

原图   "倒角边"后的效果

图 13.3 "倒角边"效果

在对实体进行倒角时，用户也可在"默认"选项卡功能区的"修改"面板中，单击"修改"按钮 修改▼ 右边的下拉按钮▼，在弹出的下拉列表中，单击"倒角"按钮，执行"倒角"命令对实体进行倒角。

2."圆角边"命令

在 AutoCAD 2016 中，执行"圆角边"命令的方法有以下 2 种。

（1）在"默认"选项卡功能区"编辑"面板中，单击"编辑"按钮

微课："圆角边"命令操作方法

编辑 右边的下拉按钮 ，在弹出的如图 13.2 所示的下拉列表中，选择"圆角边"按钮 。

（2）在命令行中输入"圆角边"命令"filletedge"。

执行该命令后，命令行提示如下。

```
命令: _FILLETEDGE
半径 = 1.0000
选择边或 [链(C)/环(L)/半径(R)]: r            //选择执行基面圆角边半径参数"半径(R)"（输入 r 并按 Enter 键确认）
输入圆角半径或 [表达式(E)] <1.0000>: 10      //指定圆角半径（输入 10 并按 Enter 键确认）
选择边或 [链(C)/环(L)/半径(R)]:             //选择实体上的第一条棱线（单击鼠标选择实体的一条边）
选择边或 [链(C)/环(L)/半径(R)]:             //再次选择要进行圆角的边或结束边选择（按 Enter 键结束边选择）
已选定 1 个边用于圆角。
按 Enter 键接受圆角或 [半径(R)]:           //确认是否接受圆角（按 Enter 键确认，确定接受圆角）
```

在命令执行过程中，命令行各选项的功能如下。

① "链(C)"：选择此选项，当选取三维对象的一条边时，同时选取与其相切的边。

② "环(L)"：选择此选项，表示在实体的面上指定边的环。

③ "半径（R)"：选择此选项，可重新设置圆角的半径。

④ "表达式(E)"：选择此选项，表示使用数学表达式控制倒角距离。

执行"圆角边"命令的效果如图 13.4 所示。

原图　　　　　　　　　　　　"圆角边"后的效果

图 13.4　　"圆角边"效果

在对实体进行"圆角"时，也可在"默认"选项卡功能区的"修改"面板中，单击"修改"按钮 修改 右边的下拉按钮 ，在弹出的下拉列表中，单击"圆角"按钮 ，执行"圆角"命令对实体进行圆角。

（二）"剖切"命令

"剖切"是指通过剖切或分割现有对象，创建新的三维实体和曲面，在 AutoCAD 2016 中，执行"剖切"命令的方法有以下 2 种。

（1）在"默认"选项卡功能区的"编辑"面板中，单击"编辑"按钮 编辑 右边的下拉按钮 ，在弹出的如图 13.2 所示的下拉列表中，选择"剖切"按钮 。

微课："剖切"命令
操作方法

（2）在命令行中输入"剖切"命令"slice"。

执行该命令后，命令行提示如下。

```
命令: _slice
选择要剖切的对象: 找到 1 个         //选择要剖切的对象（选择要进行剖切的实体对象）
选择要剖切的对象:                 //结束对象选择（按 Enter 键确认，结束对象选择）
```

指定切面的起点或 [平面对象(O)/曲面(S)/z 轴(Z)/视图(V)/xy(XY)/yz(YZ)/zx(ZX)/三点(3)] <三点>：
//指定切面的起点或执行"平面对象(O)/曲面(S)/z 轴(Z)/视图(V)/xy(XY)/yz(YZ)/
zx(ZX)/三点(3)"功能选项（输入 3 并按 Enter 键确认或直接按 Enter 键确认，执行"三点<3>"默认选项）
指定平面上的第一个点： //指定实体平面上的第一个点（单击鼠标拾取实体棱线中点 A）
指定平面上的第二个点： //指定实体平面上的第二个点（单击鼠标拾取实体棱线中点 B）
指定平面上的第三个点： //指定实体平面上的第三个点（单击鼠标拾取实体棱线中点 C）
在所需的侧面上指定点或 [保留两个侧面(B)] <保留两个侧面>：
//确定在所需保留部分实体的侧面上指定点（单击鼠标拾取实体右下角拐点）

在命令执行过程中，命令行各选项的功能如下。

① "平面对象（O）"：选择此选项，将指定圆、椭圆、圆弧、椭圆弧、二维样条曲线或二维多段线为剪切面。

② "曲面(S)"：选择此选项，将剪切平面与选定的曲面对齐。

③ "Z 轴（Z）"：选择此选项，在平面上指定一点和在平面的 Z 轴（法向方向）指定另一点来定义剪切平面。

④ "视图（V）"：选择此选项，将指定当前视口的视图平面为剪切平面，指定一点定义剪切平面的位置。

⑤ "XY 平面（XY）"：选择此选项，将指定当前用户坐标系（UCS）的 XY 平面为剪切平面，指定一点定义剪切平面的位置。

⑥ "YZ 平面（YZ）"：选择此选项，将指定当前 UCS 的 YZ 平面为剪切平面，指定一点定义剪切平面的位置。

⑦ "ZX 平面（ZX）"：选择此选项，将指定当前 UCS 的 ZX 平面为剪切平面，指定一点定义剪切平面的位置。

⑧ "三点（3）"：选择此选项，指定三点来定义剪切平面，此选项为系统默认的定义剪切面的方法。

⑨ "保留两侧（B）"：选择此选项，将剖切实体的两侧均保留。

执行"剖切"命令后，效果如图 13.5 所示。

原图　　　　　　　　　　　　　"剖切"后效果

图 13.5　"剖切"实体

（三）"面域"命令

"面域"是使用形成闭合环的对象创建的二维闭合区域。环可以是直线、多段线、圆、圆弧、椭圆、椭圆弧和样条曲线的组合。组成环的对象必须闭合或通过与其他对象共享端点而形成闭合的区域。执行"面域"命令的方法是在命令行中输入"面域"命令"region"。

如果用户在"三维建模"工作空间创建面域，也可在"默认"选项卡功能区的"绘图"面板中，单击"绘图"按钮 绘图 右边的下拉按钮 ，在弹出的下拉列表中，选择执行"面域"按钮 。

执行该命令后，命令行提示如下。

```
命令：REGION
选择对象：指定对角点：找到 4 个    //选择要进行"面域"的对象（框选长方形线框或依次单击长方形线框各边）
选择对象：                        //继续选择要拉伸的对象或结束对象选择且命令结束（按 Enter 键结束对象选择，
结束命令）
已提取 1 个环。（系统自动执行）
已创建 1 个面域。（系统自动执行）
```

执行"面域"命令的效果如图 13.6 所示。

原图（封闭线框）　　　　　　　"面域"后的效果（"着色"视角样式）

图 13.6　"面域"效果

（四）通过二维图形创建实体

在 AutoCAD 中，通过拉伸二维轮廓曲线或者将二维曲线沿指定轴旋转，可以创建出三维实体。在 AutoCAD 2016 中使用"拉伸""旋转""扫掠"和"放样"等命令，也可以将二维图形创建成三维实体。

微课："拉伸"命令
操作方法

1．"拉伸"命令

使用"拉伸"命令可以将二维对象沿 Z 轴或者某个方向拉伸生成实体。被拉伸的对象可以是任何二维封闭多段线、圆、椭圆、封闭样条曲线和面域。在 AutoCAD 2016 中，执行"拉伸"命令的方法有以下 2 种。

（1）在"默认"选项卡功能区的"创建"面板中，单击"拉伸"按钮。

（2）在命令行中输入"拉伸"命令"extrude"。

执行该命令后，命令行提示如下。

```
命令：extrude
当前线框密度：ISOLINES=4,闭合轮廓创建模式 = 实体
选择要拉伸的对象或 [模式(MO)]：_MO 闭合轮廓创建模式 [实体(SO)/曲面(SU)] <实体>：_SO
                                //（系统自动执行）
选择要拉伸的对象或 [模式(MO)]：找到 1 个    //选择要拉伸的对象（单击选择要拉伸的对象）
选择要拉伸的对象或 [模式(MO)]：             //继续选择要拉伸的对象或结束对象选择（按 Enter 键结束对象选择）
指定拉伸的高度或 [方向(D)/路径(P)/倾斜角(T)/表达式(E)] <40.0000>：20
                                //指定拉伸的高度或执行"[方向(D)/路径(P)/倾斜角(T)/表达式
(E)]"选项（输入 20 并按 Enter 键结束命令）
```

在命令执行过程中，命令各选项的功能如下。

① "模式(MO)"：选择此选项，控制拉伸对象是实体还是曲面，曲面会被拉伸为 NURBS 曲面或程序曲面，具体取决于"SURFACE MODE LING MODE"系统变量。

② "方向（D）"：选择此选项，通过指定两个点来确定拉伸的高度和方向。

③ "路径（P）"：选择此选项，将指定基于选定对象的拉伸路径，路径将移动到轮廓的质心，然后沿选定路径拉伸选定对象的轮廓以创建实体或曲面。

④ "倾斜角（T）"：选择此选项，输入拉伸对象时倾斜的角度。

⑤ "表达式(E)"：选择此选项，输入公式或方程式以指定拉伸高度。

执行（高度）"拉伸"的效果如图 13.7 所示。

面域或平面 高度"拉伸"后的效果

图 13.7 高度"拉伸"创建实体

在执行"拉伸"命令的过程中，"路径（P）"为常用选项，当命令行提示"指定拉伸的高度或 [方向(D)/路径(P)/倾斜角(T)/表达式(E)]"时，如输入"P"执行"路径（P）"选项时，命令行提示如下。

```
……
选择拉伸路径或 [倾斜角(T)]：//选择拉伸路径并结束命令（单击路径对象，同时结束命令）
```

执行（路径）"拉伸"的效果如图 13.8 所示。

"路径"为"多段线"

面域或平面

面域（或平面）和路径对象 路径"拉伸"后的效果

图 13.8 路径"拉伸"创建实体

2．"旋转"命令

使用"旋转"命令可以将二维图形绕指定的轴旋转来生成三维实体。在 AutoCAD 2016 中，执行"旋转"命令的方法有以下 2 种。

（1）在"默认"选项卡功能区的"创建"面板中，单击"旋转"按钮 。

（2）在命令行中输入"旋转"命令"revolve"。

执行"旋转"命令后，命令行提示如下。

```
命令：_revolve
当前线框密度： ISOLINES=4，闭合轮廓创建模式 = 实体
选择要旋转的对象或 [模式(MO)]：_MO 闭合轮廓创建模式 [实体(SO)/曲面(SU)] <实体>：_SO
                                              //（系统自动执行）
选择要旋转的对象或 [模式(MO)]：找到 1 个   //选择要旋转的对象（单击选择要拉伸的对象）
选择要旋转的对象或 [模式(MO)]：             //继续选择要旋转的对象或结束对象选择（按 Enter 键结束对象选择）
指定轴起点或根据以下选项之一定义轴 [对象(O)/X/Y/Z] <对象>：
                                //指定旋转轴起点或定义旋转轴（输入字母 O 执行"对象(O)"选项或
按 Enter 键执行默认"<对象>"选项，后者较为方便）
选择对象：                        //选择旋转轴对象（单击已绘制的"旋转轴"线）
指定旋转角度或 [起点角度(ST)/反转(R)/表达式(EX)] <360>：
                                //指定旋转角度（输入 360 并按 Enter 键确认或直接按 Enter 键确认）
```

在命令执行过程中，"指定轴起点"是指以指定旋转轴的第一、第二个端点确定一条旋转

轴，轴的正方向从第一点指向第二点，其他选项的功能如下。

①"模式(MO)"：选择此选项，控制拉伸对象是实体还是曲面，曲面会被拉伸为 NURBS 曲面或程序曲面，具体取决于 SURFACEMODELINGMODE 系统变量。

②"对象（O）"：选择此选项，选择现有的直线或多段线中的单条线段定义轴，这个对象将绕该轴旋转。

③"X"：选择此选项，使用当前 UCS 的正向 X 轴作为轴的正方向。

④"Y"：选择此选项，使用当前 UCS 的正向 Y 轴作为轴的正方向。

⑤"Z"：选择此选项，使用当前 UCS 的正向 Z 轴作为轴的正方向。

⑥"起点角度(ST)"：选择此选项，表示为从旋转对象所在平面开始的旋转指定偏移，可以拖动光标来指定和预览对象的起点角度。

⑦"反转(R)"：选择此选项，表示更改旋转方向；类似于输入负角度值，右侧的旋转对象显示按照与左侧对象相同的角度旋转，但使用"反转"选项的样条曲线。

⑧"表达式(EX)"：用于指定输入公式或方程式来指定旋转角度。

执行"旋转"命令后的效果如图 13.9 所示。

图 13.9　"旋转"创建三维实体

（五）"放样"命令

"放样"是指在若干横截面之间的空间中创建三维实体或曲面，横截面定义了结果实体或曲面的形状，横截面的数量不少于 2，放样横截面可以是开放或闭合的平面或非平面，也可以是边子对象。开放的横截面创建曲面，闭合的横截面创建实体或曲面（具体取决于指定的模式）。在 AutoCAD 2016 中，执行"放样"命令的方法有以下 2 种。

微课："放样"命令
操作方法

（1）在"默认"选项卡功能区的"创建"面板中，单击"放样"按钮。

（2）在命令行中输入"放样"命令"loft"。

执行"放样"命令后，命令行提示如下。

```
命令：_loft
当前线框密度：ISOLINES=4，闭合轮廓创建模式 = 实体
按放样次序选择横截面或 [点(PO)/合并多条边(J)/模式(MO)]：_MO 闭合轮廓创建模式 [实体(SO)/曲面(SU)] <
实体>：_SO       //（系统自动执行）
按放样次序选择横截面或 [点(PO)/合并多条边(J)/模式(MO)]：找到 1 个
              //按放样次序选择横截面（单击选择对象A）
按放样次序选择横截面或 [点(PO)/合并多条边(J)/模式(MO)]：找到 1 个，总计 2 个
              //按放样次序选择横截面（单击选择对象B）
```

按放样次序选择横截面或 [点(PO)/合并多条边(J)/模式(MO)]：找到 1 个，总计 3 个
　　　　//按放样次序选择横截面（单击选择对象 C）
按放样次序选择横截面或 [点(PO)/合并多条边(J)/模式(MO)]：
　　　　//结束对象选择（按 Enter 键结束对象选择）
选中了 3 个横截面
输入选项 [导向(G)/路径(P)/仅横截面(C)/设置(S)] <仅横截面>：
　　　　//选择"放样"选项或执行"仅横截面(C)"默认选项（输入 C 并按 Enter 键执行"仅横截面(C)"选项，或按 Enter 键直接执行"仅横截面"默认选项）

在命令执行过程中，命令各选项的功能如下。

① "点(PO)"：选择此选项，表示指定放样操作的第一个点或最后一个点，如果以"点"选项开始，接下来就必须选择闭合曲线。

② "合并多条边(J)"：选择此选项，将多个端点相交的边处理为一个横截面。

③ "模式(MO)"：选择此选项，选择控制放样对象是实体还是曲面。

④ "导向(G)"：选择此选项，指定控制放样实体或曲面形状的导向曲线，可以使用导向曲线来控制点如何匹配相应的横截面，以防止出现不希望看到的效果（如结果实体或曲面中的皱褶）。

⑤ "路径(P)"：选择此选项，指定放样实体或曲面的单一路径，路径曲线必须与横截面的所有平面相交。

⑥ "仅横截面(C)"：选择此选项，在不使用导向或路径的情况下，创建放样对象。

⑦ "设置(S)"：选择此选项，系统将显示"放样设置"对话框，用户可以对横截面上的曲面进行控制设置。

执行"放样"命令后的效果（开放和闭合两种情况）如图 13.10 所示。

开放和闭合线框　　　　　　　　　"放样"后的效果
图 13.10　"放样"创建三维实体

（六）"扫掠"命令

　　"扫掠"是通过沿开放或闭合路径扫掠二维对象或子对象来创建三维实体或三维曲面。开口对象可以创建三维曲面，封闭区域的对象可以设置为创建三维实体或三维曲面。

　　在 AutoCAD 2016 中，执行"放样"命令的方法有以下 2 种。

　　（1）在"默认"选项卡功能区的"创建"面板中，单击"扫掠"按

微课："扫掠"
命令操作方法

钮。

（2）在命令行中输入"放样"命令"sweep"。

执行"扫掠"命令后，命令行提示如下。

```
命令：_sweep
当前线框密度：ISOLINES=4，闭合轮廓创建模式 = 实体
选择要扫掠的对象或 [模式(MO)]：_MO 闭合轮廓创建模式 [实体(SO)/曲面(SU)] <实体>：_SO
                                                    //（系统自动执行）
选择要扫掠的对象或 [模式(MO)]：找到 1 个          //选择要扫掠的对象（单击选择扫掠对象）
选择要扫掠的对象或 [模式(MO)]：                   //结束扫掠对象选择（按 Enter 键结束对象选择）
选择扫掠路径或 [对齐(A)/基点(B)/比例(S)/扭曲(T)]：//选择扫掠路径，结束命令（单击选择扫掠路径对象，结束命令）
```

在命令执行过程中，各命令选项的功能如下。

① "模式(MO)"：选择此选项，控制扫掠动作是创建实体还是创建曲面，系统会将曲面扫掠为 NURBS 曲面或程序曲面，具体取决于 SURFACEMODELINGMODE 系统变量。

② "实体(SO)"：选择此选项，表示扫掠动作创建的是实体。

③ "曲面(SU)"：选择此选项，表示扫掠动作创建的是曲面。

④ "对齐(A)"：选择此选项，指定是否对齐轮廓以使其作为扫掠路径切向的法向，如果轮廓与路径起点的切向不垂直（法线未指向路径起点的切向），则轮廓将自动对齐。

⑤ "基点(B)"：选择此选项，指定要扫掠对象的基点。

⑥ "比例(S)"：选择此选项，指定比例因子以进行扫掠操作，从扫掠路径的开始到结束，比例因子将统一应用到扫掠的对象。

⑦ "扭曲(T)"：选择此选项，表示设置正被扫掠的对象的扭曲角度，扭曲角度指定沿扫掠路径全部长度的旋转量。

执行"扫掠"命令后的效果如图 13.11 所示。

图 13.11　　"扫掠"创建三维实体

（七）"截面"命令

"截面"是指用平面和实体的交集创建面域或创建穿过实体的横截面。通常指定 3 个点定义横截面，也可以通过其他对象、当前视图、Z 轴或者 XY、YZ 或 ZX 平面来定义横截面。横截面将被放置在当前图层上。执行"截面"命令的方法是在命令行中输入"截面"命令"section"。

如要用户在"三维建模"工作空间创建截面，也可在"默认"选项卡功能区的"截面"面板中，单击"截面平面"按钮。

微课："截面"
命令操作方法

执行"截面"命令后，命令行提示如下。

```
命令：SECTION
选择对象：找到 1 个    //选择实体对象（单击要创建截面的实体对象）
选择对象：            //继续选择实体对象或结束对象选择（按 Enter 键确认，结束对象选择）
指定 截面 上的第一个点，依照 [对象(O)/Z 轴(Z)/视图(V)/XY(XY)/YZ(YZ)/ZX(ZX)/三点(3)] <三点>：
                     //指定截面 上的第一个点或执行"对象(O)/Z 轴(Z)/视图(V)/XY(XY)/YZ(YZ)/ZX(ZX)/
三点(3)"选项（输入 3 并按 Enter 键确认，执行"三点(3)"或直接按 Enter 键执行"三点(3)"默认选项）
指定平面上的第一个点：//指定平面上的第一个点（单击鼠标拾取实体棱线中点 A）
指定平面上的第二个点：//指定平面上的第二个点（单击鼠标拾取实体棱线中点 B）
指定平面上的第三个点：//指定平面上的第三个点，结束命令（单击鼠标拾取实体棱线中点 C，结束命令）
```

在命令执行过程中，各选项的功能如下。

① "对象（O）"：选择此选项，将截面平面与圆、椭圆、圆弧、椭圆弧、二维样条曲线或二维多段线对齐。

② "Z 轴（Z）"：选择此选项，指定截面上的一点以及该平面的 Z 轴或法线上的另一点来定义截面平面。

③ "视图（V）"：选择此选项，将截面平面与当前视口的视图平面对齐，指定一点以定义截面的位置。

④ "XY/YZ/ZX"：选择此选项，将截面平面与当前 UCS 的 *XY*/*YZ*/*ZX* 平面对齐，指定一点以定义截面的位置。

⑤ "三点(3)"：选择此选项，使用"三点"定义截面平面

执行"截面"命令后的效果如图 13.12 所示。

原图 　　　　　　　　　　　　创建"截面"效果

图 13.12　创建截面

三、项目实施

（一）新建文件

启动 AutoCAD 2016，进入"建模基础"工作空间，即新建一个图形文件，文件命名为"图 13.1"。

（二）设置绘图环境

在"默认"选项卡功能区的"图层与视图"面板中，单击"三维导航"按钮 [F] 后下拉按

钮，在弹出的下拉列表中，选择执行"西南等轴测"标准视图。

（三）三维建模

创建图 13.1 所示复杂组合体的三维模型，要求：建模准确，图形正确，不标注尺寸。

操作步骤如下。

1．绘制底座

在"默认"选项卡功能区的"绘图"面板中，单击"多边形"按钮下方的下拉按钮 ▾ ，在弹出的下拉列表中，选择"矩形"命令，绘制一个长为 76，宽为 36，并带有圆角半径为 7 的矩形。

在"默认"选项卡功能区的"绘图"面板中，单击"直线"按钮 ，利用"中点"捕捉，分别连接矩形两对边的中点，作两条辅助线段 AB 和 CD。

在"默认"选项卡功能区的"修改"面板中，单击"偏移"按钮 ，执行"偏移"命令，将线段 AB 和 CD 分别以 11 和 28 向前后、左右偏移，得到两两相交的 4 条辅助线段，交点分别为 1、2、3 和 4。

在"默认"选项卡功能区的"绘图"面板中，单击"绘图"按钮 绘图▾ 右边的下拉按钮 ▾ ，在弹出的下拉列表中，选择"圆"命令，分别以交点 1、2、3 和 4 为圆心绘制直径为 φ8 的 4 个圆，结果如图 13.13 所示。

图 13.13　绘制底面截面

删除 AB 和偏移所得的辅助线，在命令行中输入"面域"命令"region"，将矩形和 4 个圆共 5 个对象"转化"为 5 个面域。

在"默认"选项卡功能区的"创建"面板中，单击"拉伸"按钮 ，命令行提示如下。

```
命令：_extrude
当前线框密度：ISOLINES=4，闭合轮廓创建模式 = 实体
选择要拉伸的对象或 [模式(MO)]：_MO 闭合轮廓创建模式 [实体(SO)/曲面(SU)] <实体>：_SO
                         //（系统自动执行）
选择要拉伸的对象或 [模式(MO)]：找到 5 个
                         //选择要拉伸的对象（用矩形窗口框选所有面域对象或用鼠标依次单击选择要拉伸
的对象）
选择要拉伸的对象或 [模式(MO)]：//结束对象选择（按 Enter 键，结束对象选择）
指定拉伸的高度或 [方向(D)/路径(P)/倾斜角(T)/表达式(E)] <40.0000>：10
                         //指定拉伸的高度（输入 10 并按 Enter 键，结束命令）
```

得到一个高度为 10 的长方体和 4 个高度为 10 的圆柱体。

执行"差集"命令，在命令行中选择长方体作为"从中减去的实体"，选择 4 个圆柱体作为"要减去的实体"，结果如图 13.14 所示。

2．绘制圆筒

执行"圆柱体"命令，以辅助线段 CD 的中点为圆心，创建底圆半径为 10 和 17，高度为 44 的两个圆柱体。

执行"差集"命令，选择底板和底圆半径为 17 的圆柱体这两个实体作为从中减去的实体，选择半径为 10 的圆柱体作为要减去的实体，从底板和底圆半径为 17 的圆柱体两个实体中共同减去半径为 10 的圆柱体，结果如图 13.15 所示。

图 13.14　绘制底座

图 13.15　绘制圆筒

3．绘制左右肋板

执行"偏移"命令，将线段 *CD* 向后偏移 3.5（肋板厚度一半），同时"偏移"出另一条辅助线 *EF*，如图 13.16 所示。

创建截面。在命令行输入"截面"命令"section"，按 Enter 键确认，命令行提示如下。

```
命令: SECTION
选择对象: 找到 1 个              //选择实体对象（单击图 13.15 所示的实体对象）
选择对象:                       //结束对象选择（按 Enter 键确认，结束对象选择）
指定截面上的第一个点，依照 [对象(O)/Z 轴(Z)/视图(V)/XY(XY)/YZ(YZ)/ZX(ZX)/三点(3)] <三点>:
                               //选择截面创建方式（输入 zx 按 Enter 键确认，选择 ZX 坐标平面）
指定 ZX 平面上的点 <0,0,0>:     //指定 ZX 平面上的点 (拾取点 E)
指定平面上的第三个点:           //指定平面上的第三个点，结束命令（单击鼠标拾取实体上的点 E，同时结束命令）
```

命令结束后，系统创建出过点 E 且平行于 *ZX* 坐标平面的截面，结果如图 13.16 所示。

执行"分解"命令，将创建的截面分解为若干线段；执行"复制"命令，以距离为 29，将线段 *GJ* 向上复制出一条线段，与截面线交点为 *H*；执行"直线"命令，连接 *G* 和 *H* 两点和 *J* 和 *H* 点；执行"面域"命令，将线框 *GHJ* 转换成平面。

执行"拉伸"命令，将 *GHJ* 平面以高度 7 拉伸为"三棱柱"，结果如图 13.16 所示。

运用相同的方法完成右肋板。用户也可用"三维镜像"命令完成另一肋板。

执行"并集"命令，将所有实体合并。

图 13.16　绘制左肋板

4．绘制前方长方体

在"坐标"面板中，单击"世界"按钮，执行"UCS"命令，将当前坐标系还原为世界坐标系。

在"绘图"面板中，执行"直线"命令，在底板前底边棱线位置绘制一条与实体棱边重合的辅助线段（为后面移动对象创造条件）。

在"创建"面板中，执行"长方体"命令，在图 13.16 旁边绘制一个长为 22，宽为 22，高为 38 的长方体。

在"坐标"面板中，单击 X 按钮，将坐标系绕 X 轴旋转 90°。

在"绘图"面板中，执行"直线"命令，在长方体前底边位置绘制一条线段，执行"偏移"命令，将此线段向上偏移 20，偏移复制一条线段 *OP*。

在"创建"面板中，执行"圆柱体"命令，以线段 *OP* 中点为圆心，半径为 12，绘制一个高度为−22 的圆柱体。

执行"移动"命令，将长方体和圆柱体一起以长方体前底边中点位置为基点，移动到线段 *MN* 中点的位置，结果如图 13.17 所示。

单击"世界"按钮，将用户坐标系还原为世界坐标系。

在"创建"面板中，执行"圆柱体"命令，以"圆筒"底圆圆心为圆心，重新绘制一个半径为 10，高度为 44 的圆柱体。

执行"差集"命令，从长方体和底板、圆筒、肋实体中减去 $\phi12$ 和 $\phi20$ 的圆柱体，结果如图 13.18 所示。

图 13.17　绘制前方长方体

图 13.18　差集运算效果

执行"删除"命令，删除所有不用的辅助线和标记点。至此完成全图，结果如图 13.1 所示。

最后保存文件。

四、检测练习

1. 绘制图 13.19 所示组合体的三维模型，要求：建模准确，图形正确，不标注尺寸。

图 13.19　检测练习 1

2．绘制图 13.20 所示组合体的三维模型，要求：建模准确，图形正确，不标注尺寸。

图 13.20　检测练习 2

3．绘制图 13.21 所示组合体的三维模型，要求：建模准确，图形正确，不标注尺寸。

图 13.21　检测练习 3

4．绘制图 13.22 所示组合体的三维模型，要求：建模准确，图形正确，不标注尺寸。

图 13.22　检测练习 4

|五、提高练习|

根据图 13.23 所示组合体的三视图完成其三维建模，要求：建模准确，图形正确，不标注尺寸。

图 13.23　提高练习

项目十四
减速器机座零件三维建模

能力目标

1. 能够运用"三维移动""三维旋转""三维对齐""三维镜像""三维阵列"和"抽壳"等命令编辑三维实体。
2. 能够运用实体编辑面和实体编辑边等命令根据实体创建二维图形。
3. 能够综合运用建模、实体编辑、实体编辑面和实体编辑边创建复杂零件三维实体。
4. 能够运用"新建用户坐标系"命令和"尺寸标注"命令标注三维实体尺寸。

知识目标

1. 掌握"三维移动""三维旋转""三维对齐""三维镜像""三维阵列"和"抽壳"等实体编辑命令的操作方法。
2. 掌握实体编辑面和实体编辑边等命令的操作方法。
3. 了解标注三维对象尺寸的方法。

| 一、项目导入 |

根据图 14.1 所示的圆柱直齿齿轮减速器机座零件图完成其三维建模，要求：建模准确，图形正确，标注尺寸。

| 二、项目知识 |

"三维建模"工作空间界面较"三维基础"工作界面建模工具图标按钮多，可用于较复杂三维建模场合。本节将以"三维建模"工作空间命令操作为讲述内容，在"三维建模"工作空间中，项目十二和项目十三"三维基础"工作空间中已经讲述过的工具图标命令按钮，虽然与"三维建模"工作空间中显示位置不同，但操作过程完全一致，本节不再重复介绍。

图 14.1　圆柱直齿齿轮减速器机座零件图

（一）"三维移动"命令

在 AutoCAD 2016"三维建模"工作空间中，使用"三维移动"命令可以在三维空间中任意移动选中的对象，执行"三维移动"命令的方法有以下 2 种。

（1）在"常用"选项卡功能区的"修改"面板中，单击"三维移动"按钮 。

（2）在命令行中输入"三维移动"命令"3dmove"。

执行该命令后，命令行提示如下。

微课："三维移动"
命令操作方法

```
命令：_3dmove
选择对象：指定对角点：找到 19 个    //选择对象(单击鼠标拾取或框选要移动的对象)
选择对象：                          //结束对象选择（按 Enter 键或单击鼠标右键结束对象选择）
指定基点或 [位移(D)] <位移>：        //指定基点（在移动对象上单击指定基点）
指定第二个点或 <使用第一个点作为位移>：
                                    //指定移动对象至第二个点（在需移动至的点上单击，将移动对象放置在指定点上）
```

在执行命令过程中，选中对象后，对象上将显示小控件，可以单击小控件上的不同位置约束移动，单击轴将移动约束到该轴上可沿轴移动；单击轴之间的区域将移动约束到该平面上沿平面移动，其中"位移（D）"选项表示在命令提示下用输入的坐标值指定选定的三维对象位置的相对距离和方向。

（二）"三维旋转"命令

在 AutoCAD 2016"三维建模"工作空间中，使用"三维旋转"命令可以使对象绕三维空间中的 X 轴、Y 轴或 Z 轴旋转任意角度。执行"三维旋转"命令的方法有以下 2 种。

（1）在"常用"选项卡功能区的"修改"面板中，单击"三维旋转"按钮 ◉。

（2）在命令行中输入"三维旋转"命令"3drotate"。

执行该命令后，命令行提示如下。

微课："三维旋转"
命令操作方法

```
命令: _3drotate
UCS 当前的正角方向:  ANGDIR=逆时针  ANGBASE=0
选择对象: 指定对角点: 找到 1 个   //选择对象(单击鼠标拾取或框选要旋转的对象)
选择对象:                        //结束对象选择（按 Enter 键或单击鼠标右键结束对象选择）
指定基点:                        //指定基点（在旋转对象上单击指定基点）
拾取旋转轴:                      //拾取旋转轴（移动鼠标指针至系统弹出的坐标球上，再单击鼠标拾取相应旋转轴）
指定角的起点或键入角度: 90        //指定角的起点或输入角度，结束命令（输入 90 并按 Enter 键确认，结束命令）
```

执行"三维旋转"命令时，完成"指定基点"后，系统会显示如图 14.2 所示的"三维旋转"坐标球，移动鼠标指针到坐标球附近，单击并选中该坐标球中的轴柄（带颜色的圆环，分别用于表示 X 轴、Y 轴和 Z 轴），即可指定旋转轴。

图 14.2　三维旋转

（三）"三维对齐"命令

在 AutoCAD 2016"三维建模"工作空间中，使用"三维对齐"命令可以按指定的源点和目标点对齐选定的三维对象。执行"三维对齐"命令的方法有以下 2 种。

（1）在"常用"选项卡功能区的"修改"面板中，单击"三维对齐"按钮 ⬛。

（2）在命令行中输入"三维对齐"命令"3dalign"。

执行该命令后，命令行提示如下。

微课："三维对齐"
命令操作方法

```
命令: _3dalign
选择对象: 找到 1 个                    //选择对象(单击鼠标拾取或框选圆柱体)
选择对象:                              //结束对象选择（按 Enter 键或单击鼠标右键结束对象选择）
 指定源平面和方向 ...
指定基点或 [复制(C)]:                  //在源平面上指定基点（在选择对象圆柱体上单击 D 点）
指定第二个点或 [继续(C)] <C>:         //在源平面上指定第二个点（在选择对象圆柱体上单击 E 点）
指定第三个点或 [继续(C)] <C>:         //在源平面上指定第三个点（在选择对象圆柱体上单击 F 点）
 指定目标平面和方向 ...
指定第一个目标点:                      //在目标平面上指定第一个目标点（在斜面体上单击 A 点）
```

指定第二个目标点或 [退出(X)] <X>：　　//在目标平面上指定第二个目标点（在斜面体上单击 B 点）
　　指定第三个目标点或 [退出(X)] <X>：　　//在目标平面上指定第三个目标点，命令结束（在斜面体上单击 C 点，结束命令）

使用"三维对齐"命令时需要指定 3 个源点和 3 个目标点，这样才能准确地对齐选中的三维对象，如图 14.3（a）所示长方体为选择的对象，D、E 和 F 为源平面上点，其中 D 为基点，A、B 和 C 点为目标平面上的点。"三维对齐"的效果如图 14.3（b）所示。

（a）对齐前　　　　　　　　　　　　（b）对齐后
图 14.3　"三维对齐"命令执行效果

（四）"三维镜像"命令

在 AutoCAD 2016"三维建模"工作空间中，使用"三维镜像"命令可以将选定的对象相对于某一平面进行镜像。执行"三维镜像"命令的方法有以下 2 种。

微课："三维镜像"
命令操作方法

（1）在"常用"选项卡功能区的"修改"面板中，单击"三维镜像"按钮 。

（2）在命令行中输入"三维镜像"命令"mirror3d"。

执行此命令后，命令行提示如下。

命令：mirror3d
选择对象：找到 1 个　　　　　　　//选择镜像对象（单击鼠标拾取第一个圆柱体）
选择对象：找到 1 个，总计 2 个　　//选择镜像对象（单击鼠标拾取第二个圆柱体）
选择对象：　　　　　　　　　　　//结束对象选择（按 Enter 键或单击鼠标右键结束对象选择）
指定镜像平面（三点）的第一个点或
　　[对象(O)/最近的(L)/Z 轴(Z)/视图(V)/XY 平面(XY)/YZ 平面(YZ)/ZX 平面(ZX)/三点(3)] <三点>：
　　　　　　　　　　　//选择指定镜像平面方式，系统默认方式为"<三点>"（按 Enter 键确认，执行默认选项）
　　在镜像平面上指定第一点：在镜像平面上指定第二点：在镜像平面上指定第三点：
　　　　　　　　　　　//指定镜像平面（三点）的第一个点（在长方体上依次单击 A、B、C 点）
　　是否删除源对象？[是(Y)/否(N)] <否>：//确认是否删除源对象，系统默认为"<否>"，命令结束（按 Enter 键确认，执行默认选项，结束命令）

在命令执行过程中，各选项的功能如下。

①"对象（O）"：选择此选项，使用选定平面对象的平面作为镜像平面，可用于选择的对象包括圆、圆弧或二维多段线。

②"最近的（L）"：选择此选项，使用上一次指定的平面作为镜像平面进行镜像操作。

③"Z 轴（Z）"：选择此选项，根据平面上的一个点和平面法线上的一个点定义镜像平面。

④"视图（V）"：选择此选项，将镜像平面与当前视口中通过指定点的视图平面对齐。

⑤"XY 平面（XY）/YZ 平面（YZ）/ZX 平面（ZX）"：选择相应的选项，将镜像平面

与一个通过指定点的标准平面（*XY*、*YZ* 或 *ZX*）对齐。

⑥ "三点（3）"：选择此选项，通过指定 3 点确定镜像平面。

⑦ "是（Y）"：选择此选项，表示"镜像"命令完成后，删除原始对象。

⑧ "否（N）"：选择此选项，"镜像"命令完成后保留原始对象。

执行"三维镜像"命令的效果如图 14.4 所示。

（a）"三维镜像"前　　　　　　　　　　（b）"三维镜像"后

图 14.4　"三维镜像"效果

（五）"三维阵列"命令

运用"三维阵列"命令可以在三维空间中以"环形阵列""矩形阵列"或"路径阵列"的方式复制对象，在 AutoCAD 2016 中，"三维阵列"功能已经合并至"阵列"命令中（二维、三维图形均可用）。单击"修改"面板中相应"环形阵列" 环形阵列、"矩形阵列" 矩形阵列 或"路径阵列" 路径阵列 命令图标按钮，即可执行对应的"三维阵列"命令。"三维阵列"命令在前"项目四"中已经讲述，此处不再重复介绍。

对于习惯于运用"三维阵列"的用户，可直接在命令行中输入"三维阵列"命令"3darray"执行该命令，并按命令行提示完成各步操作，限于篇幅，此处不再详述，请用户根据命令行提示自行操作。

（六）"三维缩放"命令

使用"三维缩放"命令可以将选定的对象按指定的比例统一调整对象的大小，也可通过三维缩放小控件，将网格对象沿轴或平面调整选定对象和子对象的大小。

在 AutoCAD 2016 "三维建模"工作空间中，执行"三维缩放"命令的方法有以下 2 种。

（1）在"常用"选项卡功能区的"修改"面板中，单击"三维缩放"按钮 ▣。

（2）在命令行中输入"三维缩放"命令"3dscale"。

微课："三维缩放"命令操作方法

执行此命令后，命令行提示如下。

```
命令：_3dscale
选择对象：指定对角点：找到 1 个        //选择缩放对象(单击鼠标拾取要缩放对象)
选择对象：                          //结束对象选择（按 Enter 键或单击鼠标右键结束对象选择）
指定基点：                          //在实体上指定基点（在选择对象上单击选择一个特征点作为基点）
拾取比例轴或平面：                    //指定统一比例缩放对象（在实体控件上单击）
指定比例因子或 [复制(C)/参照(R)]：0.8  //指定缩放比例因子，命令结束（输入 0.8 并按 Enter 键确认，结束命令）
```

（七）实体面编辑命令

在 AutoCAD 2016 中，可以单独对实体的面进行拉伸、移动、偏移、删除、旋转、倾斜、着色和复制等操作。在"三维建模"工作空间，单击"常用"选项卡功能区"实体编辑"面板中"拉伸面"按钮 右边的下拉按钮 ，在弹出的如图 14.5 所示的下拉列表中选择相应的命令。

图 14.5　"实体编辑"菜单

1．"拉伸面"命令

"拉伸面"命令是将选定的三维实体对象的面拉伸到指定的高度或沿路径拉伸。在 AutoCAD 2016 中，执行"拉伸面"命令的方法有以下 2 种。

（1）单击"常用"选项卡功能区"实体编辑"面板中的"拉伸面"按钮 （系统默认显示，如当前界面为非默认显示，则单击下拉按钮 ，在弹出的如图 14.5 所示的下拉列表中选择。）

（2）在命令行输入"实体编辑"命令"solidedit"，按 Enter 键确认，并依次执行"面（F）""拉伸（E）"命令选项。

微课："拉伸面"命令操作方法

按方式（1）执行该命令后，命令行提示如下。

```
命令：_solidedit
实体编辑自动检查：SOLIDCHECK=1
输入实体编辑选项 [面(F)/边(E)/体(B)/放弃(U)/退出(X)] <退出>：_face
                                //（系统自动提示）

输入面编辑选项
[拉伸(E)/移动(M)/旋转(R)/偏移(O)/倾斜(T)/删除(D)/复制(C)/颜色(L)/材质(A)/放弃(U)/退出(X)] <退出>：
_extrude                        //（系统自动提示）
选择面或 [放弃(U)/删除(R)]：找到一个面。 //选择要拉伸的实体面（单击选择要拉伸的实体顶面）
选择面或 [放弃(U)/删除(R)/全部(ALL)]：  //结束选择要拉伸的面（单击鼠标右键选择执行"确认"或按 Enter
键结束对象选择）
指定拉伸高度或 [路径(P)]：20          //指定拉伸高度（输入 20 并按 Enter 键确认）
指定拉伸的倾斜角度 <0>：            //指定拉伸的倾斜角度（输入 0 并按 Enter 键确认或直接按 Enter 键
执行默认选项）
已开始实体校验。
已完成实体校验。
输入面编辑选项
[拉伸(E)/移动(M)/旋转(R)/偏移(O)/倾斜(T)/删除(D)/复制(C)/颜色(L)/材质(A)/放弃(U)/退出(X)] <退出>：
                                //结束命令（按 Enter 键执行默认的"退出"选项，命令继续执行）
实体编辑自动检查：SOLIDCHECK=1
输入实体编辑选项 [面(F)/边(E)/体(B)/放弃(U)/退出(X)] <退出>：
                                //结束命令（按 Enter 键执行默认的"退出"选项，结束命令）
```

限于篇幅，在执行命令过程中，命令行中各选项的功能用户请自行操作认知。执行"拉伸面"的效果如图 14.6 所示。

（a）拉伸前　　　　　　（b）"拉伸面"后的效果
图 14.6　"拉伸面"的效果

2．"移动面"

"移动面"是按指定的高度或距离移动选定的三维实体对象的面。在 AutoCAD 2016 "三维建模"工作空间中，执行"移动面"命令的方法有以下 2 种。

（1）单击"常用"选项卡功能区"实体编辑"面板中的"拉伸面"按钮 拉伸面 右边的下拉按钮 ，在弹出的如图 14.5 所示的下拉列表中，选择"移动面"按钮 移动面 。

（2）在命令行输入"实体编辑"命令"solidedit"，按 Enter 键确认，并依次执行"面（F）""移动（M）"命令选项。

微课："移动面"命令操作方法

按方式（1）执行此命令后，命令行提示如下。

```
命令：_solidedit
实体编辑自动检查：SOLIDCHECK=1
输入实体编辑选项 [面(F)/边(E)/体(B)/放弃(U)/退出(X)] <退出>：_face
                                        //（系统自动提示）
输入面编辑选项
[拉伸(E)/移动(M)/旋转(R)/偏移(O)/倾斜(T)/删除(D)/复制(C)/颜色(L)/材质(A)/放弃(U)/退出(X)] <退出>：_move
                                        //（系统自动提示）
选择面或 [放弃(U)/删除(R)]：找到一个面。  //选择要移动的面（单击实体左边第一个圆孔内表面）
选择面或 [放弃(U)/删除(R)/全部(ALL)]：找到一个面。
                                        //继续选择要移动的面（单击实体左边第二个圆孔内表面）
选择面或 [放弃(U)/删除(R)/全部(ALL)]：   //结束选择要移动的面（单击鼠标右键选择"确认"或按 Enter 键结束对象选择）
指定基点或位移：                         //指定基点（单击实体或要移动面上的任意特征点）
指定位移的第二点：20                     //指定移动到第二点（移动鼠标指针在出现"X"追踪线（沿 X 轴）输入
20 并按 Enter 键确认）
已开始实体校验。
已完成实体校验。
输入面编辑选项
[拉伸(E)/移动(M)/旋转(R)/偏移(O)/倾斜(T)/删除(D)/复制(C)/颜色(L)/材质(A)/放弃(U)/退出(X)] <退出>：
                                        //结束命令（按 Enter 键执行默认的"退出"选项，命令继续执行）
实体编辑自动检查：SOLIDCHECK=1
输入实体编辑选项 [面(F)/边(E)/体(B)/放弃(U)/退出(X)] <退出>：
                                        //结束命令（按 Enter 键执行默认的"退出"选项，结束命令）
```

限于篇幅，在执行命令过程中，命令行各选项的功能请用户自行操作体会。执行"移动面"的效果如图 14.7 所示。

（a）移动前 　　　　　　　　　　　　　　 （b）移动后

图 14.7 "移动面"的效果

3．"偏移面"命令

"偏移面"是按指定的距离或通过指定的点，将面均匀地移动。在 AutoCAD 2016 "三维建模"工作空间中，执行"偏移面"命令的方法有以下 2 种。

（1）单击"常用"选项卡功能区"实体编辑"面板中"拉伸面"按钮 拉伸面 右边的下拉按钮 ，在弹出的如图 14.5 所示的下拉列表中选择

微课："偏移面"命令操作方法

执行"偏移面"按钮。

（2）在命令行输入"实体编辑"命令"solidedit"，按 Enter 键确认，并依次执行"面（F）""偏移（O）"命令选项。

按方式（1）执行此命令后，命令行提示如下。

```
命令：_solidedit
实体编辑自动检查：SOLIDCHECK=1
输入实体编辑选项 [面(F)/边(E)/体(B)/放弃(U)/退出(X)] <退出>: _face
                                //（系统自动提示）

输入面编辑选项
[拉伸(E)/移动(M)/旋转(R)/偏移(O)/倾斜(T)/删除(D)/复制(C)/颜色(L)/材质(A)/放弃(U)/退出(X)] <退出>:
_offset                         //（系统自动提示）
选择面或 [放弃(U)/删除(R)]：找到一个面。//选择要偏移的面（单击实体中间圆孔内表面）
选择面或 [放弃(U)/删除(R)/全部(ALL)]：  //结束选择要移动的面（单击鼠标右键选择"确认"或按 Enter 键结
束对象选择）
指定偏移距离：-5                 //指定偏移距离（输入"-5"（输入数值为正表示向内偏移，输入数值
为负表示向外偏移）并按 Enter 键确认）
已开始实体校验。
已完成实体校验。
输入面编辑选项
[拉伸(E)/移动(M)/旋转(R)/偏移(O)/倾斜(T)/删除(D)/复制(C)/颜色(L)/材质(A)/放弃(U)/退出(X)] <退出>:
                                //结束命令（按 Enter 键执行默认"退出"选项，命令继续执行）
实体编辑自动检查：SOLIDCHECK=1
输入实体编辑选项 [面(F)/边(E)/体(B)/放弃(U)/退出(X)] <退出>:
                                //结束命令（按 Enter 键执行默认"退出"选项，命令结束）
```

限于篇幅，执行命令过程中，命令行各选项的功能用户自行操作体会。执行"偏移面"的效果如图 14.8 所示。

（a）偏移前

（b）偏移后

图 14.8　"偏移面"效果

4."删除面"命令

"删除面"是指将实体表面没用的对象清除，包括圆角和倒角等对象。在 AutoCAD 2016 "三维建模"工作空间中，执行"删除面"命令的方法有以下两种。

（1）单击"常用"选项卡功能区"实体编辑"面板中"拉伸面"按钮 拉伸面 （系统默认显示）右边的下拉按钮 ，在弹出的如图 14.5 所示的下拉列表中选择"删除面"按钮 删除面。

（2）在命令行输入"实体编辑"命令"solidedit"，按 Enter 键确认，并依次执行"面（F）""删除（D）"命令行选项。

微课："删除面"
命令操作方法

按方式（1）执行此命令后，命令行提示如下。

```
命令：_solidedit
实体编辑自动检查：SOLIDCHECK=1
输入实体编辑选项 [面(F)/边(E)/体(B)/放弃(U)/退出(X)] <退出>: _face
                                //（系统自动提示）

输入面编辑选项
[拉伸(E)/移动(M)/旋转(R)/偏移(O)/倾斜(T)/删除(D)/复制(C)/颜色(L)/材质(A)/放弃(U)/退出(X)] <退出>:
_delete                         //（系统自动提示）
选择面或 [放弃(U)/删除(R)]：找到一个面。//选择要删除的面（单击实体中间圆孔内表面）
```

> 选择面或 [放弃(U)/删除(R)/全部(ALL)]: //结束选择要删除的面（单击鼠标右键选择执行"确认"或按 Enter 键结束对象选择）
> 已开始实体校验。
> 已完成实体校验。
> 输入面编辑选项
> [拉伸(E)/移动(M)/旋转(R)/偏移(O)/倾斜(T)/删除(D)/复制(C)/颜色(L)/材质(A)/放弃(U)/退出(X)] <退出>: //结束命令（按 Enter 键执行默认"退出"选项，命令继续执行）
> 实体编辑自动检查: SOLIDCHECK=1
> 输入实体编辑选项 [面(F)/边(E)/体(B)/放弃(U)/退出(X)] <退出>: //结束命令（按 Enter 键执行默认"退出"选项，命令结束）

限于篇幅，执行命令过程中，命令行各选项的功能用户自行操作体会。执行"删除面"的效果如图 14.9 所示。

（a）删除前　　　　　　　　　　　　　　　（b）删除后

图 14.9　"删除面"效果

5．"旋转面"命令

"旋转面"是指绕指定的轴旋转一个或多个面或实体的某些部分。在 AutoCAD 2016"三维建模"工作空间中，执行"旋转面"命令的方法有以下 2 种。

（1）单击"常用"选项卡功能区"实体编辑"面板中"拉伸面"按钮 ⬛拉伸面 右边的下拉按钮 ▾ ，在弹出的如图 14.5 所示的下拉列表中选择"旋转面"按钮 ⬛旋转面 。

（2）在命令行输入"实体编辑"命令"solidedit"，按 Enter 键确认，并依次执行"面（F）""旋转（R）"命令行选项。

按方式（1）执行此命令后，命令行提示如下。

> 命令: _solidedit
> 实体编辑自动检查: SOLIDCHECK=1
> 输入实体编辑选项 [面(F)/边(E)/体(B)/放弃(U)/退出(X)] <退出>: _face //（系统自动提示）
>
> 输入面编辑选项
> [拉伸(E)/移动(M)/旋转(R)/偏移(O)/倾斜(T)/删除(D)/复制(C)/颜色(L)/材质(A)/放弃(U)/退出(X)] <退出>: _rotate //（系统自动提示）
> 选择面或 [放弃(U)/删除(R)]: 找到一个面。 //选择要旋转的面（单击实体上表面）
> 选择面或 [放弃(U)/删除(R)/全部(ALL)]: //结束选择要旋转的面（单击鼠标右键选择执行"确认"或按 Enter 键结束对象选择）
> 指定轴点或 [经过对象的轴(A)/视图(V)/x 轴(X)/y 轴(Y)/z 轴(Z)] <两点>: //指定旋转轴第一个端点（单击选择实体上表面左边棱线的一个端点）
> 在旋转轴上指定第二个点: //指定旋转轴第二个端点（单击选择实体上表面左边棱线的另一个端点）
> 指定旋转角度或 [参照(R)]: 10 //指定旋转角度（输入 10 并按 Enter 键确认）
> 已开始实体校验。
> 已完成实体校验。
> 输入面编辑选项
> [拉伸(E)/移动(M)/旋转(R)/偏移(O)/倾斜(T)/删除(D)/复制(C)/颜色(L)/材质(A)/放弃(U)/退出(X)] <退出>: //结束命令（按 Enter 键执行默认"退出"选项，命令继续执行）
> 实体编辑自动检查: SOLIDCHECK=1
> 输入实体编辑选项 [面(F)/边(E)/体(B)/放弃(U)/退出(X)] <退出>: //结束命令（按 Enter 键执行默认"退出"选项，命令结束）

微课："旋转面"命令操作方法

限于篇幅，执行命令过程中，命令行各选项的功能用户自行操作体会。执行"旋转面"的效果如图 14.10 所示。

（a）旋转前　　　　　　　　　　　　　（b）旋转后

图 14.10　"旋转面"效果

6．"倾斜面"命令

"倾斜面"是指按一个角度将实体的面进行倾斜。在 AutoCAD 2016"三维建模"工作空间中，执行倾斜面命令的方法有以下 2 种。

（1）单击"常用"选项卡功能区"实体编辑"面板中"拉伸面"按钮右边的下拉按钮，在弹出的如图 14.5 所示的下拉列表中选择"倾斜面"按钮。

（2）在命令行输入"实体编辑"命令"solidedit"，按 Enter 键确认，并依次执行"面（F）""倾斜（T）"命令行选项。

微课："倾斜面"命令操作方法

按方式（1）执行此命令后，命令行提示如下。

```
命令: _solidedit
实体编辑自动检查: SOLIDCHECK=1
输入实体编辑选项 [面(F)/边(E)/体(B)/放弃(U)/退出(X)] <退出>: _face
                                      //（系统自动提示）

输入面编辑选项
[拉伸(E)/移动(M)/旋转(R)/偏移(O)/倾斜(T)/删除(D)/复制(C)/颜色(L)/材质(A)/放弃(U)/退出(X)] <退出>:
_taper                                //（系统自动提示）
选择面或 [放弃(U)/删除(R)]: 找到一个面。   //选择要倾斜的面（单击实体上表面）
选择面或 [放弃(U)/删除(R)/全部(ALL)]:     //结束选择要倾斜的面（单击鼠标右键选择执行"确认"或按 Enter
键结束对象选择）
指定基点:                              //指定倾斜面基点（单击选择实体上表面左边棱线后端点）
正在检查 630 个交点...
指定沿倾斜轴的另一个点:                  //指定倾斜面的第二个点（单击选择实体上表面左边棱线前一端点）
指定倾斜角度: 10                       //指定倾斜角度（输入"10"（输入数值为正表示向上倾斜，输入数值
为负表示向下倾斜）并按 Enter 键确认）
已开始实体校验。
已完成实体校验。
输入面编辑选项
[拉伸(E)/移动(M)/旋转(R)/偏移(O)/倾斜(T)/删除(D)/复制(C)/颜色(L)/材质(A)/放弃(U)/退出(X)] <退出>:
                                      //结束命令（按 Enter 键执行默认"退出"选项）
实体编辑自动检查: SOLIDCHECK=1
输入实体编辑选项 [面(F)/边(E)/体(B)/放弃(U)/退出(X)] <退出>:
                                      //结束命令（按 Enter 键执行默认"退出"选项，命令结束）
```

限于篇幅，执行命令过程中，命令行各选项的功能用户自行操作体会。执行"倾斜面"的效果如图 14.11 所示。

（a）倾斜前 （b）倾斜后

图 14.11 "倾斜面"效果

7."着色面"命令

"着色面"是指为实体的面选择指定的颜色。在 AutoCAD 2016 "三维建模"工作空间中，执行"着色面"命令的方法有以下 2 种。

（1）单击"常用"选项卡功能区"实体编辑"面板中"拉伸面"按钮 ![拉伸面] 右边的下拉按钮 ▼，在弹出的如图 14.5 所示的下拉列表中选择执行"着色面"按钮 ![着色面]。

（2）在命令行输入"实体编辑"命令"solidedit"，按 Enter 键确认，并依次执行"面（F）""颜色（L）"命令行选项。

微课："着色面"命令操作方法

按方式（1）执行此命令后，命令行提示如下。

```
命令：_solidedit
实体编辑自动检查： SOLIDCHECK=1
输入实体编辑选项 [面(F)/边(E)/体(B)/放弃(U)/退出(X)] <退出>：_face
                          //（系统自动提示）

输入面编辑选项
[拉伸(E)/移动(M)/旋转(R)/偏移(O)/倾斜(T)/删除(D)/复制(C)/颜色(L)/材质(A)/放弃(U)/退出(X)] <退出>：
_color                    //（系统自动提示）
    选择面或 [放弃(U)/删除(R)]：找到一个面。   //选择要着色的面（单击实体上表面）
    选择面或 [放弃(U)/删除(R)/全部(ALL)]：    //结束选择要着色的面，并选择颜色（单击鼠标右键选择执行"确认"
或按 Enter 键结束对象选择，系统弹出"选择颜色"对话框）
    输入面编辑选项
[拉伸(E)/移动(M)/旋转(R)/偏移(O)/倾斜(T)/删除(D)/复制(C)/颜色(L)/材质(A)/放弃(U)/退出(X)] <退出>：
                          //结束命令（按 Enter 键执行默认"退出"选项，命令继续执行）
实体编辑自动检查： SOLIDCHECK=1
输入实体编辑选项 [面(F)/边(E)/体(B)/放弃(U)/退出(X)] <退出>：
                          //结束命令（按 Enter 键执行默认"退出"选项，命令结束）
```

在执行命令过程中，系统弹出"选择颜色"对话框，在该对话框中为实体的面选择一种颜色，然后单击"确定"按钮。限于篇幅，执行命令过程中，命令行各选项的功能用户自行操作体会。"着色面"的效果如图 14.12 所示。

（a）着色前 （b）着色后

图 14.12 "着色面"效果

8.　"复制面"命令

"复制面"是指为三维实体的面创建副本。在 AutoCAD 2016 "三维建模"工作空间中，执行"复制面"命令的方法有以下 2 种。

（1）单击"常用"选项卡功能区"实体编辑"面板中"拉伸面"按钮 拉伸面 右边的下拉按钮 ，在弹出如图 14.5 所示的下拉菜单中选择"复制面"按钮 复制面 。

微课："复制面"
命令操作方法

（2）在命令行输入"实体编辑"命令"solidedit"，按 Enter 键确认，并依次执行"面（F）""复制（C）"命令行选项。

按方式（1）执行此命令后，命令行提示如下。

```
命令：_solidedit
实体编辑自动检查： SOLIDCHECK=1
输入实体编辑选项 [面(F)/边(E)/体(B)/放弃(U)/退出(X)] <退出>：_face
                                //（系统自动提示）

输入面编辑选项
[拉伸(E)/移动(M)/旋转(R)/偏移(O)/倾斜(T)/删除(D)/复制(C)/颜色(L)/材质(A)/放弃(U)/退出(X)] <退出>：
_copy                           //（系统自动提示）
选择面或 [放弃(U)/删除(R)]：找到一个面。 //选择要复制的面（单击实体上表面）
选择面或 [放弃(U)/删除(R)/全部(ALL)]：  //结束选择要复制的面（单击鼠标右键选择"确认"或按 Enter 键结
束对象选择）
指定基点或位移：                //指定复制面基点（单击选择实体上的任意特征点）
INTERSECT 所选对象太多
指定位移的第二点：50            //指定复制面所在位置点（向左移动鼠标指针，面出现向上追踪线时输
入 50 并按 Enter 键确认）
输入面编辑选项
[拉伸(E)/移动(M)/旋转(R)/偏移(O)/倾斜(T)/删除(D)/复制(C)/颜色(L)/材质(A)/放弃(U)/退出(X)] <退出>：
                                //结束命令（按 Enter 键执行默认"退出"选项，命令继续执行）
实体编辑自动检查： SOLIDCHECK=1
输入实体编辑选项 [面(F)/边(E)/体(B)/放弃(U)/退出(X)] <退出>：
                                //结束命令（按 Enter 键执行默认"退出"选项，命令结束）
```

限于篇幅，执行命令过程中，命令行各选项的功能用户自行操作体会。"复制面"的效果如图 14.13 所示。

（八）实体边编辑命令

在 AutoCAD 2016 中，可以对实体的边进行各种编辑。在"三维建模"工作空间，单击"常用"选项卡功能区"实体编辑"面板中"提取边"按钮 提取边 右边的下拉按钮 ，在弹出的如图 14.14 所示的下拉列表中选择相应的命令。

图 14.13　"复制面"效果

图 14.14　实体边编辑子菜单

1."提取边"命令

"提取边"是指从三维实体、面域等对象中提取所有边，并可以创建线框几何体。在 AutoCAD 2016 "三维建模"工作空间中，执行"提取边"命令的方法有以下 2 种。

微课："提取边"
命令操作方法

（1）单击"常用"选项卡功能区"实体编辑"面板中的"提取边"按钮（系统默认显示，如当前界面为非默认显示，则单击下拉按钮 ，在弹出的如图 14.14 所示的下拉列表中选择执行）。

（2）在命令行输入"提取边"命令"xedges"。

执行该命令后，命令行提示如下。

```
命令：_xedges
选择对象：找到 1 个    //选择可提取边实体对象（单击选择实体对象）
选择对象：            //结束提取边实体对象选择，结束命令（按 Enter 键确认，结束命令）
```

"提取边"的效果如图 14.15 所示。

（a）提取边

（b）从实体中移出的提取边

图 14.15　"提取边"效果

2."压印边"命令

"压印边"是指在实体的表面压制出一个对象。在 AutoCAD 2016 "三维建模"工作空间中，执行"压印边"命令的方法有以下 2 种。

（1）单击"常用"选项卡功能区"实体编辑"面板中"提取边"按钮 右边的下拉按钮 ，在弹出的如图 14.14 所示的下拉列表中选择"压印边"按钮 。

（2）在命令行输入"压印边"命令"imprint"。

执行该命令后，命令行提示如下。

```
命令：_imprint
选择三维实体或曲面：              //选择三维实体对象（单击选择斜面体）
选择要压印的对象：               //选择要压印的对象（单击选择圆形面域）
是否删除源对象 [是(Y)/否(N)] <N>：y //输入是否删除源对象功能选项（输入 y 并按 Enter 键确认）
选择要压印的对象：               //选择是否继续执行或是结束命令（按 Enter 键确认，结束命令）
```

执行"压印边"命令的效果如图 14.16 所示。

（a）"压印边"前

（b）"压印边"后

图 14.16　"压印边"效果

3."复制边"命令

"复制边"是指通过创建实体的边来编辑三维实体。在 AutoCAD 2016"三维建模"工作空间中,执行"复制边"命令的方法有以下 2 种。

(1)单击"常用"选项卡功能区"实体编辑"面板中"提取边"按钮 右边的下拉按钮 ,在弹出的如图 14.14 所示的下拉列表中选择"复制边"按钮 。

(2)在命令行输入"实体编辑"命令"solidedit",按 Enter 键确认,并依次执行"边(E)""复制(C)"命令行选项。

按方式(1)执行该命令后,命令行提示如下。

```
命令:_solidedit
实体编辑自动检查: SOLIDCHECK=1
输入实体编辑选项 [面(F)/边(E)/体(B)/放弃(U)/退出(X)] <退出>: _edge
                        //(系统自动提示)
输入边编辑选项 [复制(C)/着色(L)/放弃(U)/退出(X)] <退出>: _copy
                        //(系统自动提示)
选择边或 [放弃(U)/删除(R)]:    //选择要复制的边(单击选择实体上的第一个棱线)
选择边或 [放弃(U)/删除(R)]:    //选择要复制的边(单击选择实体上的第二个棱线)
选择边或 [放弃(U)/删除(R)]:    //选择要复制的边(单击选择实体上的第 3 个棱线)
选择边或 [放弃(U)/删除(R)]:    //选择要复制的边(单击选择实体上的第 4 个棱线)
选择边或 [放弃(U)/删除(R)]:    //选择要复制的边(单击选择实体上的第 5 个棱线)
选择边或 [放弃(U)/删除(R)]:    //选择要复制的边(单击选择实体上的第 6 个棱线)
选择边或 [放弃(U)/删除(R)]:    //选择要复制的边(单击选择实体上的第 7 个棱线)
选择边或 [放弃(U)/删除(R)]:    //选择要复制的边(单击选择实体上的第 8 个棱线)
指定基点或位移:             //在实体上指定基点(单击在实体指定一特征点)
指定位移的第二点:           //指定复制的边所在位置点(在复制的边所在位置单击)
输入边编辑选项 [复制(C)/着色(L)/放弃(U)/退出(X)] <退出>:
                        //结束命令(按 Enter 键执行默认"退出"选项,命令继续执行)
实体编辑自动检查: SOLIDCHECK=1
输入实体编辑选项 [面(F)/边(E)/体(B)/放弃(U)/退出(X)] <退出>:
                        //结束命令(按 Enter 键执行默认"退出"选项,命令结束)
```

执行"复制边"命令的效果如图 14.17 所示。

(a)实体　　　　　　　　(b)"复制边"后的线框

图 14.17　执行"复制边"命令的效果

微课:"复制边"命令操作方法

(九)"抽壳"命令

"抽壳"是指在指定的实体上用指定的厚度创建一个空的薄层,可以为所有面指定一个固定的薄层厚度,也可以选择面并将这些面排除在壳外,从而创建开口的开腔。在 AutoCAD 2016 中,执行"抽壳"命令的方法有以下 2 种。

(1)单击"常用"选项卡功能区"实体编辑"面板中"分割"按钮 (系统默认显示)右边的下拉按钮 ,在弹出的如图 14.18 所示的下拉列表中选择"抽壳"按钮 。

(2)在命令行输入"实体编辑"命令"solidedit",按 Enter 键确认,并依次执行"体(B)""抽壳(S)"命令行选项。

按方式（1）执行该命令后，命令行提示如下。

微课："抽壳"
命令操作方法

图 14.18 "分割"子菜单

```
命令: _solidedit
实体编辑自动检查: SOLIDCHECK=1
输入实体编辑选项 [面(F)/边(E)/体(B)/放弃(U)/退出(X)] <退出>: _body
                                    //（系统自动提示）
输入体编辑选项
[压印(I)/分割实体(P)/抽壳(S)/清除(L)/检查(C)/放弃(U)/退出(X)] <退出>: _shell
                                    //（系统自动提示）
选择三维实体:                        //选择三维实体对象（单击鼠标选择实体对象）
删除面或 [放弃(U)/添加(A)/全部(ALL)]: 找到一个面, 已删除 1 个。
                                    //选择要删除的面（单击选择实体顶面）
删除面或 [放弃(U)/添加(A)/全部(ALL)]:  //结束选择要删除的面（按 Enter 键确认，结束对象选择）
输入抽壳偏移距离: 5                   //输入抽壳偏移距离，输入正值向内抽壳，实体大小不变，输入负值向
外抽壳，实体各面将增加偏移距离大小（输入 5 并按 Enter 键确认）
已开始实体校验。
已完成实体校验。
输入体编辑选项
[压印(I)/分割实体(P)/抽壳(S)/清除(L)/检查(C)/放弃(U)/退出(X)] <退出>:
                                    //结束命令（按 Enter 键执行默认"退出"选项，命令继续执行）
实体编辑自动检查: SOLIDCHECK=1
输入实体编辑选项 [面(F)/边(E)/体(B)/放弃(U)/退出(X)] <退出>:
                                    //结束命令（按 Enter 键执行默认"退出"选项，命令结束）
```

执行"抽壳"命令的效果如图 14.19 所示。

（a）实体　　　　　（b）偏移距离 5 "抽壳"后的效果　　　（c）偏移距离-5 "抽壳"后的效果

图 14.19　执行"抽壳"命令的效果

（十）三维实体的尺寸标注和文字注写

三维图形的尺寸标注和文字注写和二维绘图操作过程完全一致，只是三维图形的尺寸标注和文字注写都需在 XOY 坐标平面上完成的，因此在对三维图形进行尺寸标注和文字注写时，需根据所注写尺寸和文字内容所在坐标平面不断地转换用户坐标系，使所注写尺寸和文字内容所在 XOY 坐标平面和实体表面一致，并注意文字符号的方向。

对如图 14.20 所示的图形外部轮廓进行尺寸标注，步骤如下。

（1）在"三维建模"工作空间中，单击"常用"选项卡功能区"坐标"面板中的"原点"按钮，在命令行提示"指定新原点<0,0,0>:"时，单击实体底面任一特征点（底面左边上中点），建立以底面左边上中点为坐标原点，坐标方向不变的用户坐标系，结

图 14.20　三维实体

果如图 14.21 所示。

（2）单击"注释"选项卡功能区"标注"面板中的"线性"按钮 线性，执行"线性尺寸"标注命令，标注三维实体的长和宽尺寸，单击"线性"按钮 线性 右边的 ，在弹出的下拉列表中，选择"半径"按钮 半径，标注半径尺寸，结果如图 14.22 所示。

（3）单击"坐标"面板中"面"按钮 右边的 ，在弹出的下拉列表中，选择"面"按钮 （将用户坐标系与三维实体上面对齐），在命令行提示"选择实体面、曲面或网格:"时单击选择"三维实体"前表面，并"接受"，建立一个以"三维实体"前表面为 XY 坐标平面的用户坐标系，结果如图 14.23 所示。

图 14.21　建立基于底面为 XY 坐标平面的用户坐标系

图 14.22　标注长度、宽度和半径尺寸

（4）在"标注"面板中执行"线性"命令，标注出高度尺寸，结果如图 14.24 所示。

在新建用户坐标系的过程中，应注意文字方向与坐标方向要一致，如不一致，用户可在命令行提示"输入选项 [下一个（N）/X 轴反向（X）/Y 轴反向（Y）]:"时，执行"X 轴反向（X）"或"Y 轴反向（Y）"选项调整。

图 14.23　建立基于前面为 XY 坐标平面的用户坐标系

图 14.24　标注高度尺寸

｜三、项目实施｜

1．新建文件

启动 AutoCAD2016，进入"三维建模"工作空间，即新建一个图形文件，文件命名为"图 14.1"。

2．三维建模。

操作步骤如下

（1）创建机座零件的底座。复制机座二维图形（图样）至建模起始位置，截取（复制）俯视图底座轮廓线和 4 个圆，并将虚线改变为当前粗实线图层（CSX）。

执行"偏移"命令，将左右两边分别以偏距 47 和 45 向中间偏移，并将偏移所得两线延伸至前后两轮廓线边界。结果如图 14.25 所示。

执行"面域"命令，选择轮廓矩形、矩形 ABCD 及 4 个圆，共获得 6 个平面。

执行"拉伸"命令，以高度 8 将轮廓矩形及 4 个圆拉伸为长方体和 4 个圆柱体，同相同的方法将矩形 ABCD 拉伸为高度为 3 的长方体。

执行"差集"命令，从大长方体中"切割"出小长方体和 4 个圆柱体，并对切割后的槽以 R3 进行倒圆角。

在"常用"选项卡功能区的"视图"面板中，单击"三维导航"按钮，选择"西南等轴测"视口，显示结果如图 14.26 所示。

图 14.25　绘制机座零件的底座 1

（2）创建机座零件的内腔。执行"复制边"命令，将底座上表面四边原位置复制并拖动鼠标将四线延长至两两相交，形成一个矩形。执行"偏移"命令，将前后两边分别向中间偏移 26（总宽 104，减去内腔宽度 40 和两侧壁厚 6），执行"修剪"和"删除"命令，修剪和删除多余的线条，得到内腔横向截面。

执行"圆角"命令，将内腔横向截面 4 个拐角以 R12 进行倒圆角。

执行"面域"命令，选择横向截面获得一个平面。

执行"拉伸"命令，以高度 72（总高度 80 减去底座厚度 8）将内腔横向截面拉伸为长方体。

执行"抽壳"命令，将长方体以抽壳偏移距离 6 和"删除"上表面进行抽壳。执行"移动面"命令，将内腔底面向下移动 6，结果如图 14.27 所示。

图 14.26　绘制机座零件的底座 2

图 14.27　创建机座零件的内腔

 说　明

抽壳时如能同时删除长方体上表面和下表面，就可省去"移动面"操作，但操作时同时选择上下两表面存在一定困难。

（3）创建 4 个支撑肋。执行"复制边"命令，在内腔左面上边原位置复制一条边，如图 14.28 所示 EF 边。

执行"原点"命令，将坐标系平移至 EF 线中间位置处，并将此线分别向右偏移 34 和 104，得到线段 GH 和 IJ。

执行"SECTION"命令，选择合适坐标平面以线段 *GH* 和 *IJ* 中点（0，0，0）为原点得到两个截面，结果如图 14.28 所示。

执行"分解"命令，将过线段 *GH* 的截面分解（体分解为面，面分解为线）为线，选择图 14.29 所示的加粗线段（位于中间位置的竖直线）作为偏移对象。

执行"坐标"面板中"视图"下拉菜单中的"面"命令，选择内腔前外表面作为 *XY* 坐标平面建立用户坐标系。

执行"偏移"命令，将上述偏移对象分别向左右偏移 2.5，并连接偏移所得线段，得到一个封闭线矩形，结果如图 14.29 所示。

执行"面域"命令，将此封闭矩形转换为平面。

执行"拉伸"命令，在此坐标系状态下，以高度 28 将上述两面拉伸成一个矩形。执行"复制"命令，选择合适的基点和第二点，在相应位置复制成 4 个支撑肋，结果如图 14.30 所示。

图 14.28　创建支撑肋 1　　　　图 14.29　创建支撑肋 2　　　　图 14.30　创建支撑肋 3

（4）创建连接板及 4 个凸台。根据零件图截取（复制）有关轮廓线并修改，结果如图 14.31 所示。根据截取的连接板及 4 个凸台的轮廓线创建连接板、螺栓连接孔、销孔和 4 个凸台截面线框，结果如图 14.32 所示。

图 14.31　创建连接板及 4 个凸台 1　　　图 14.32　创建连接板及 4 个凸台 2

执行"面域"命令，将所有线框转化成平面，执行"拉伸"命令，将连接板、螺栓连接孔、销孔和 4 个凸台截面以高度 7 和 27 分别拉伸为实体。

执行"差集"命令，在连接板和 4 个凸台实体创建出螺栓孔和销孔，结果如图 14.33 所示。

执行"复制边"命令，在图 14.33 所示的右边轮廓位置复制边 *KL*，执行"偏移"命令（当前坐标系 *XY* 平面与连接板上表面平行或重合），以偏距 95 向左偏移。执行"直线"命令，在图 14.30 所示的右边两肋板前后边上创建直线 *MN*。这样就完成了两条辅助线的创建，为下面移动做好准备。

执行"移动"命令，以直线 *KL* 中点为基点，将图 14.33 所示的连接板移动到图 14.30 所示的内腔上的合适位置。结果如图 14.34 所示。

图 14.33　创建连接板及 4 个凸台 3 　　　　　　图 14.34　创建连接板及 4 个凸台 4

（5）创建连接板上的轴承安装孔及其凸台。根据零件图的主视图截取（复制）轴承安装孔及其凸台轮廓线并修改成封闭线框，结果如图 14.35 所示。

执行"面域"命令，将图 14.35 所示的线框转化成 3 个平面，执行"拉伸"命令，将 3 个平面以高度 104 拉伸成实体。

执行"旋转"命令，将所得实体以 X 轴为旋转轴旋转 90°。

执行"直线"命令，在图 14.36 所示的半圆柱中心处创建辅助线 OP，结果如图 14.38 所示。

图 14.35　轴承安装孔及其凸台轮廓线　　　　　　图 14.36　轴承安装孔及其凸台三维模型

执行"移动"命令，将图 14.36 所示的三维模型以 OP 中点为基点移动到连接板上。

执行"差集"命令，选择连接板、4 个支撑肋、内腔和凸台作为被减实体创建轴承安装孔。

执行"复制边"命令（也可执行"复制面"命令，但底面对象不方便选择），在内腔实体底面复制创建一个矩形。

执行"面域"命令，将创建的矩形转化为平面。

执行"拉伸"命令，将平面以拉伸高度 100（大于内腔深度 72 均可）拉伸为实体。

执行"差集"命令，创建出空腔实体。

执行"并集"命令，将所有实体合并。

执行"圆角"命令，将内腔底部各拐角以 R3 进行倒圆角，结果如图 14.37 所示。

（6）创建油标孔。根据零件图截取（复制）油标有关轮廓线并修改成封闭线框，保留中心线，结果如图 14.38 所示。

图 14.37 三维模型

图 14.38 创建油标轮廓线

执行"面域"命令，将封闭线框转化为平面。

执行"旋转"命令，将所得平面绕中心线旋转一周得到油标孔实体。

执行"三维旋转"命令，将油标孔实体绕 X 轴旋转 90°。

执行"剖切"命令，以"三点"（指定坐标平面 YZ、下端圆孔下方象限点为平面 YZ 上点）方式剖切创建完成的油标结构，结果如图 14.39 所示。

执行"复制边"命令，在底板左边创建一条直线，执行"移动"命令，将该直线以直线中点为基点，移动到相对位置（-7，0，36）位置（输入 @ -7，0，36）。

执行"移动"命令，将图 14.39 所示的油标孔以上端面中心点为基点移动到直线的中点位置。

执行"复制边"命令，在油标内小孔上端面复制一个小圆并转化为平面，执行"拉伸"命令，将此平面向下拉伸 15（数据可在二维图形中测得）。

执行"差集"命令，在内腔实体中减去此圆柱，结果如图 14.40 所示。

（7）补全油标孔端面凸台。执行"坐标"面板"视图"下拉菜单中的"面"命令，在油标孔端面建立以端面为 XY 平面的坐标系。

图 14.39 创建油标三维模型

图 14.40 油标的安装

执行"复制边"命令，在油标孔端面处复制一个圆，执行"旋转复制"命令，将上述所得辅助线垂直旋转，再以圆象限点为位置点复制此直线，执行"偏移"命令，将原辅助线以偏距 10（数据可在二维图形中测得）向上偏移，结果如图 14.41 所示。

修改图 14.41 所示的图线，执行"面域"命令，将线框转换成平面，执行"拉伸"命令，将平面以高度 9 拉伸为实体，结果如图 14.42 所示。

执行"移动"命令，选择图 14.42 所示的半圆柱上方圆心为基点，将其移到油标孔上端面圆心位置。

执行"并集"命令，将内腔、油标孔及其端面凸台合并为一体。删除所有辅助线，结果如图 14.43 所示。

图 14.41 油标孔端面凸台

图 14.42 拉伸凸台

（8）创建轴承端盖安装槽。执行"坐标"面板"视图"下拉菜单中的"面"命令，创建坐标系 *XY* 平面平行于轴承端盖的用户坐标系。

执行"圆柱体"命令，创建直径分别为 $\phi56$ 和 $\phi70$ 两个圆柱体，执行"复制"命令，将创建的两个圆柱体分别以端面圆心为基点，轴承安装孔端面中心为位置点复制出 4 个圆柱体，从而建立圆柱体和轴承安装孔具体位置关系。

执行"移动"命令，分别以圆柱体上的一个特征点为基点，以相对坐标方式确定第二点方式移动 4 个圆柱体，第二点相对坐标值分别为左前位置圆柱体"@0，0，-4"、右前位置圆柱体"@0，0，-4"、左后圆柱体"@0，0，4"和右后圆柱体"@0，0，4"。

执行"差集"命令，从完成的实体中减去 4 个圆柱体，结果如图 14.44 所示。

图 14.43 端面凸台的安装

图 14.44 创建轴承端盖安装槽

（9）创建放油孔、凸台及内螺纹。从机座零件图知内螺纹的尺寸为"M10×1"，根据放油孔、凸台及内螺纹有关尺寸创建过程如下。

① 执行"坐标"面板中的"世界"命令，将坐标系还原为世界坐标系。

② 创建凸台圆柱体，执行"圆柱体"命令，创建一个高度为 8，直径为 $\phi17$ 的圆柱体。

③ 创建"M10×1"单根外螺纹，绘制图 14.45 所示的图形。执行"面域"命令，将图 14.44 中的五边形线框转化为平面。执行"旋转"命令，选择垂直线为旋转轴线旋转一周，得到单根螺纹裁剪体，结果如图 14.46 所示。

④ 执行"三维阵列"命令，单根螺纹裁剪体以行数 1、列数 20（大于 10 就可以了，为方便操作可设置数值大些）、层数 1 和列距 1 进行矩形阵列，执行"并集"命令，将阵列后的所有单根螺纹裁剪体合并，结果如图 14.47 所示。

图 14.45 绘制图形

图 14.46 创建单根螺纹裁剪体

图 14.47 创建螺纹

⑤ 创建带有光孔的凸台实体，执行"圆柱体"命令，创建底面重合直径分别为 $\phi17$ 和 $\phi8$ 高度分别为 8 和 9（考虑到孔内端结构工艺性）的圆柱体，为方便操作，小圆柱体需用不同于内腔的图层完成。

⑥ 执行"三维旋转"命令，将两圆柱体绕 Y 轴旋转 90°。

⑦ 为获得端面平齐的螺纹裁剪体，可在螺纹裁剪体左端位置用直径为 $\phi17$ 的圆柱体去截断（先执行"移动"命令，后执行"差集"命令，这里不再赘述），得到图 14.48 所示实体。

⑧ 执行"复制边"命令，在机座右边底端复制一边，执行"移动"命令，以线段中点为基点，以相对坐标"2，0，12"（输入"@2，0，12"）移动到合适位置，得到一条辅助线。

⑨ 为方便操作，先关闭内腔所在图层。执行"移动"命令，分别以两圆柱体左端面中心点为基点，以辅助线中点为第二点，将两圆柱体移动到合适位置，再以图 14.48 所示的螺纹裁剪体左端面中心为基点，大圆柱体左端面中心点为第二点，将螺纹裁剪体移动到合适位置。

⑩ 打开内腔所在图层，执行"并集"命令，将大圆柱体和内腔合并，执行"差集"命令，用小圆柱体和螺纹裁剪体去减已完成的实体。至此完成全图，结果如图 14.49 所示。

图 14.48　螺纹裁剪体

图 14.49　减速器机座三维模型

⑪ 由于篇幅所限，此处标注省略，请用户结合"项目知识"内容自行完成。

最后保存文件。

| 四、检测练习 |

1. 根据图 14.50 所示的箱体零件图完成其三维建模，要求：建模准确，图形正确，标注尺寸。

图 14.50　箱体零件图

2. 根据图 14.51 所示的齿轮油泵左泵盖零件图完成其三维建模，要求：建模准确，图形正确，标注尺寸。

图 14.51　齿轮油泵左泵盖零件图

3. 根据图 14.52 所示的齿轮油泵右泵盖零件图完成其三维建模，要求：建模准确，图形正确，标注尺寸。

图 14.52　齿轮油泵右泵盖零件图

|五、提高练习|

根据图 14.53 所示的齿轮减速器机盖零件图完成其三维建模，要求：建模准确，图形正确，不标注尺寸。

图 14.53　圆柱直齿齿轮减速器机盖零件图

|附录 A AutoCAD 上机考试样题 |

课程：AutoCAD　　　　　　　　　　　　总分：100 分

专业班级：＿＿＿＿＿＿　姓名：＿＿＿＿＿＿　得分：＿＿＿

考试要求

1. 绘图环境设置（10 分）

（1）图幅设置：按图样尺寸设置绘图界限。

（2）图层设置：粗实线层（红色 red-1）。

　　　　　　　细实线层（紫色 magenta-6）。

　　　　　　　点画线层（青色 cyan-4）。

　　　　　　　虚 线 层（黄色 yellow-2）。

2. 图形绘制（60 分）

（1）视图配置：按照样图。

（2）视图绘制：图形绘制准确。

（3）剖切符号：按照样图。

（4）投射方向：按照样图。

（5）剖 面 线：按照样图。

3. 标注（20 分）

（1）尺寸标注：按照样图（设置名为"标注 1、标注 2……"的标注样式）。

（2）表面粗糙度：按照样图。

（3）公差与配合：按照样图。

（4）几何公差：按照样图。

4. 文字及图框（10 分）

（1）文字标注设置：按照样图（设置名为"文字 1、文字 2……"的文字样式）。

（2）图框及标题栏：按照样图。

5. 样图

二维绘图在"项目七""项目八"和"项目九"中的"检测练习"中选择，三维绘图在"项目十二"和"项目十三"中的"检测练习"中选择。

附录B 项目考核参考标准

为适应课程考核改革需要，方便教师在教学过程中评定学生成绩，教师可根据学生在项目实施过程中的速度与质量进行评定，项目中未涉及内容不作评定内容，成绩评定为 A、B、C、D 四等，具体评分细则如下。

1. A等

（1）本人态度端正、作风严谨、出勤好，能提前独立完成检测任务。

（2）绘图环境与图层设置合理，图样内容完整、正确、清晰。

（3）图面整洁，视图布局合理恰当。

2. B等

（1）本人态度端正、作风严谨、出勤好，能按时独立完成检测任务。

（2）绘图环境与图层设置合理，图样内容基本完整、正确、清晰。

（3）视图布局合理。

3. C等

（1）本人态度端正、作风严谨、出勤好，基本能独立完成检测任务。

（2）绘图环境与图层设置基本合理，图样内容基本完整、正确、清晰。

（3）视图布局基本合理恰当。

4. 符合下述3条以上者，视为D等

（1）有随意旷课、迟到、早退现象，不能按时完成检测任务的 60%。

（2）绘图环境与图层设置不合理，内容不完整。

（3）视图布局不合理，线型粗细不分。

［1］赵国增．计算机绘图——AutoCAD 2004．北京：高等教育出版社，2004．

［2］钱可强．机械制图．北京：高等教育出版社，2003．

［3］崔洪斌、崔晓利、侯维芝．中文版 AutoCAD 工程制图（2005 版）．北京：清华大学出版社．2004．

［4］宋巧莲．机械制图与计算机绘图．机械工业出版社，2009．

［5］严佳华、桂兰萍．机械制图（机类）（第二版）．合肥：安徽科技出版社，2008．

［6］罗洪涛、万征．中文 AutoCAD 机械设计教程．西安：西北工业大学出版社，2007．

［7］翟志强、孔祥丰．中文版 AutoCAD 2004 三维图形设计．北京：清华大学出版社，2003．

［8］刘宏丽、王宏．计算机辅助设计——AutoCAD 教程．北京：高等教育出版社，2005．

［9］陆玉兵、魏兴．机械 AutoCAD 2010 项目应用教程．北京：人民邮电出版社，2012．

［10］王慧、姜勇．AutoCAD 2014 机械制图实例教程（第 3 版）．北京：人民邮电出版社，2016．